高职高专计算机规划教材·任务教程系列

计算机应用基础任务教程（Windows 7+Office 2010）

主　编　许洪军　宫莉莹　张　洪
副主编　杨　桦　孙冠男
参　编　王　巍　王浩月　彭德林　金忠伟
主　审　乔佩利

中国铁道出版社
CHINA RAILWAY PUBLISHING HOUSE

内 容 简 介

本书是面向高职高专院校计算机应用和相关专业学生，以及广大计算机初学者编写的计算机应用基础任务教程。本书以实际工作任务为载体，由浅入深、循序渐进地介绍了计算机基础知识和 Microsoft Office 2010 办公软件的使用。

全书共分五个单元，十八个任务，将计算机基础知识、Windows 7 操作系统使用、Microsoft Office 2010、计算机网络知识贯穿于工作任务中。同时每个单元后又附有技能综合训练，旨在使读者对本单元所学的知识加以巩固。

本书结构清晰，内容丰富，图文并茂，易学易懂，可作为高职高专计算机应用基础课的教材，也可供各类培训、计算机从业人员和爱好者参考使用。

图书在版编目（CIP）数据

计算机应用基础任务教程: Windows 7+Office 2010/许洪军,宫莉莹,张洪主编.—北京:中国铁道出版社,2017.2（2019.1重印）

高职高专计算机规划教材. 任务教程系列

ISBN 978-7-113-19344-7

Ⅰ.①计… Ⅱ.①许… ②宫… ③张… Ⅲ.①Windows 操作系统－高等职业教育－教材②办公自动化－应用软件－高等职业教育－教材 Ⅳ.①TP3

中国版本图书馆 CIP 数据核字(2017)第 012807 号

书　　名： 计算机应用基础任务教程（Windows 7+Office 2010）

作　　者： 许洪军　宫莉莹　张　洪　主编

策　　划： 翟玉峰　　　　**读者热线：**（010）63550836

责任编辑： 翟玉峰　田银香

封面设计： 大象设计・小戚

封面制作： 白　雪

责任校对： 张玉华

责任印制： 郭向伟

出版发行： 中国铁道出版社（100054，北京市西城区右安门西街 8 号）

网　　址： http://www.tdpress.com/51eds/

印　　刷： 三河市航远印刷有限公司

版　　次： 2017 年 2 月第 1 版　2019 年 1 月第 4 次印刷

开　　本： 787mm×1092mm　1/16　**印张：** 12.5　**字数：** 303 千

印　　数： 5 501～7 000 册

书　　号： ISBN 978-7-113-19344-7

定　　价： 29.80 元

FOREWORD

前 言

随着计算机技术的飞速发展，计算机在经济、生活和社会发展中的地位日益重要。计算机知识与应用能力是培养跨世纪的高等专业技术人才极其重要的组成部分。

本书结合编者多年的教学与工作实践编写而成，以实际工作任务为载体，以培养学生能力和计算机应用技能为目标。全书采用“任务驱动式”教学法，使学生带着问题学，学习目标更加明确和具体。全书共分五个单元十八个任务，将计算机基础知识、Windows 7 操作系统使用、Microsoft Office 2010、计算机网络知识贯穿于工作任务。每个任务由任务描述、任务分析、流程设计、任务实现、任务拓展、技能训练六部分组成。其中单元一主要包括计算机软硬件维修、指法练习与汉字录入、Windows 7 基本操作、Windows 7 文件管理、实用工具的使用五个任务；单元二主要包括制作“求职信”、制作“个人简历”、制作“招聘海报”、制作“职业生涯规划”大赛稿件四个任务；单元三主要包括制作“学校校历”、制作成绩统计文件、分析学生成绩数据三个任务；单元四主要包括制作“关于大学生消费情况的调查报告”、制作“报表与标签设计”课件两个任务；单元五主要包括组建小型局域网、局域网的资源共享与访问、互联网的应用、计算机安全防范四个任务。

任务描述：用语言描述了一个在日常工作中会遇到的典型工作任务，并对工作任务完成的质量提出要求。

任务分析：根据任务描述的内容，分析完成任务所需的知识点、技能点，确定采用何种办法确保任务完成。

流程设计：提炼、细化任务分析中涉及的知识点、技能点，确定好要完成任务的技能点使用的先后顺序和大体步骤，即先完成什么，再完成什么，最后达到什么效果。

任务实现：采用图示法具体分析流程设计中每个工作步骤要进行操作的方法，其中的技巧都是作者多年工作经验的结晶。

任务拓展：对任务中没有涉及，但在其他任务中会用到的知识点、技能点进行补充说明，使读者的知识面更宽一些。

技能训练：通过此部分能够对任务中所涉及的知识与技能加以巩固，提高对技能的理解和运用能力。

本书由黑龙江农业工程职业学院许洪军、宫莉莹、张洪任主编，负责全书的修改、补充、统稿工作；杨桦、孙冠男任副主编。王巍、王浩月、彭德林、金忠伟参与编写。各单元编写分工如下：第一单元由许洪军、王浩月编写，第二单元由宫莉莹、王巍编写，第三单元由金忠伟、彭德林编写，第四单元由孙冠男、杨桦编写，第五单元由张洪编写。本书在编写过程中得到了宋春晖、潘艺、李桂兰、吴秀莹、刘静、刘丽涛、王刃峰、敖冰锋、解辰光、戴佩荣、贾晓芳、郭东强、纪宇、李广东、栾青、裴亭亭、廉洪鹏、王刚、李明等的帮助，在此表示感谢！

本书由哈尔滨理工大学计算机控制学院院长、博士生导师乔佩利主审。

由于编者水平所限，书中难免有疏漏和不足之处，敬请广大读者批评指正。

编　者

2016 年 11 月

CONTENTS

目 录

计算机基础操作及操作系统 Windows 7

基本理论

- 掌握计算机的基本工作原理及其主要技术指标;
- 掌握计算机硬件故障现象及维修方法;
- 掌握管理文件及文件夹的方法;
- 掌握 Windows 7 的功能;
- 掌握各种实用工具的功能。

基本技能

- 能够识别计算机硬件系统，并能够组装计算机;
- 能够安装 Windows 7 操作系统;
- 能够使用一种输入法进行中英文的输入;
- 能够区分文件和文件夹，熟练使用“计算机”及“资源管理器”进行文件及文件夹的管理;
- 能够设置与管理 Windows 7 系统;
- 能够熟练使用各种实用工具完成文字处理、图片处理、影像处理等操作。

任务一　计算机软硬件维修

任务描述

某公司新进一批计算机，经过一段时间运行，出现故障，现要求计算机维修人员对计算机进行维修，使之正常运行。

任务分析

在能够识别计算机硬件系统的基础上，根据计算机故障现象，判断故障原因，进行硬件维修或软件维护，使计算机正常运转。

流程设计

- 识别计算机硬件系统，并进行分类;

- 调试与检查计算机硬件；
- 分析计算机故障现象；
- 检测计算机软、硬件故障；
- 对计算机故障进行维修。

任务实现

一、计算机系统及硬件的识别

计算机是一种由电子器件构成的、具有计算能力和逻辑判断能力以及自动控制和记忆功能的信息处理机器。计算机是由若干相互区别、相互联系和相互作用的要素组成的有机整体。一个完整的计算机系统由硬件系统和软件系统两大部分组成。计算机系统的组成如图 1-1 所示。

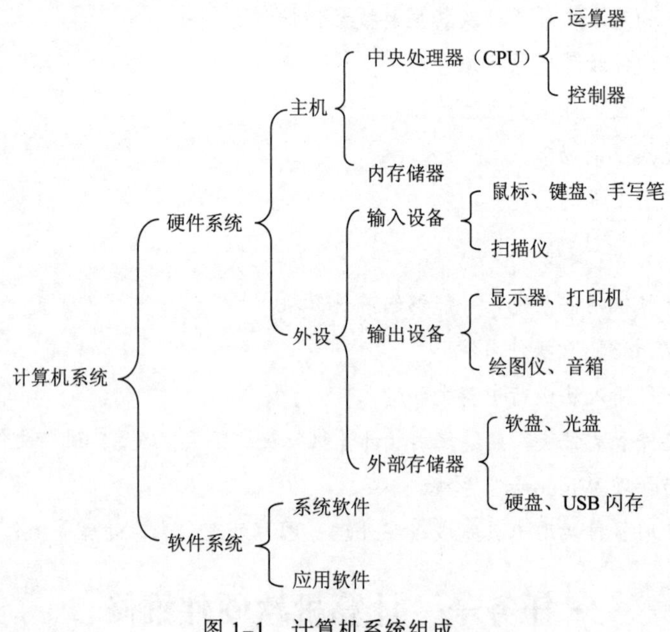

图 1-1　计算机系统组成

1. 计算机硬件系统

计算机硬件系统是指构成计算机物理结构的电气、电子和机械部件，它是计算机系统的物质基础。1946 年，美籍匈牙利数学家冯·诺依曼提出了计算机硬件结构，其主要由运算器、控制器、存储器、输入设备和输出设备五大基本部件组成。

（1）运算器

运算器是计算机对数据进行加工处理的部件，主要进行数值计算、逻辑计算。

（2）控制器

控制器是用来控制计算机各部件协调工作，并使整个处理过程有条不紊地进行。运算器、控制器统称为中央处理器，简称 CPU（central processing unit），如图 1-2 所示。

（3）存储器

存储器是计算机的存储与记忆的装置，用来存放计算机的数据与程序。通常存储器分为内存储器和外存储器。按存储器的读写功能分为只读存储器（ROM）、随机读写存储器（RAM）。

① 内存储器：内存储器简称内存，是微型计算机的记忆中心，如图 1-3 所示。内存主要用来存放当前计算机运行所需要的程序和数据，其大小直接影响到计算机的运行速度。内存越大，信息交换越快，处理数据的速度越快。

图 1-2　中央处理器

图 1-3　内存

② 外存储器：外存储器又称为辅助存储器（简称外存、辅存），是内存的扩充。外存的存储容量大、价格低，但存取速度较慢，一般用来存放大量暂时不用的程序、数据和中间结果，需要时，可成批地与内存储器进行信息交换。外存只能与内存交换信息，不能被计算机系统的其他部件直接访问。常用的外存有硬盘和光盘等，如图 1-4 和图 1-5 所示。

图 1-4　硬盘

图 1-5　光盘和光驱

（4）输入设备

输入设备是计算机用来接收外界信息的设备。主要功能是把程序、数据和各种信息转换成计算机能识别接收的电信号，按顺序送往计算机内存。常用的输入设备有键盘、鼠标（见图 1-6）、扫描仪（见图 1-7）等。

图 1-6　键盘和鼠标

图 1-7　扫描仪

（5）输出设备

输出设备是用来输出数据处理结果或其他信息。主要功能是把计算机处理的数据、计算结果等内部信息按人们需要的形式输出。常用的输出设备有显示器（见图 1-8）、打印机（见图 1-9）、绘图仪等。

图 1-8　显示器

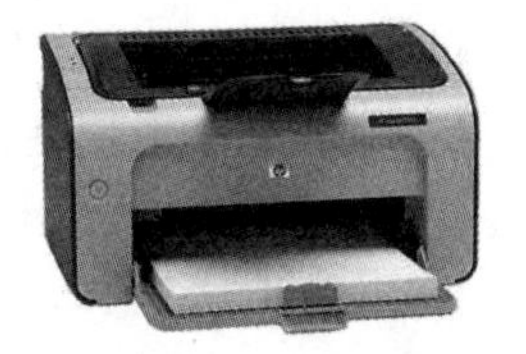

图 1-9　打印机

2. 计算机的主要性能指标

计算机的性能指标是衡量一个计算机系统优劣的尺度。主要有以下几个重要的性能指标：

（1）字长

字长是指计算机机能直接处理的二进制信息的位数，可分为 8 位、16 位、32 位和 64 位。字长愈长，运算速度就愈快，运算精度愈高，计算机的性能愈强。

（2）内存容量

内存容量是指内存储器中存储单元的数量，表示内存储器所能容纳信息的字节数。计算机程序的执行及数据的处理都要调到内存才能进行，内存容量直接影响到计算机的处理能力。内存容量越大，所能存储的数据和运行的程序就越多，这有利于减少对外存的访问次数，从而提高了程序的运行速度，所以内存容量也是计算机的一个重要性能指标。

（3）存取周期

存取周期是指对内存储器进行一次完整的存取（读/写）操作所用的时间，一般在几到几十纳秒。存取周期越短存取速度就越快，计算机的运算速度就越快。

（4）速度

衡量计算机的速度一般从以下几个方面考虑：

① 主频：一般指计算机的时钟频率，它在很大程度上决定了计算机的运算速度。时钟频率越高，计算机的运算速度越快。

② 运算速度：指计算机每秒能执行的指令条数，即计算机进行数值运算的快慢程度。单位一般为“条/秒”或“百万条/秒”。

③ 存取速度：指存储器完成一次读或写操作所需要的时间，时间越短，存取速度越快。存取速度的快慢是决定计算机运算速度的重要因素。

二、计算机硬件的组装

1. 安装电源

机箱中放置电源的位置通常位于机箱尾部的上端。电源末端四个角上各有一个螺钉孔，它们通常呈梯形排列，先将电源放置在电源托架上，并将四个螺钉孔对齐，然后拧上螺钉。其具体操作步骤如图 1-10 所示。

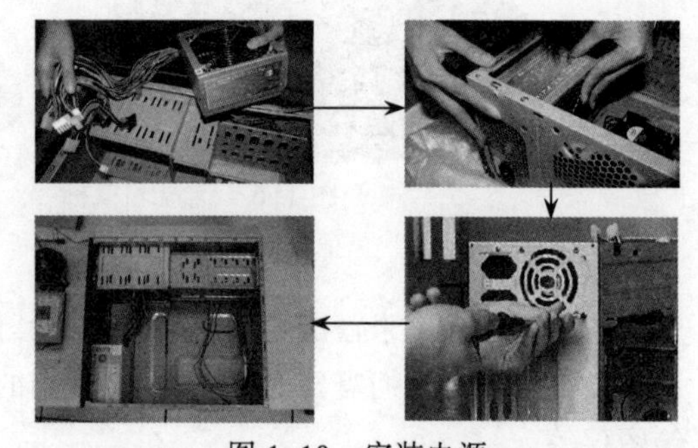

图 1-10　安装电源

2. 安装 CPU

安装 CPU 时，先把支撑架扳开，然后将 CPU 对好方向，顺着支撑架的槽滑下，当 CPU 的接口接触到插槽后，用力将 CPU 按到底，最后安装 CPU 风扇，并将风扇电源线插接到主板上。其具体操作步骤如图 1-11 所示。在安装 CPU 时注意：CPU 针脚与 CPU 插座要方向对应，方向不对时，安装不进去；安装时必须注意用力均匀，用力不当将有可能压坏 CPU 核心，导致 CPU 损坏而无法正常工作。

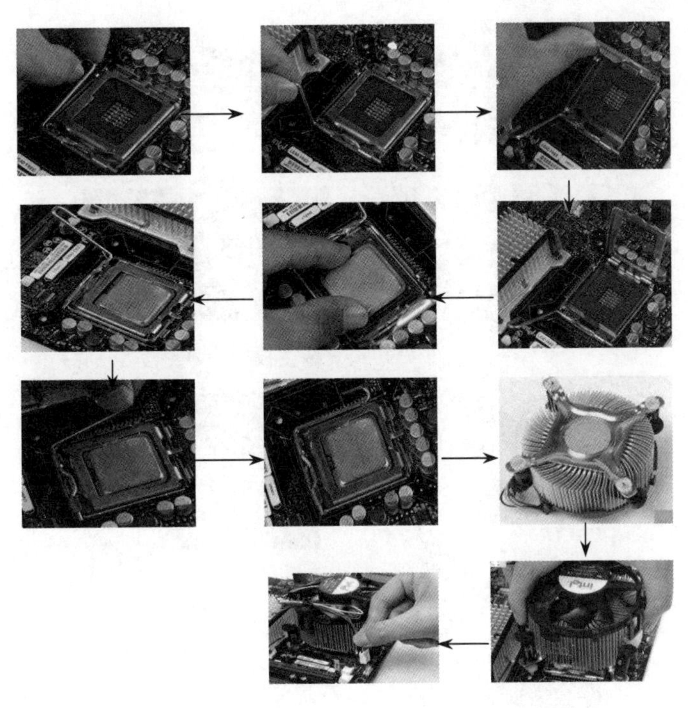

图 1-11　安装 CPU

3. 安装内存

安装内存时，先用手将内存插槽两端的卡扣打开，然后将内存垂直放入内存插槽中，用两拇指按住内存两端轻微向下压，听到"啪"的一声响后，即说明内存安装到位。其具体操作步骤如图 1-12 所示。

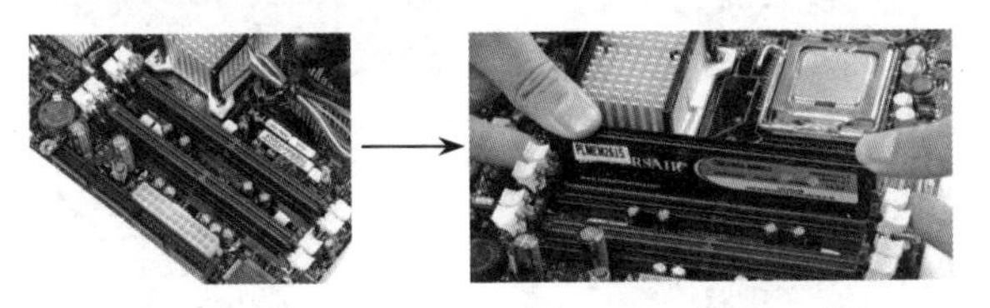

图 1-12　安装内存

4. 安装主板

安装主板时，先在机箱底部的螺钉孔中装上定位螺钉，接着将机箱卧倒，在主板底板上安装铜质的膨胀螺钉，然后把主板放在底板上。最后使用螺丝刀将主板上的螺钉拧紧。其具体操作步骤如图 1-13 所示。

5. 安装硬盘

对于普通的机箱，只需要将硬盘放入机箱的硬盘托架上，拧紧螺钉使其固定即可。对于可拆卸的 3.5 英寸机箱托架，安装硬盘的操作步骤如图 1-14 所示。

6. 安装显卡

将显卡插入主板的 PCI-E 插槽内，并用螺钉将其固定到主机箱上。其具体操作步骤如图 1-15 所示。

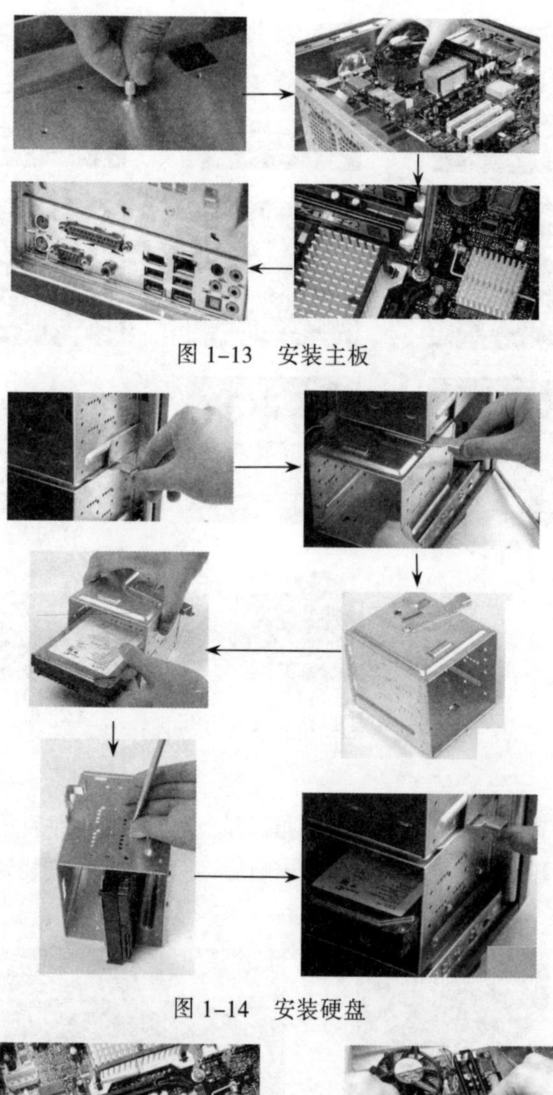

图 1-13　安装主板

图 1-14　安装硬盘

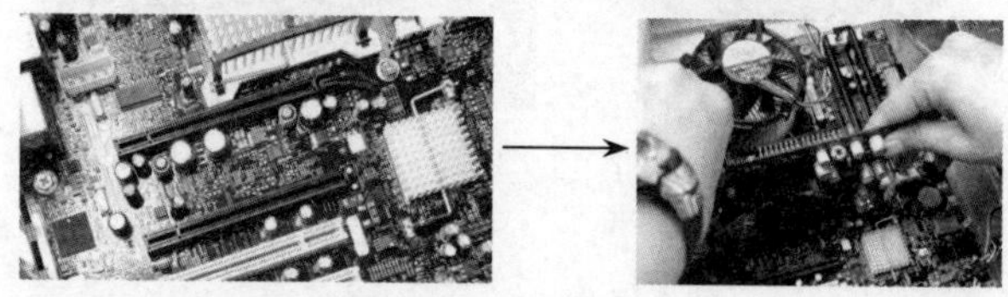

图 1-15　安装显卡

7. 安装主板电源线

将机箱电源的电源输出线插入主板的电源输入插座上。插入时，要注意方向，方向不对将无法插入，如图 1-16 所示。

8. 安装硬盘、光驱的电源线

分别取一条主机箱电源输出的梯形口线，再分别插入硬盘、光驱的电源输入口。通常红线应在内侧，如图 1-17 所示。

9. 安装硬盘、光驱的数据线

分别取一条硬盘或光驱的数据线，一端插入硬盘数据口或光驱数据口，硬盘数据线的另一端插入主板的 SATA1 插槽中；光驱数据线的另一端插入主板的 IDE1 插槽中，如图 1-18 所示。

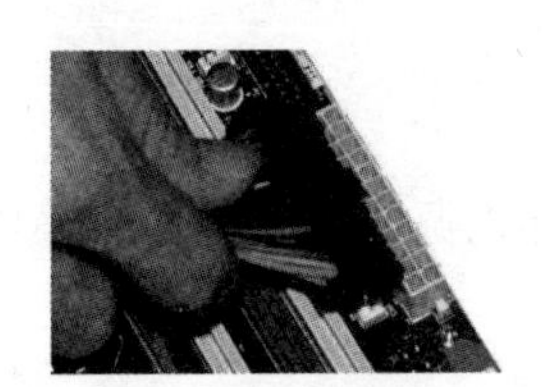

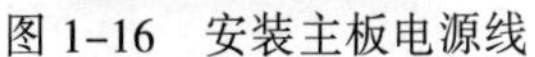

图 1-16　安装主板电源线

图 1-17　安装硬盘、光驱电源线

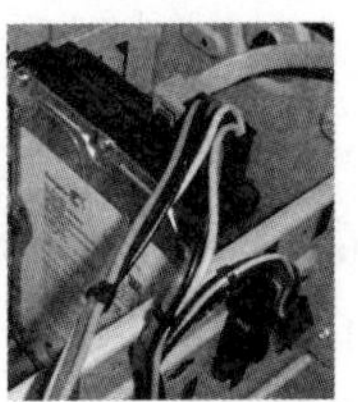

图 1-18　安装硬盘、光驱数据线

三、微型计算机的连接

1. 主机与显示器的连接

显示器信号线一端是一只 D 形 15 针插头，应插在显卡的 D 形 15 孔插座上，插好后，用手拧紧插头上的固定螺栓，如图 1-19 所示。

图 1-19　连接显示器信号线

2. 鼠标、键盘与主机的连接

在机箱背面找到鼠标和键盘的插孔，然后将鼠标和键盘插头插入插孔中，如图 1-20 所示。在插接时应注意鼠标和键盘卡口的方向，如果方向错误将插不进去，同时也可能损坏插头。如果是 USB 接口类型的鼠标和键盘，直接插在机箱背板 USB 接口上即可。

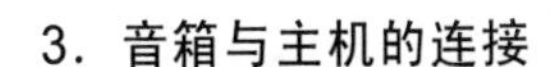

3. 音箱与主机的连接

将音箱插头插入机箱背面的音箱插孔中，即可将音箱与主机连接起来，如图 1-21 所示。

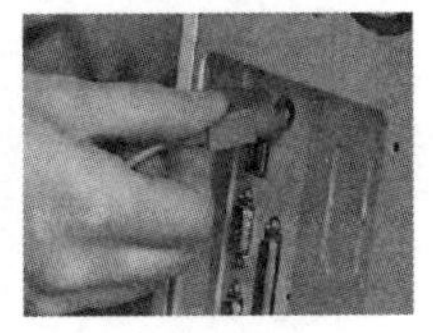

图 1-20　连接鼠标和键盘

图 1-21　连接音箱

四、Windows 7 操作系统的安装

1. Windows 7 运行的基本环境

① CPU：建议选用 1 GHz 32 bit 或 64 bit 处理器及以上。

② 内存：建议使用 1 GB 以上。

③ 硬盘：建议有 16 GB 以上剩余空间。

④ 显示器：支持 DirectX 的显卡，128 MB 显存及以上。

2. Windows 7 的安装过程

① 设置 BIOS（基本输入/输出系统）的引导顺序，以能够从安装光盘或 U 盘启动计算机。

② 运行安装程序：安装程序为接下来的安装准备磁盘空间，同时复制安装向导文件并立即运行。

③ 运行安装向导：安装向导需要收集有关计算机的安装信息，如用户名和密码等基础信息。

④ 安装网络组件：收集完计算机的有关信息后，安装向导要求用户提供具体网络信息，然后安装网络组件，以使计算机能够与网络上的其他计算机进行网络通信。

⑤ 完成安装：安装程序将所需文件复制到硬盘并对计算机进行配置，完成安装后，系统重

新启动。

3．启动计算机

（1）正常启动

先开外设（如显示器，打印机之类的外围设备）后开主机（即主机箱电源开关)。其具体操作步骤如下：

① 打开显示器及主机电源，稍后屏幕上将显示计算机自检信息。

② 如果计算机中只安装了 Windows 7 操作系统，则在启动计算机时，即可启动该操作系统。如果安装了多个系统，可以选择 Windows 7 选项，再按键盘上的“Enter”键进入 Windows 7 操作系统。

（2）重新启动

当计算机在运行过程中由于某种原因而出现“死机”现象时，可以重新启动计算机，其方法有以下三种：

① 同时按“Ctrl+Alt+Del”组合键进行热启动。

② 按下主机正面的复位按钮 Reset 进行冷启动。

③ 直接关闭电源开关。按下 Power 按钮即可关闭，然后再按照正常方法重新启动计算机。

4．关闭计算机

先关主机，后关外设。在计算机的使用中，应养成良好的使用习惯，先关主机并不是按主机箱上的电源开关，而是在操作系统下（以 Windows 7 系统为例)，单击“开始”按钮，选择“关机”选项，如图 1-22 所示。

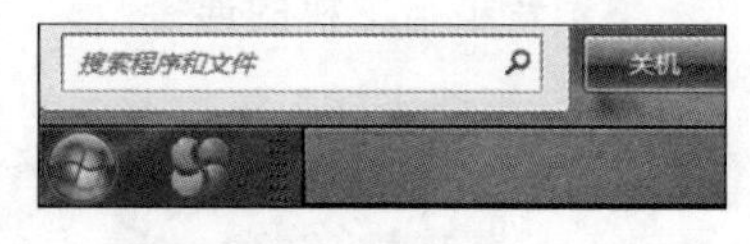

图 1-22　关机

五、计算机故障维修

1．计算机故障分类及判断

（1）计算机故障

所谓计算机故障就是指计算机设备或系统在使用中出现不能符合规定性能或丧失执行预定功能的偶然事故状态。

（2）计算机故障分类

计算机故障分为硬件故障和软件故障。

计算机硬件故障是指计算机中的板卡部件及外围设备等部分发生接触不良、性能下降、电路元器件损坏或机械方面问题引起的故障。计算机硬件故障通常会导致计算机无法开机、系统无法启动、某个设备无法正常运行、死机或蓝屏等故障现象，严重时常常还伴随着发烫、鸣响和电火花等现象。计算机硬件故障可分为板卡级故障、元器件故障、线路故障三个等级。

计算机软件故障是指由计算机系统软件或计算机应用软件的不兼容、文件被破坏、配置不当、感染病毒、操作人员使用不当等因素而造成的计算机不能正常工作的故障。软件故障包括系统软件故障、应用软件故障等。

（3）计算机故障判断流程

计算机故障判断流程如图 1-23 所示。

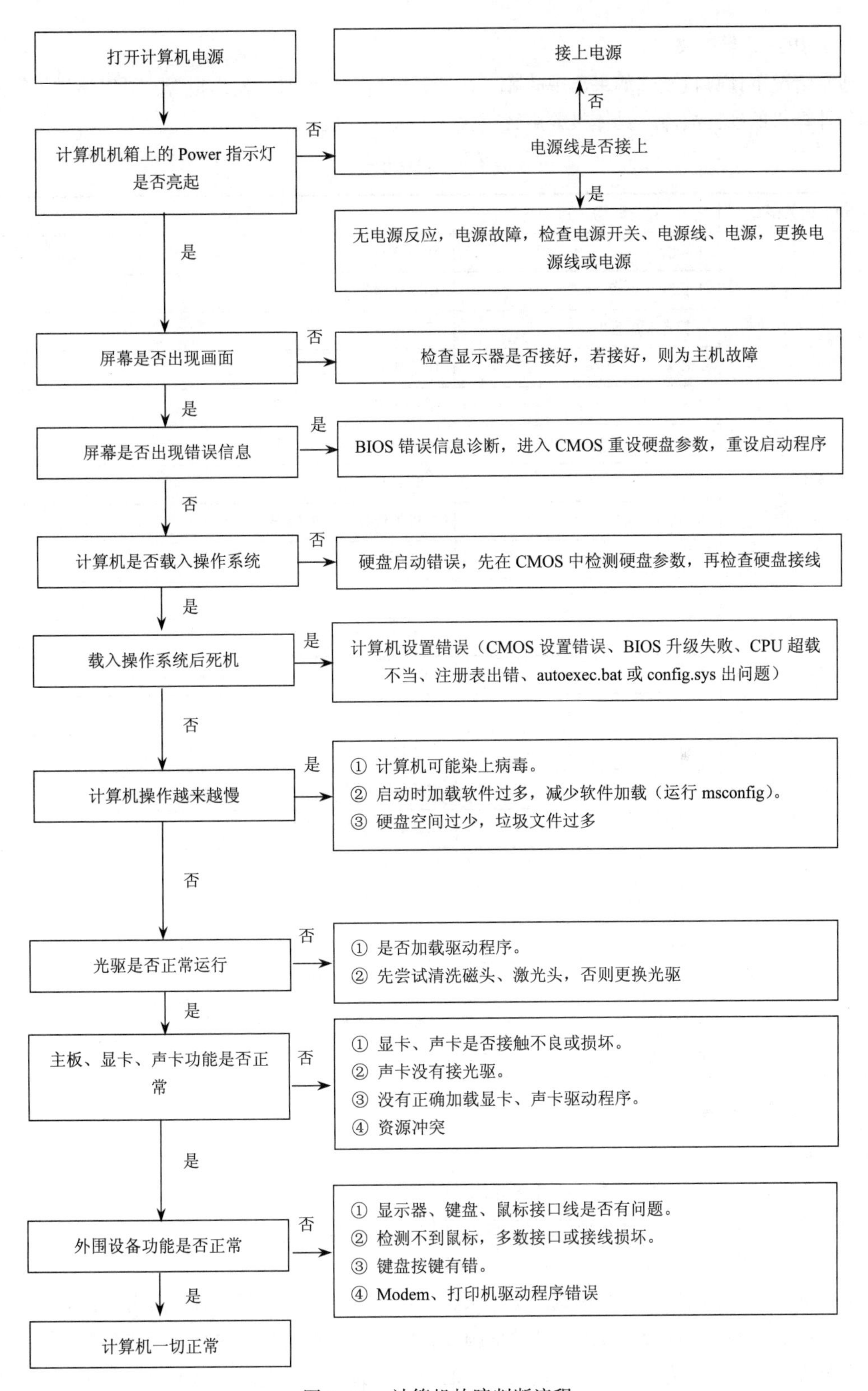

图 1-23　计算机故障判断流程

（4）BIOS 报警含义

通常情况下计算机硬件如果出现故障，在计算机加电自检时会发出报警。可以通过报警声音来判断计算机的硬件故障。具体报警声音及含义如表 1-1 所示。

表 1-1 报警类型

BIOS 的类型	报警方式	含义
AMI	1 短音	DRAM 复新失败
	1 长音 3 短音	DRAM 错误
	1 长音 8 短音	显示测试失败
	2 短音	DRAM 同位检测失败
	3 短音	基本 64K RAM 测试失败
	4 短音	系统时钟错误
	5 短音	CPU 处理器错误
	6 短音	主机板键盘控制器错误
	7 短音	CPU 中断错误
	8 短音	显示卡内存写入/读取错误
	9 短音	ROM BIOS 检查码错误
	10 短音	CMOS 关机缓存器写入/读取错误
	11 短音	高速缓存故障
Award	1 短音	系统启动正常
	2 短音	CMOS 设定错误
	1 长音 1 短音	DRAM 或主板错误
	1 长音 2 短音	显示错误（显示器或显示卡）
	1 长音 3 短音	键盘控制器错误
	1 长音 9 短音	主机板 Flash RAM 或 EPROM 错误（BIOS 损坏）
	不断地响(长音)	DRAM 未插好或损坏
	不断地响	电源、显示器未和显示卡连接好
	重复短响	电源有问题

2. Ghost 系统备份

（1）系统备份

系统备份是容灾的基础，指为防止系统出现操作失误或系统故障导致数据丢失，而将全部或部分数据集合从应用主机的硬盘或阵列复制到其他存储介质的过程。

（2）系统备份的重要性

计算机里面重要的数据、档案或历史记录，不论是对企业用户还是对个人用户，都是至关重要的，一旦不慎丢失，都会造成不可估量的损失，轻则辛苦积累起来的心血付之东流，严重的会影响企业的正常运作，给科研、生产造成巨大的损失。为了保障生产、销售、开发的正常运行，企业用户应当采取先进、有效的措施，对数据进行备份、防患于未然。

（3）系统备份的方法及备份软件

计算机操作系统的备份方法很多，目前常用的就是通过赛门铁克公司推出的一个用于系统、数据备份与恢复的工具——Ghost 程序。

常用的计算机系统备份的软件有一键还原精灵、一键 Ghost、MaxDOS 工具箱、矮人 DOS 工具箱以及系统启动盘中集成的各种备份软件，但这些软件的核心仍然是 Ghost 程序。

（4）Ghost 程序的调用方式

Ghost 程序的调用方式有两类：一是调用硬盘中的 Ghost 程序，二是调用操作系统引导盘（光盘、U 盘）中的 Ghost 程序。

① 调用硬盘中的 Ghost 程序：调用硬盘中的 Ghost 程序前，必须安装相应的计算机备份和还原软件。硬盘 Ghost 程序如图 1-24 所示。

这样启动计算机时，选择从非计算机操作系统引导项启动计算机即可进入相应备份软件，进而调用 Ghost 程序。

② 调用操作系统引导盘（光盘、U 盘）中的 Ghost 程序：调用操作系统引导盘（光盘、U 盘）中的 Ghost 程序前，首先要制作光盘（U 盘）引导盘。然后将光盘放入光驱（U 盘插入 USB 口）中，并且要把 BIOS 里的计算机引导顺序设置成第一引导盘为光盘（U 盘），如图 1-25 所示。

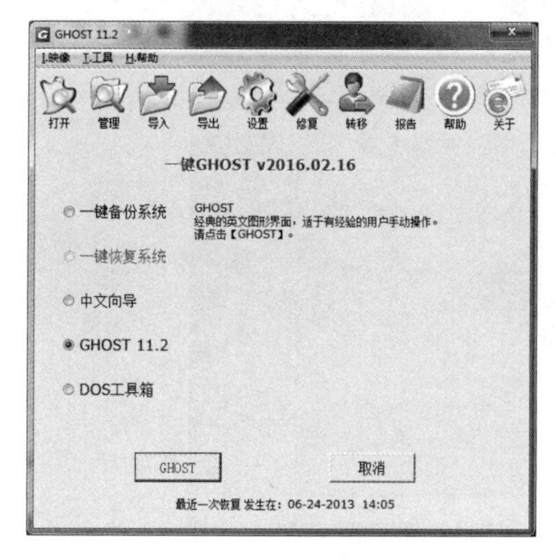

图 1-24　启动与故障恢复

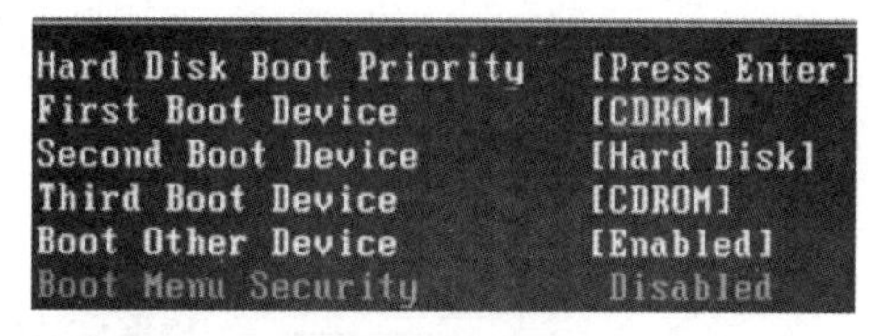

图 1-25　设置光盘为第一引导盘

此时计算机将从光盘引导，在随后出现的界面中选择即可，如图 1-26 所示。

图 1-26　光盘启动

（5）使用 Ghost 程序备份操作系统

计算机的操作系统文件通常是安装在 C 盘中，备份操作系统实际上就是将 C 盘（系统分区）数据做成一个镜像文件（*.gho）存放在其他盘符下。其具体操作过程如图 1-27 所示。

3. Ghost 系统恢复

制作好镜像文件，就可以在系统崩溃后还原系统，这样又能恢复到制作镜像文件时的系统状态。Ghost 系统恢复的过程如图 1-28 所示。

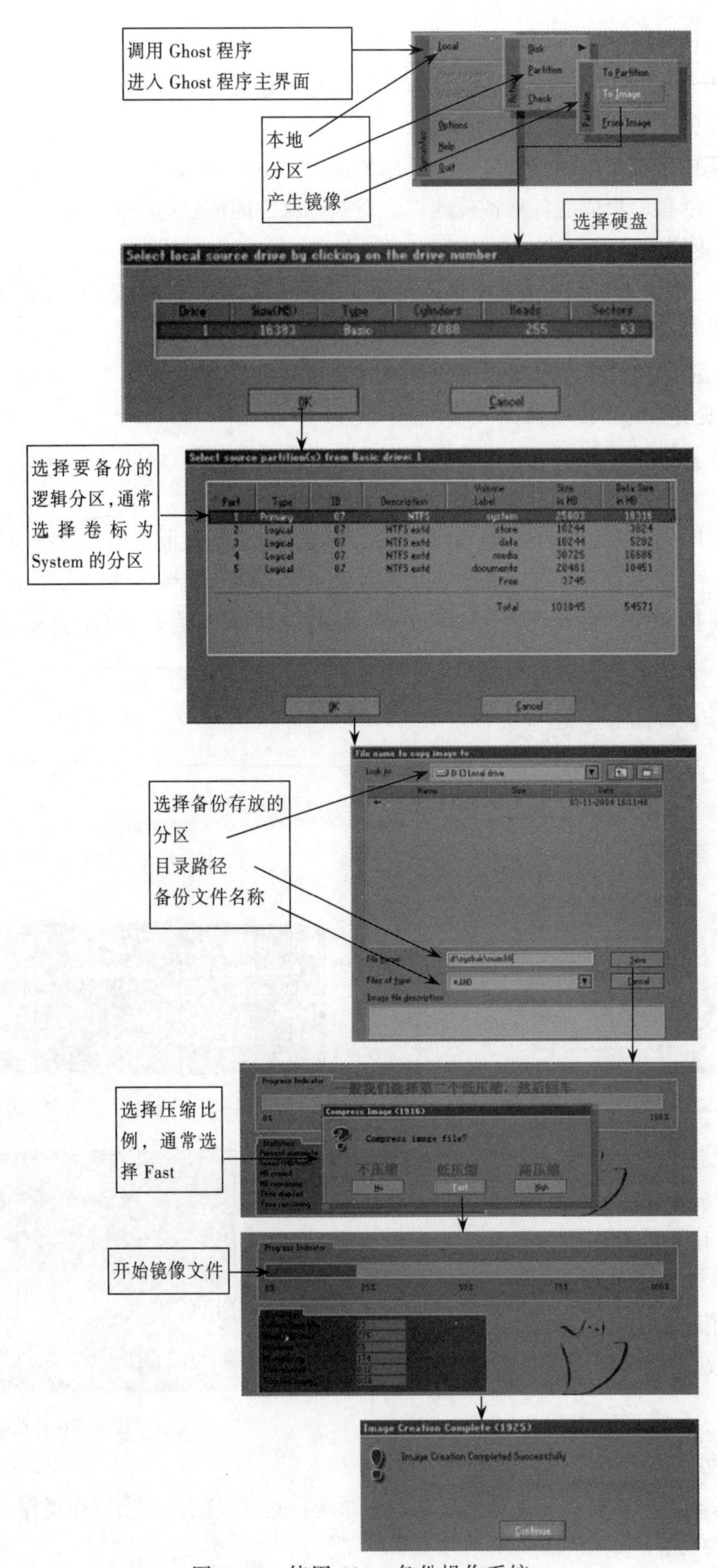

图 1-27　使用 Ghost 备份操作系统

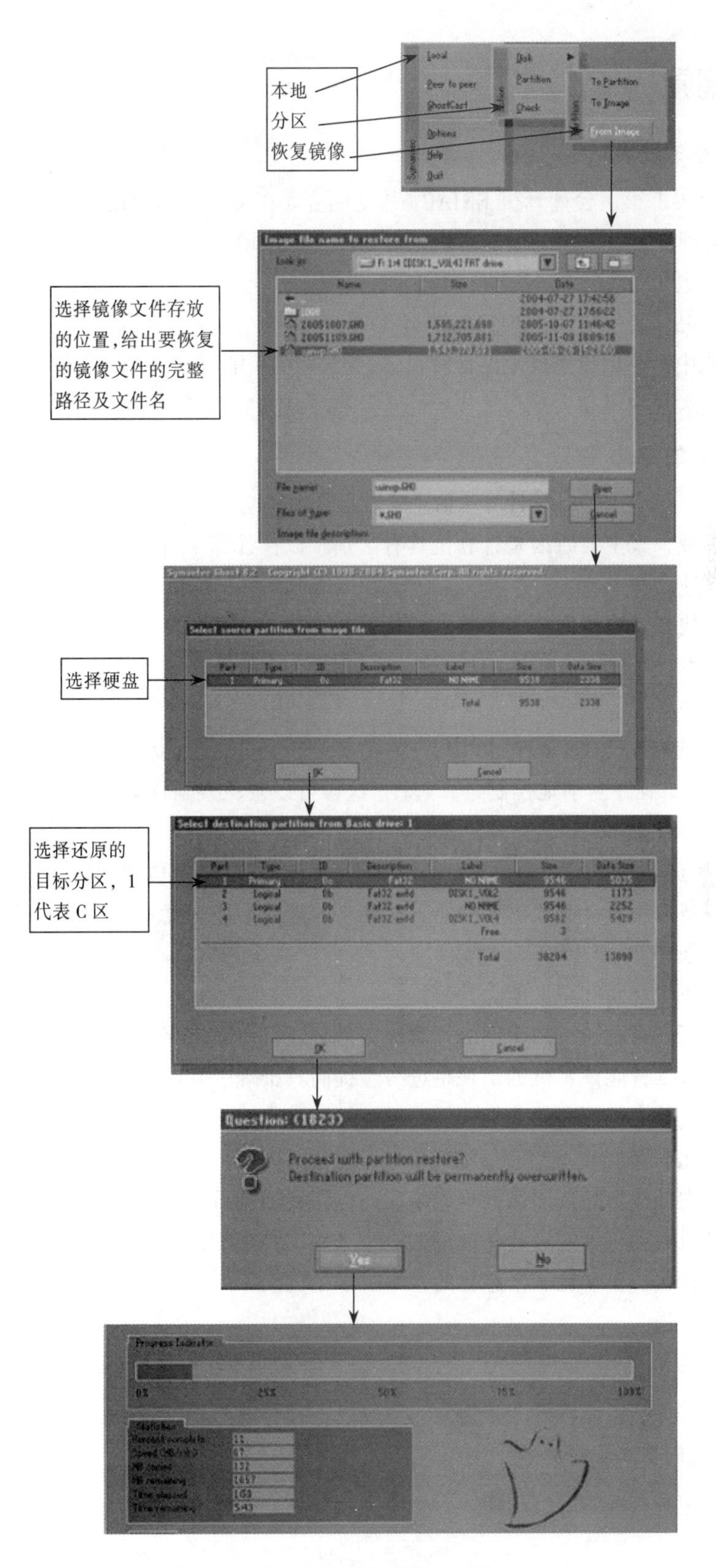

图 1-28 使用 Ghost 备份恢复系统

任务拓展

1. 计算机的发展

1946 年世界上第一台计算机 ENIAC（埃尼阿克）在美国的宾夕法尼亚大学诞生，标志着电子计算机时代的到来。计算机的发展可以划分为以下四个阶段。

- 第一代电子管计算机（1946—1957 年）；
- 第二代晶体管计算机（1958—1964 年）；
- 第三代中、小规模集成电路计算机（1965—1970 年）；
- 第四代大规模及超大规模集成电路计算机（1971 年至今）。

2. 计算机的特点

计算机被广泛应用于科学计算、信息管理、自动控制、办公自动化、生产自动化、人工智能、网络通信等领域，其主要原因是计算机具有区别于以往计算工具的几个重要特点。

（1）运算速度快

运算速度快是计算机最显著的特点。从第一台现代计算机每秒 5 000 次的运算速度，到目前最快的巨型计算机每秒上百亿次的运算速度，它大大地提高了人类数值计算、信息处理的效率。

（2）计算精度高

计算机一般的有效数字都有十几位，有的甚至达到上百位的精度，这些在科学计算中是必不可少的。计算机由程序自动地控制运算过程，这样可以避免人工计算过程中可能产生的各种错误。

（3）存储容量大

计算机具有强大的存储能力，通过计算机的存储器可以将原始数据、中间结果以及运算指令等存储起来以备调用。计算机的存储器容量大小一般以字节来衡量，存储容量的大小标志着计算机记忆能力的强弱。

（4）具有逻辑判断和记忆能力

计算机除了具有高速、高精度的计算能力外，还具有对文字、符号、数字等进行逻辑推理和判断的能力。人工智能计算机的出现将进一步提高其推理、判断、思维、学习、记忆与积累的能力，从而可以代替人脑更多的功能。

（5）自动化程度高

计算机的内部操作是按照人们事先编制的程序自动进行的。只要将事先编制好的程序输入计算机中，计算机就会自动按照程序规定的步骤来完成预定的任务，而不需要人工干预，并且通用性很强，是现代化、自动化、信息化的基本技术手段。

（6）可靠性强

随着科学技术的不断发展，电子技术也发生了很大的变化，电子器件的可靠性也越来越高。在计算机的设计过程中，通过采用新的结构可以使其具有更高的可靠性。

3. 计算机的基本工作原理

计算机启动后，开始进行工作，其基本工作原理如图 1-29 所示。

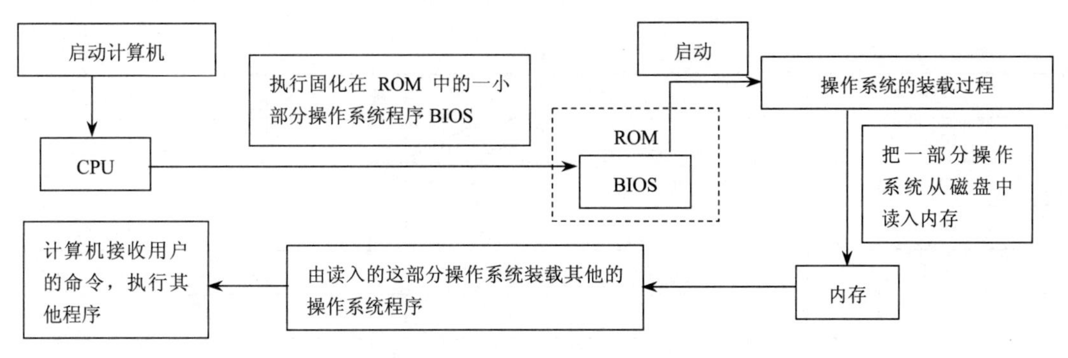

图 1-29　计算机的基本工作原理

4. 计算机中的数制

数制（number system）是指和一组固定的数字和一套统一的规则来表示数据的方法。人们日常生活中习惯使用的是十进位计数制（简称十进制），而计算机内使用的是二进制，即用二进制表示数据，同时在计算机科学中还采用八进制、十进制和十六进制数。通常我们用( )$_{角标}$表示不同进制的数。十进制用( )$_{10}$表示，二进制数用( )$_{2}$表示。在计算机中，一般在数字的后面用特定字母表示该数的进制，例如：

B——二进制　　D——十进制　　O——八进制　　H——十六进制

（1）数制

① 二进制：具有两个数字符号 0 和 1，进位基数为 2，进位规则是“逢二进一”。

② 十进制：具有十个不同的数字符号 0，1，2，3，4，5，6，7，8，9，进位基数为 10，进位规则是“逢十进一”。

③ 八进制：具有八个不同的数字符号 0，1，2，3，4，5，6，7，进位基数为 8，进位规则是“逢八进一”。

④ 十六进制：具有十六个不同的数字符号 0，1，2，3，4，5，6，7，8，9，A，B，C，D，E，F，进位基数为 16，进位规则是“逢十六进一”。

（2）二进制数与其他数制的对应关系

由于机内和机外的进位制不同，因此存在一个相互转换的问题。表 1-2 列出了二进制、十进制、八进制、十六进制之间的对应关系，根据该表就可以很容易地进行各种进位制间的转换。

表 1-2　二进制数与其他数制的对应关系

二进制	十进制	八进制	十六进制
0000	0	0	0
0001	1	1	1
0010	2	2	2
0011	3	3	3
0100	4	4	4
0101	5	5	5
0110	6	6	6
0111	7	7	7

续表

二进制	十进制	八进制	十六进制
1000	8	10	8
1001	9	11	9
1010	10	12	A
1011	11	13	B
1100	12	14	C
1101	13	15	D
1110	14	16	E
1111	15	17	F

（3）十进制与二进制数之间的转换

① 十进制整数转换成二进制整数。

把一个十进制整数转换成二进制整数的方法如下：把被转换的十进制整数反复地除以 2，直到商为 0，所得的余数（从末位读起）就是这个数的二进制表示。简单地说，就是“除 2 取余法”。

例如：将十进制整数$(28)_{10}$转换成二进制数的方法如下：

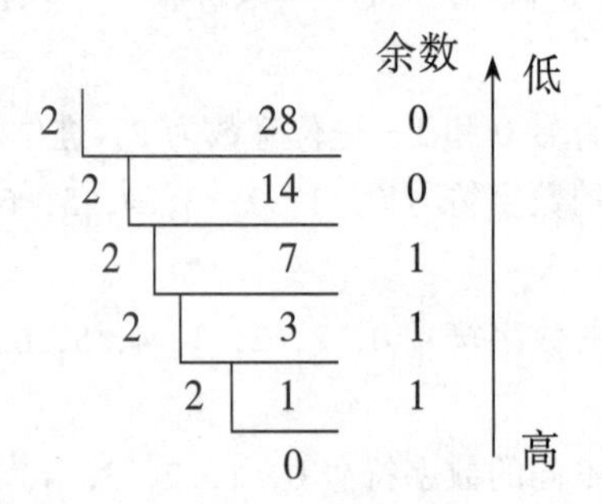

于是，$(28)_{10}=(11100)_2$。

十进制整数转换成八进制整数的方法是“除 8 取余法”，十进制整数转换成十六进制整数的方法是“除 16 取余法”。

② 二进制数转换成十进制数。

把二进制数转换为十进制数的方法是将二进制数按权展开求和即可。

例如：将$(10011)_2$转换成十进制数的方法如下：

1×2^0	代表十进制数 1
1×2^1	代表十进制数 2
0×2^2	代表十进制数 0
0×2^3	代表十进制数 0
1×2^4	代表十进制数 16

于是，$(10011)_2=1+2+0+0+16=(19)_{10}$。

同理，非十进制数转换成十进制数的方法是把各个非十进制数按权展开求和即可，如把二进制数（或八进制数或十六进制）写成 2（或 8 或 16）的各次幂之和的形式，然后计算其结果。

（4）二进制数与八进制数之间的转换

① 二进制数转换成八进制数。

将二进制数从小数点开始，整数部分从右向左 3 位一组，小数部分从左向右 3 位一组，不足 3 位用 0 补足即可。

例如：将$(100110011)_2$转换为八进制整数的方法如下：

100　　110　　011
↓　　↓　　↓
4　　6　　3

于是，$(100110011)_2=(463)_8$。

② 八进制数转换成二进制数。

八进制数转换成二进制数的方法为以小数点为界，小数点前向左，小数点后向右，每 1 位八进制数用相应的 3 位二进制数取代，然后将其连在一起即可。

例如：将$(634)_8$转换为二进制数的方法如下：

6　　3　　4
↓　　↓　　↓
110　　011　　100

于是，$(634)_8=(110011100)_2$。

（5）二进制数与十六进制数之间的转换

① 二进制数转换成十六进制数。

将二进制数从小数点开始，整数部分从右向左 4 位一组，小数部分从左向右 4 位一组，不足 4 位用 0 补足，每组对应 1 位十六进制数即可得到十六进制数。

例如：$(101001010111)_2$转换为十六进制数的方法如下：

1010　　0101　　0111
↓　　↓　　↓
A　　5　　7

于是，$(101001010111)_2=(A57)_{16}$。

② 十六进制数转换成二进制数。

十六进制数转换成二进制数的方法为以小数点为界，向左或向右每 1 位十六进制数用相应的 4 位二进制数取代，然后将其连在一起即可。

例如：$(3AB)_{16}$转换成二进制数的方法如下：

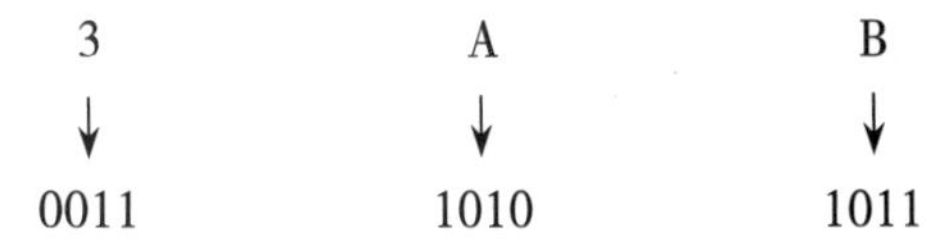

于是$(3AB)_{16}=(1110101011)_2$。

技能训练

根据所给计算机硬件，对计算机硬件进行组装，并安装 Windows 7 操作系统，当机器正常运转后，能够使用 Ghost 备份系统，当系统出现故障时，能够恢复系统。

关键步骤提示：

① 组装计算机硬件。

② 安装 Windows 7 操作系统。

③ 打开显示器及主机电源，稍后屏幕上将显示计算机自检信息。

④ 选择 Windows 7 选项，按“Enter”键进入 Windows 7 操作系统。

⑤ 计算机使用结束后，关闭所有已经打开的应用程序。

⑥ 使用 Ghost 备份系统。

⑦ 使用 Ghost 恢复系统。

任务二　指法练习与汉字录入

任务描述

某企业为了提高员工文字录入的速度，特使用金山打字通软件进行文字录入比赛，比赛结束后使用该软件进行成绩评定。

任务分析

随着办公自动化的迅猛发展，计算机已经成为每个办公人员的必备工具。文字的输入、命令的输入等工作都需要通过键盘输入计算机中。熟练使用键盘进行输入可以大大提高工作效率，节省工作时间。

本次任务要求测试人员熟练启动计算机，进入金山打字通软件进行录入速度测试。

流程设计

- 启动 Windows 7 操作系统；
- 运行金山打字通软件；
- 切换输入法；
- 输入中英文字；
- 使用金山打字通软件进行文字录入测试。

任务实现

一、Windows 7 操作系统界面

1. Windows 7 桌面组成

当用户启动中文版 Windows 7 后，在屏幕上显示的就是中文版 Windows 7 的桌面，如图 1-30 所示。用户可以在桌面上放置经常使用的应用程序和文件夹图标，也可以根据自己的需要在桌面上添加各种快捷图标，在使用时双击图标就能够快速启动相应的应用程序或打开相应的文件。

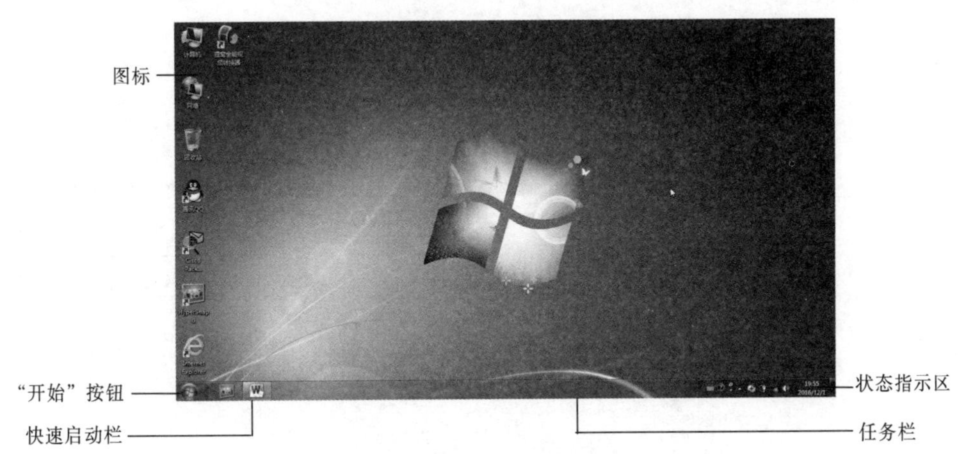

图 1-30 Windows 7 桌面组成

2. 设置"开始"菜单

通过设置 Windows 7 "开始"菜单的属性可以对"开始"菜单的链接、图标以及菜单的外观和行为等进行设置，在"开始"按钮上右击，在弹出的快捷菜单中选择"属性"命令，弹出"任务栏"和「开始」菜单属性对话框，单击"自定义"按钮，弹出"自定义「开始」菜单"对话框，如图 1-31 所示。

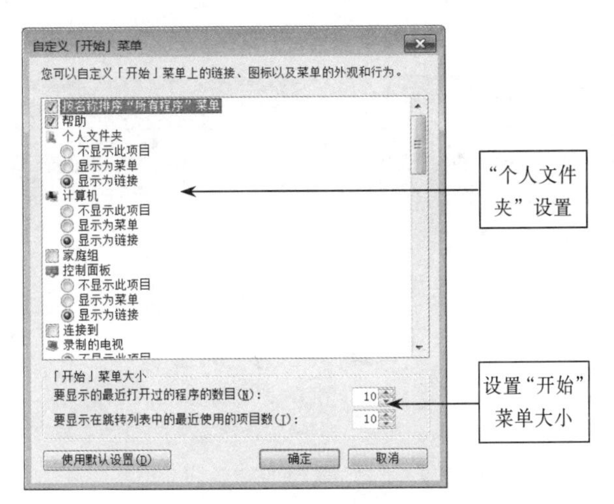

图 1-31 设置"开始"菜单

3. 设置任务栏

在 Windows 7 中，任务栏位于桌面的底端。一方面通过任务栏可以快速启动应用程序；另一方面，在任务栏上设置一些启动各种应用程序的快捷方式图标，在设置后任务栏上就会出现相应的按钮。如果要切换应用程序窗口，只需单击代表该窗口的按钮即可。关闭一个窗口后，其按钮也会从任务栏上消失。在任务栏的空白处右击，在弹出的快捷菜单中选择"属性"命令，弹出"任务栏和「开始」菜单属性"对话框，如图 1-32 所示。

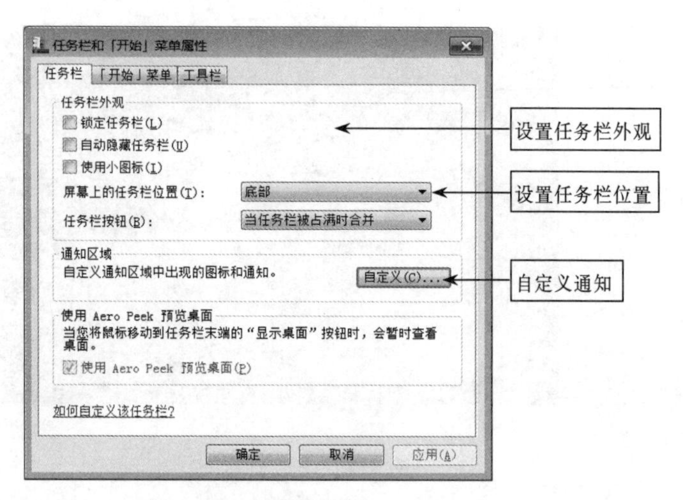

图 1-32 设置任务栏

4. Windows 7 窗口组成

窗口是计算机屏幕上的一块矩形区域，当打开一个程序时，会在屏幕上出现一块区域供用户操作该程序，当打开桌面上“计算机”时其组成如图 1-33 所示。

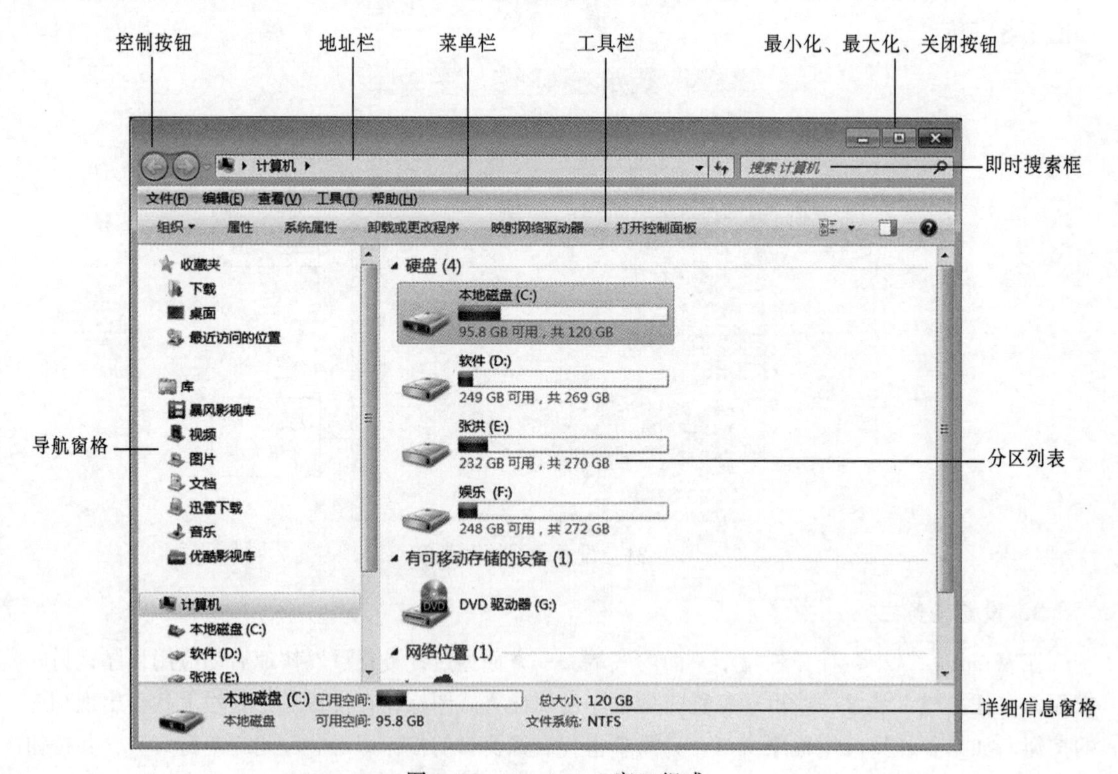

图 1-33 Windows 7 窗口组成

5. Windows 7 对话框组成

对话框是一种特殊窗口，通常用于执行命令或进行参数设置，其组成如图 1-34 所示。

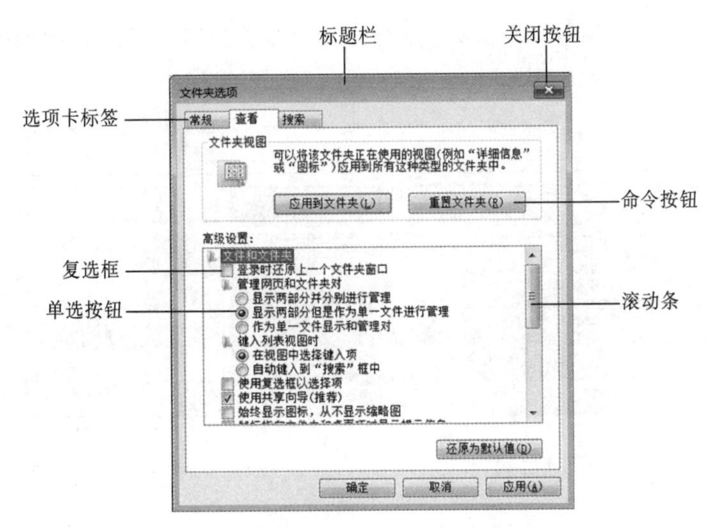

图 1-34　Windows 7 对话框组成

二、鼠标的使用

1. 鼠标的基本操作

① 指向：将鼠标移动到某一对象上。一般用于激活对象或显示工具提示信息。

② 单击：快速将鼠标左键按下、松开。一般可以用于激活对象或显示工具提示信息。

③ 右击：快速将鼠标右键按下、松开。一般会弹出一个快捷菜单。

④ 双击：快速将鼠标左键连击两次。用于启动程序或打开窗口。

⑤ 拖动：将鼠标指针指向某对象。按住鼠标左键，移动鼠标到其他位置，然后释放鼠标左键。常用于滚动条操作、标尺滑块操作或复制、移动对象的操作。

2. 鼠标指针的形状

鼠标指针不同形状代表不同的含义，具体如表 1-3 所示。

表 1-3　鼠标指针的形状及含义

指　针	特 定 含 义	指　针	特 定 含 义	指　针	特 定 含 义
↖	常规操作	I	输入文字区域	↘ ↗	调整窗口的对角线
↖?	帮助选择	+	精度选择	↔ ↕	调整窗口宽度、高度
↖⌛	后台操作	⊘	操作非法，不可用	✥	可以移动
⌛	忙，请等待	👆	超链接选择	↑	其他选择

三、键盘的使用

键盘是标准输入设备，由五个主要部分组成：主键盘区、功能键区、编辑键区、小键盘区（辅助键区）、状态指示区，如图 1-35 所示。

1. 主键盘区

主键盘区是键盘的主要组成部分，它的键位排列与标准英文打字机的键位排列一样。该键区包括了数字键、字母键、常用运算符以及标点符号键，除此之外还有几个必要的控制键。主键盘各区的常用功能如表 1–4 所示。

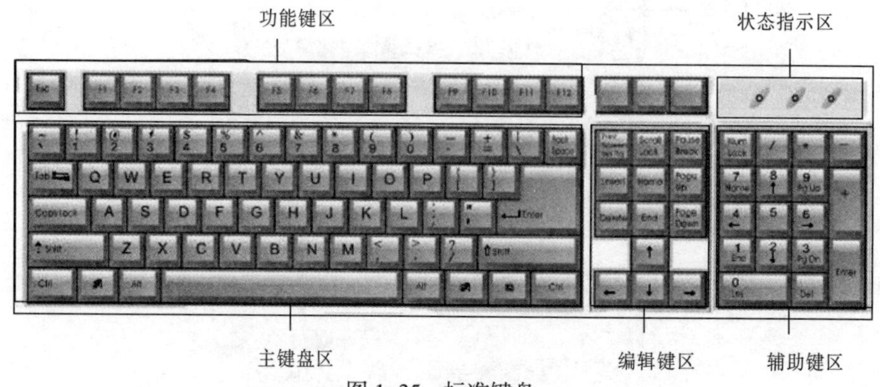

图 1–35　标准键盘

表 1–4　主键盘区常用键功能

键　名	主 要 功 能
"Space" 空格键	键盘上最长的条形键。每按一次该键，将在当前光标的位置上空出一个字符的位置
"Enter↙" 回车键	（1）每按一次该键，将换到下一行的行首输入。就是说，按下该键后，表示输入的当前行结束，以后的输入将另起一行； （2）在输入完命令后，按下该键，则表示确认命令并执行
"CapsLock" 大写字母锁定键	在主键盘区左侧。该键是一个开关键，用来转换字母大小写状态。每按一次该键，键盘右上角标有 CapsLock 的指示灯会由不亮变成发亮，或由发亮变成不亮。这时： （1）如果 CapsLock 指示灯发亮，则键盘处于大写字母锁定状态： ● 这时直接按字母键，则输入大写字母； ● 如果按住"Shift"键的同时，再按字母键，输入的是小写字母。 （2）如果这时 CapsLock 指示灯不亮，则大写字母锁定状态被取消
"Shift" 换挡键	换挡键共有两个，它们分别在主键盘区（从上往下数，下同）第四排左右两边对称的位置上。 （1）对于符号键（键面上标有两个符号的键，这些键又称上下挡键或双字符键）来说，直接按下这些键时，所输入的是该键键面下半部所标的那个符号（称为下挡字符）；如果按住"Shift"键同时按下双字符键，则输入键面上半部所标的那个符号（称为上挡字符）。如："Shift" + "8" 录入的是 "*"； （2）对于字母键而言：当键盘右上角标有 CapsLock 的指示灯不亮时，按住"Shift"键的同时按字母键，输入的是大写字母。例如：CapsLock 指示灯不亮时，按"Shift + S"组合键会显示大写字母 S
"←"或 "BackSpace" 退格键	在打字键区的右上角。每按一次该键，将删除当前光标位置的前一个字符
"Ctrl" 控制键	在打字键区第五行，左右两边各一个。该键必须和其他键配合才能实现各种功能，这些功能是在操作系统或其他应用软件中进行设定的。 例如：按"Ctrl + Break"组合键，则起中断程序或命令执行的作用。（说明：指同时按"Ctrl"和"Break"键（见下述的"功能键区"），此类键称为复合键）

续表

键　　名	主 要 功 能
“Alt”转换键	在主键盘区第五行，左右两边各一个。该键要与其他键配合才有用。 例如：按“Ctrl+Alt+Del”组合键，可重新启动计算机（称为热启动）
“Tab”制表键	在主键盘区第二行左端。该键用来将光标向右跳动 8 个字符间隔（除非另作改变）

2. 功能键区

功能键区各键功能如表 1-5 所示。

表 1-5　功能键区各键功能

键　　名	主 要 功 能
“Esc” 取消键或退出键	在操作系统和应用程序中，该键经常用来退出某一操作或取消正在执行的命令
“F1”～“F12” 功能键	在计算机系统中，这些键的功能由操作系统或应用程序所定义。如按“F1”键常常能得到帮助信息
“PrintScreen” 屏幕硬拷贝键	在打印机已联机的情况下，按该键可以将计算机屏幕的显示内容通过打印机输出
“ScrollLock” 屏幕滚动显示锁定键	目前该键已作废
“Pause”或“Break” 暂停键	按该键，能使得计算机正在执行的命令或应用程序暂时停止工作，直到按键盘上任意一个键则继续。另外，按“Ctrl + Break”组合键可中断命令的执行或程序的运行

3. 编辑键区

编辑键区各键功能如表 1-6 所示。

表 1-6　编辑键区各键功能

键名	主要功能
“Insert”或“Ins” 插入字符开关键	按一次该键，进入字符插入状态；再按一次，则取消字符插入状态
“Delete”或“Del” 字符删除键	按一次该键，可以把当前光标所在位置的字符删除
“Home”行首键	按一次该键，光标会移动到当前行的开头位置
“End”行尾键	按一次该键，光标会移动到当前行的末尾
“PageUp”或“PgUp” 向上翻页键	用于浏览当前屏幕显示的上一页内容
“PageDown” 或“PgDn” 向下翻页键	用于浏览当前屏幕显示的下一页内容
“←”“↑”“→”“↓” 光标移动键	使光标分别向左、向上、向右、向下移动一格

说明："Ins""Del""PgUp""PgDn"键都在小键盘区（见以下所述），"Home""End"键及光标移动键在小键盘区也有。

4．小键盘区

小键盘区（又称辅助键盘）主要是为大量的数据输入提供方便，该区位于键盘的最右侧。在小键盘区上，大多数键都是上下挡键（即键面上标有两种符号的键），它们一般具有双重功能：一是代表数字键，二是代表编辑键。小键盘的转换开关键是"NumLock"键（数字锁定键），其功能如表 1–7 所示。其他键的功能同其他键区。

表 1–7　小键盘区常用键功能

键　　名	主 要 功 能
"NumLock" 数字锁定键	该键是一个开关键。每按一次该键，键盘右上角标有 NumLock 的指示灯会由不亮变为发亮，或由发亮变为不亮。如果 NumLock 指示灯亮，则小键盘的键作为数字符号键来使用，否则具有编辑键或光标移动键的功能

四、文字的录入

键盘指法是指如何运用十个手指击键的方法，即规定每个手指分工负责击打哪些键位，以充分调动十个手指的作用，并实现不看键盘地输入（盲打），从而提高击键的速度。

1．键位及手指分工

键盘的"ASDF"和"JKL;"这八个键位定为基本键。输入时，左右手的八个手指头（大拇指除外）从左至右自然平放在这八个键位上。（说明：大多数键盘的"F""J"键键面有一点不同于其余各键，触摸时，这两个键键面均有一道明显的微凸的横杠，这对盲打找键位很有用。）

键盘的主键盘区分成两个部分，左手击打左部，右手击打右部，且每个字键都由固定的手指负责，如图 1–36 所示。

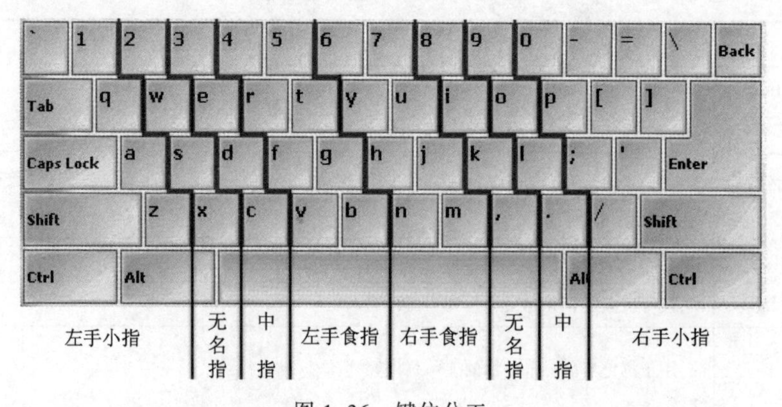

图 1–36　键位分工

2．正确的击键方法

掌握了正确的操作姿势，还要有正确的击键方法。初学者要做到：

① 平时各手指要放在基本键上。打字时，每个手指只负责相应的几个键，不可混淆。

② 打字时，一手击键，另一手必须在基本键上处于预备状态。

③ 手腕平直，手指弯曲自然，击键只限于手指指关节，身体其他部分不得接触工作台或键盘。

④ 击键时，手抬起，只有要击键的手指才可伸出击键，不可压键或按键。击键之后，手指要立刻回到基本键上，不可停留在已击的键上。

⑤ 击键速度要均匀，用力要轻，有节奏感，不可用力过猛。

⑥ 初学打字时，首先要讲求击键准确，其次再求速度，开始时可用每秒击键一次的速度。

3. 输入法的选择

方法一：使用鼠标选择输入法，具体操作步骤如图 1-37 所示。

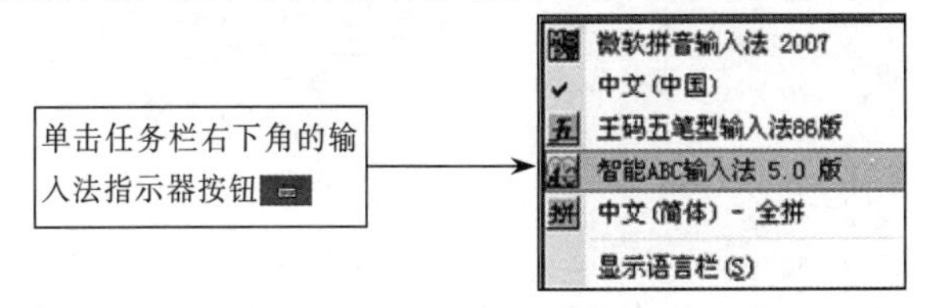

图 1-37　使用鼠标选择输入法

方法二：使用快捷键选择输入法。

① 多种输入法之间轮流切换：“Ctrl+Shift”。

② 中、英文输入法之间切换：“Ctrl+Space”。

③ 全角、半角转换：“Shift+空格”。

④ 中、英文标点符号之间切换：“Ctrl+.”。

五、金山打字通软件的使用

1. 启动金山打字通软件

方法一：双击桌面上“金山打字通”软件的图标，如图 1-38 所示。

方法二：如图 1-39 所示，单击“开始”按钮，在“开始”菜单上单击“所有程序”，在弹出的级联菜单中单击“金山打字通”程序项，在打开的菜单中单击“金山打字通”快捷方式启动金山打字通软件。

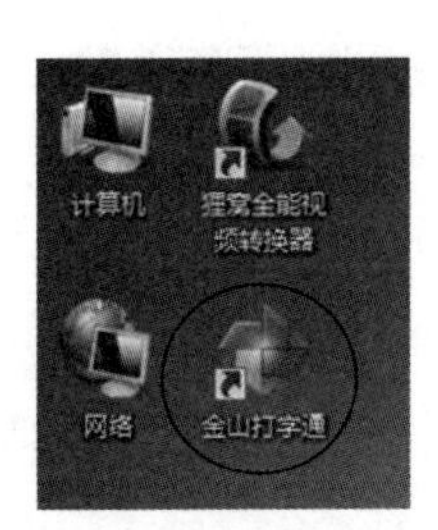

图 1-38　金山打字通的图标

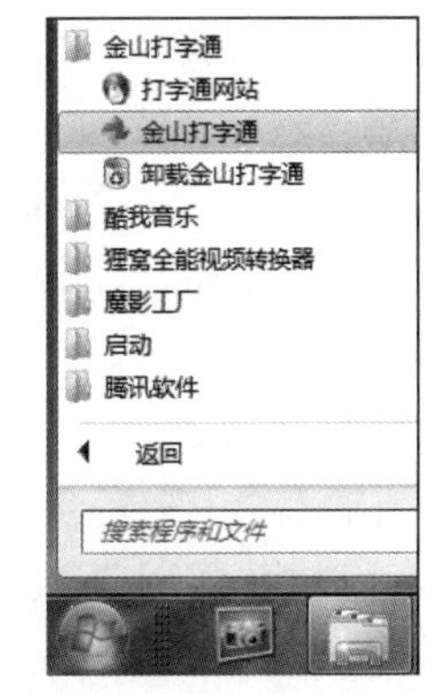

图 1-39　菜单启动金山打字通软件

2. 测试文字录入速度

使用“金山打字通”软件进行文字录入速度的测试，具体操作步骤如图 1-40 所示。

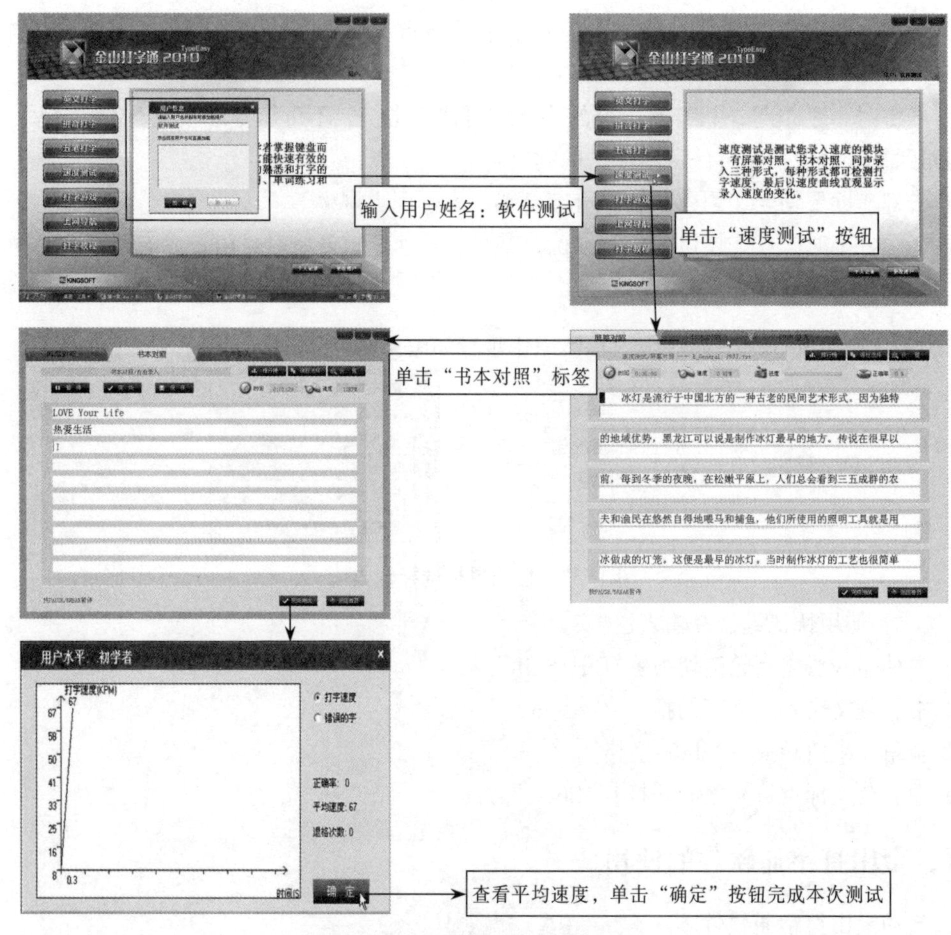

图 1-40　文字录入速度测试过程

任务拓展

本次任务主要是通过使用“金山打字通”软件中的速度测试功能完成速录比赛的前期准备工作。在完成此项任务时需要注意以下几点。

1．“V”“U”键位在拼音输入法中的应用

在拼音输入法中，用“V”键代替韵母“ü”，因此，“女”字的按键是“NV”，“吕”字的按键是“LV”。但对于“雨”字而言，由于没有“yu”的发音，因此用“U”键代替韵母“ü”，因此“雨”字的按键是“YU”。

2．特殊标点的输入

- “……”：中文输入法中文标点下按“Shift+6”组合键；
- “、”：中文输入法中文标点下按“\”键；
- “——”中文输入法中文标点下按“Shift+-”组合键。

3．切换输入法快捷键设置

切换输入法的快捷键并不是固定的，设置各中文输入法切换快捷键为“Ctrl+Shift”。其设置方法如图 1-41 所示。

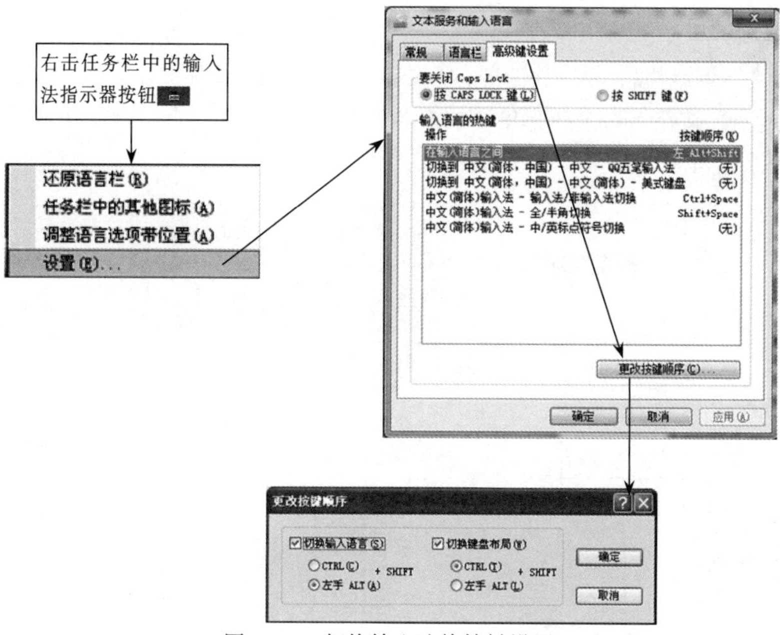

图 1-41　切换输入法快捷键设置

4．输入法安装

安装输入法，具体操作步骤如图 1-42 所示。

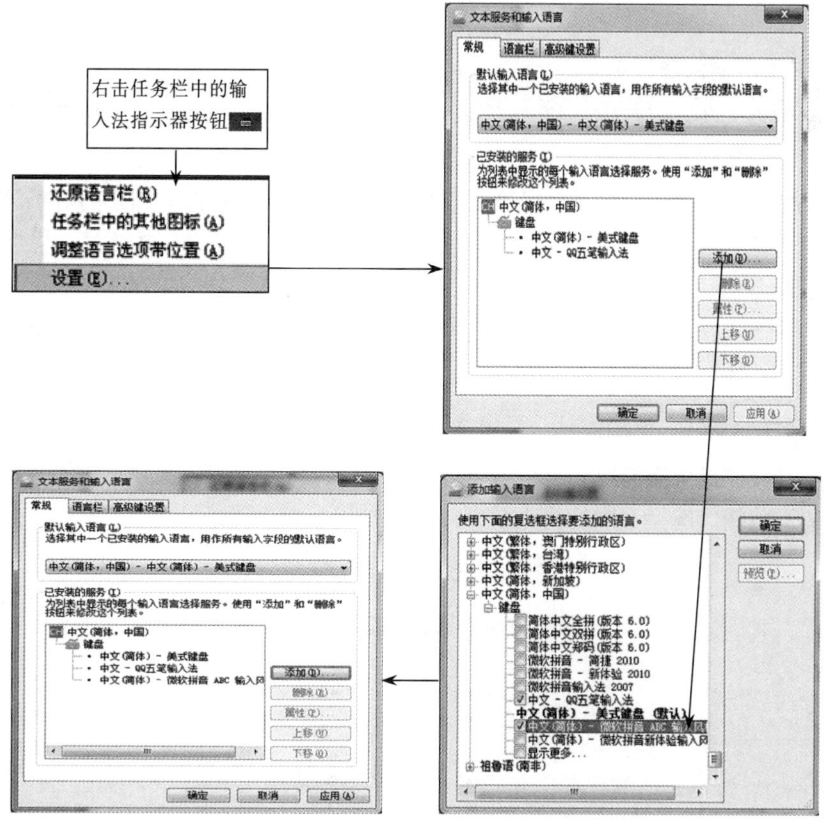

图 1-42　安装输入法

5．软键盘的使用

软键盘是一个模拟键盘，单击软键盘上的按键，效果相当于按硬键盘上相应的按键，如图 1-43 所示。在“软键盘”按钮上右击，弹出“软键盘”快捷菜单，通过此菜单中的选项可以改变软键盘的布局，如图 1-44 所示。

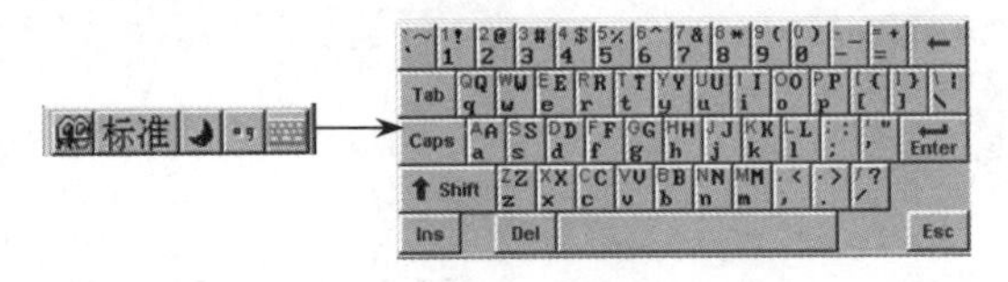

图 1-43　软键盘

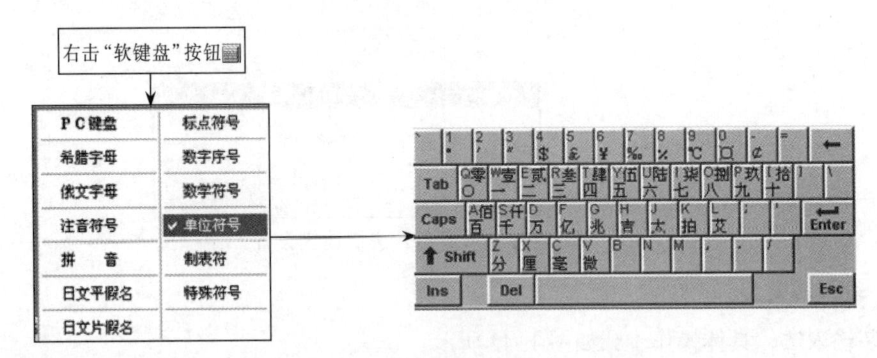

图 1-44　改变软键盘布局

6．几种常用的输入法

- 五笔字型输入法：五笔字型输入法是以笔画的拆分和组合为基础的一种汉字输入法。需要记忆的内容较多，但掌握后，打字速度快，适合专业打字人员使用。
- 全拼输入法：全拼输入法是以汉语拼音为基础的一种汉字输入法。简单易学，使用较普遍。
- 双拼输入法：双拼输入法是在全拼输入法基础上改进的一种汉语输入法。采用拼音中的声母和韵母各用一个字母表示，大大减少击键次数，提高了录入汉字速度。
- 搜狗拼音输入法：搜狗拼音输入法是集全拼和双拼输入优点的新的输入方法，具有智能记忆功能。

7．金山打字通软件“速度测试”环境的设置

在使用“速度测试”功能时，可单击右上角“课程选择”按钮，选择不同的文章。也可单击右上角“设置”按钮，选择不同的测试结束方式，如图 1-45 所示。

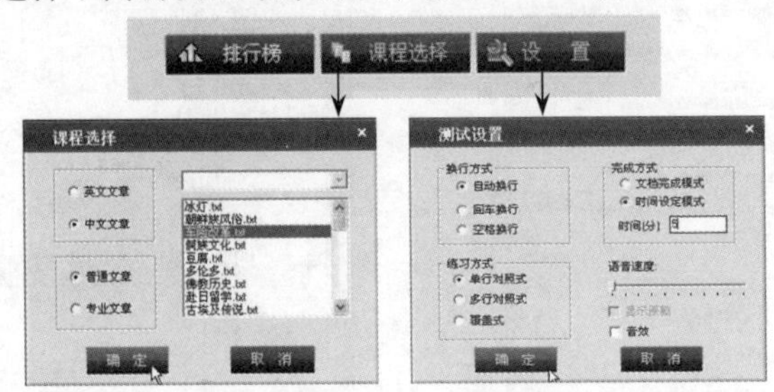

图 1-45　金山打字通软件“速度测试”环境设置

技能训练

使用软键盘输入一些基本符号，效果如图 1–46 所示。

关键步骤提示：

① 在“软键盘”快捷菜单中选择“标点符号”选项，输入符号“？、!、《、》、…”，如图 1–47 所示。

② 在“软键盘”快捷菜单中选择“数学符号”选项，输入符号“=、≠、≤、≥、+、−、×、÷”，如图 1–48 所示。

③ 在“软键盘”快捷菜单中选择“单位符号”选项，输入符号“贰、零、零、陆、零、柒、零、壹”，如图 1–49 所示。

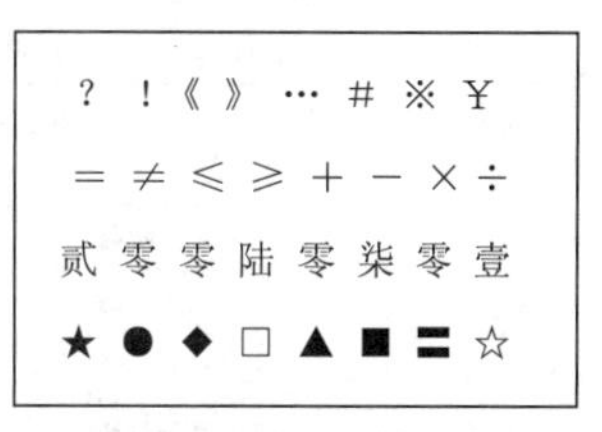

图 1–46　输入符号效果

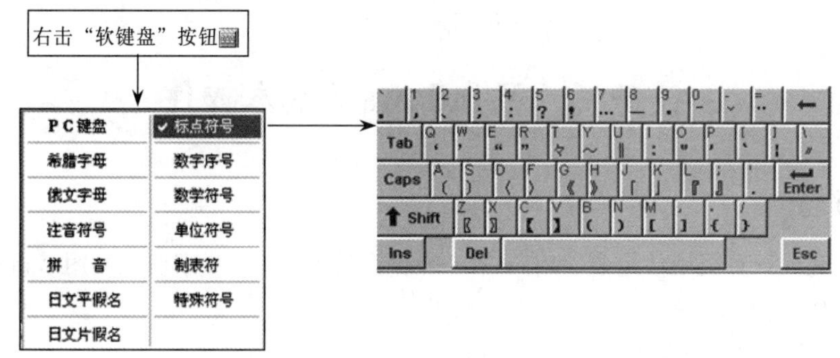

图 1–47　“标点符号”键盘

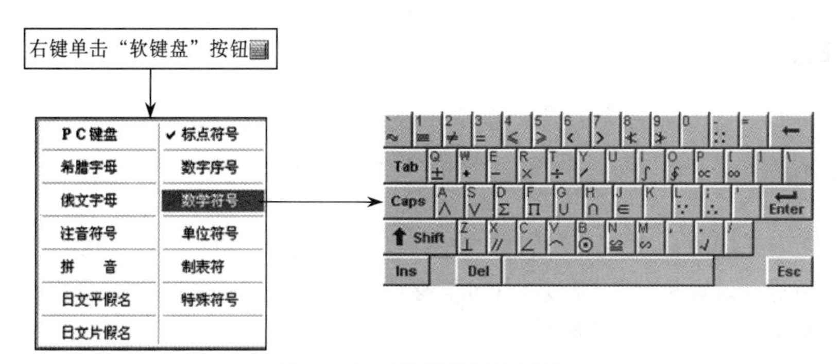

图 1–48　“数学符号”键盘

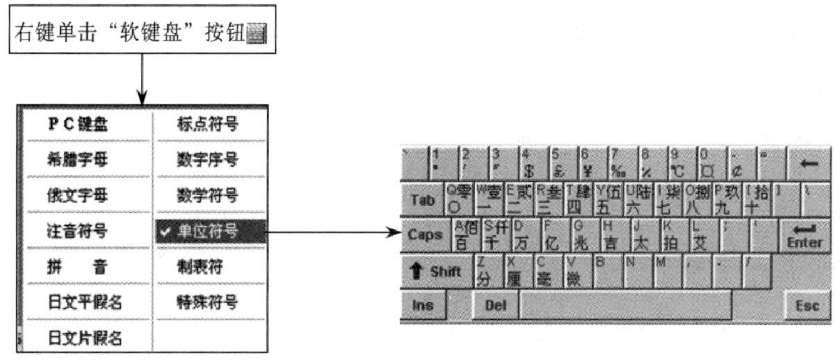

图 1–49　“单位符号”键盘

④ 在“软键盘”快捷菜单中选择“特殊符号”选项，输入符号“＃、※、￥、★、●、◆、□、▲、■、〓、☆”，如图 1-50 所示。

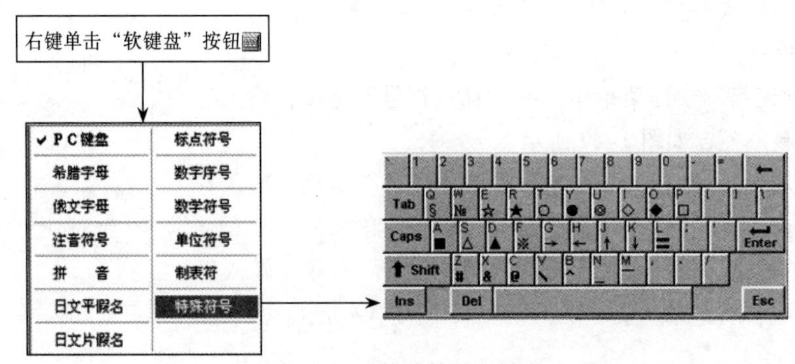

图 1-50 “特殊符号”键盘

任务三　Windows 7 基本操作

任务描述

某公司在完成计算机硬件组装、Windows 7 操作系统安装后，要求职工使用 Windows 7 操作系统完成以下工作：

① 创建用户账户，设置用户账户的权限。

② 添加或删除应用程序。

③ 设置桌面背景。

④ 设置回收站。

⑤ 管理打印机。

任务分析

Windows 7 对系统的管理主要是通过“控制面板”实现的，可以对计算机的硬件、软件、网络和外观等项目进行设置和查看。通过本任务能够达到使用 Windows 7 管理计算机并使用 Windows 7 系统进行文件及文件夹的管理的目的。

流程设计

- 创建用户账户，设置用户权限；
- 添加或删除应用程序；
- 设置桌面背景；
- 设置屏幕保护；
- 设置回收站；
- 管理打印机。

任务实现

一、Windows 7 用户账户管理

控制面板是 Windows 7 系统为用户提供的一组应用程序，可以让用户对系统资源进行自由灵活的配置，使 Windows 7 按照个人爱好的方式运行。

用户账户类型有两种，分别为计算机管理员和标准用户。其中管理员在使用系统时，拥有所有权限，包括添加、删除、复制、粘贴、访问、分配其他账号及权限，此账户无任何限制。标准用户的功能会受到相应的限制。

1. 创建计算机管理员账户

单击“开始”按钮，在弹出的菜单中选择“控制面板”命令，打开“控制面板”窗口，查看方式选择“类别”，然后选择“用户账户和家庭安全”，单击“添加或删除用户账户”。创建管理员账户过程如图 1-51 所示。

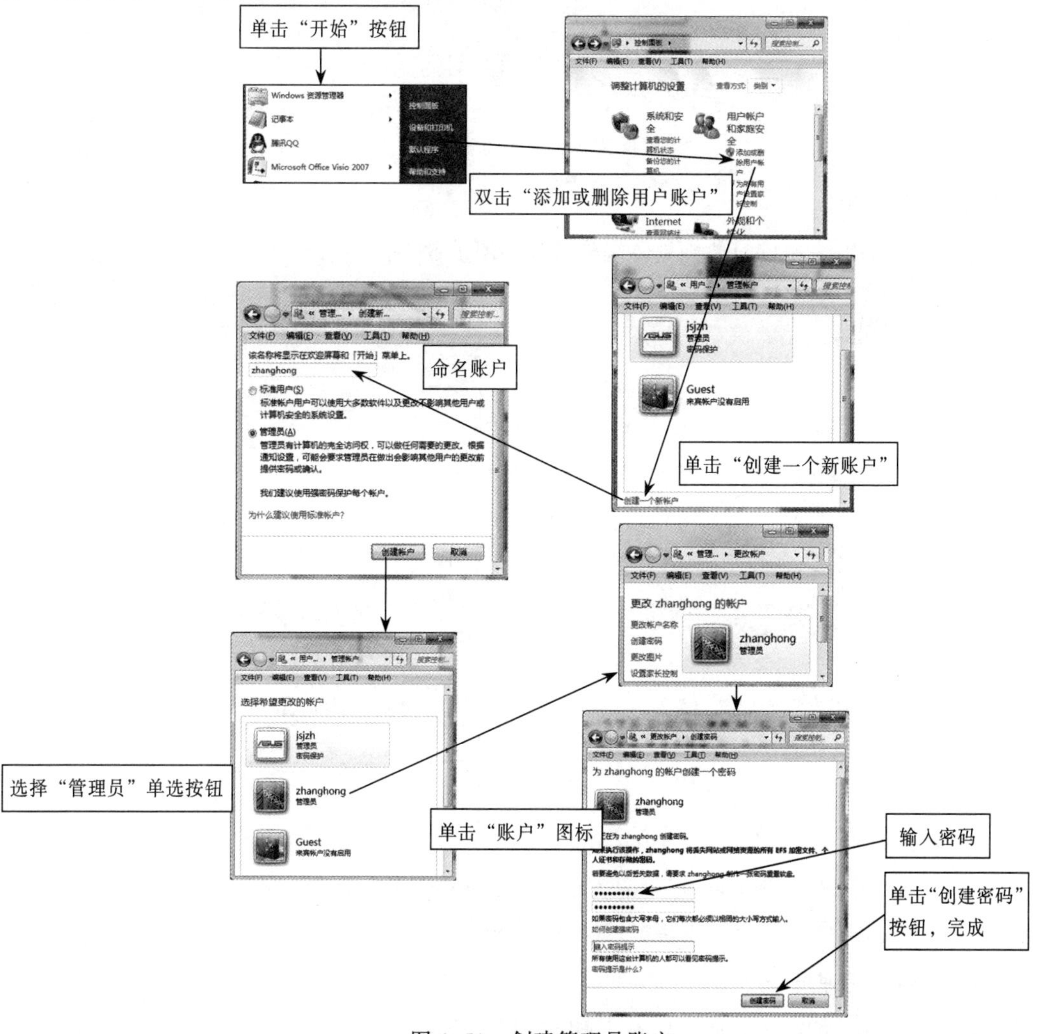

图 1-51　创建管理员账户

2．创建标准账户

标准用户在使用过程中，所有的权限都是由管理员账户提供，建立标准账户的过程如图 1-52 所示。

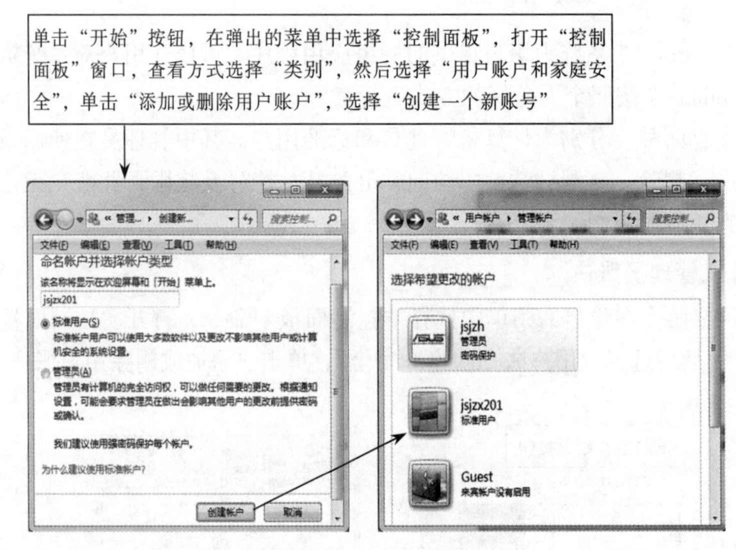

图 1-52　创建标准账户

3．删除标准账户

删除标准账户的方法比较简单，具体操作步骤如图 1-53 所示。

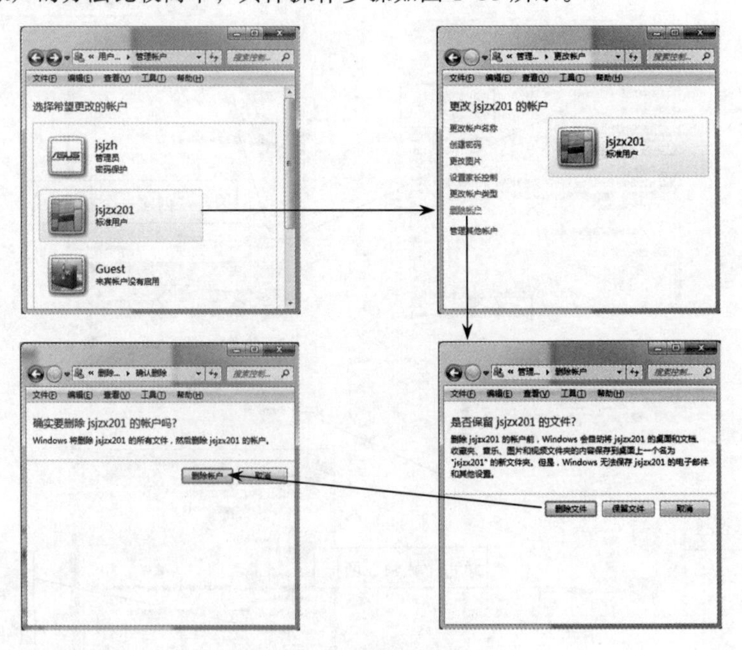

图 1-53　删除标准账户

4．删除计算机管理员账户

计算机管理员账户拥有系统最高权限，删除计算机管理员账户必须以“管理员”账户登录系统，才有权限删除计算机管理员账户，具体操作步骤如图 1-54 所示。

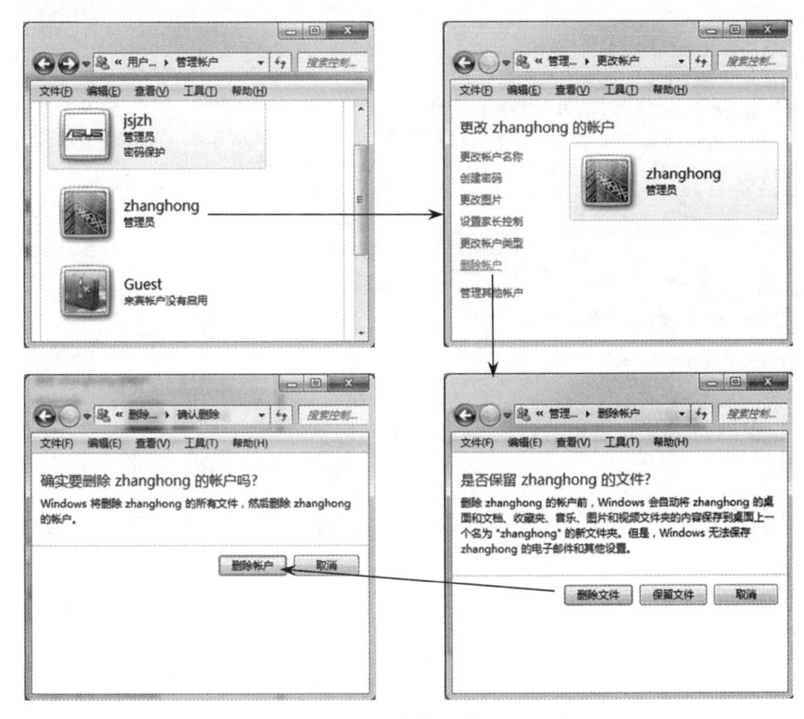

图 1-54　删除计算机管理员账户

5. 更改账户图片、密码

在日常账户管理中，经常需要更改账户的图片，以便区别于其他账户；同时为了账户的安全，适时需要更改密码。更改账户密码具体操作步骤如图 1-55 所示。更改账户图片具体操作步骤如图 1-56 所示。

图 1-55　更改账户密码

图 1-56　更改账户图片

6．切换、注销账户

当多人使用一台计算机时，为了能够进入自己的环境设置，就需要登录自己的账户，当离开时，可以选择注销账户，也可以保留账户启动状态，选择切换成其他人的账户，使其他人也可以操作。其具体操作步骤如图 1-57 所示。

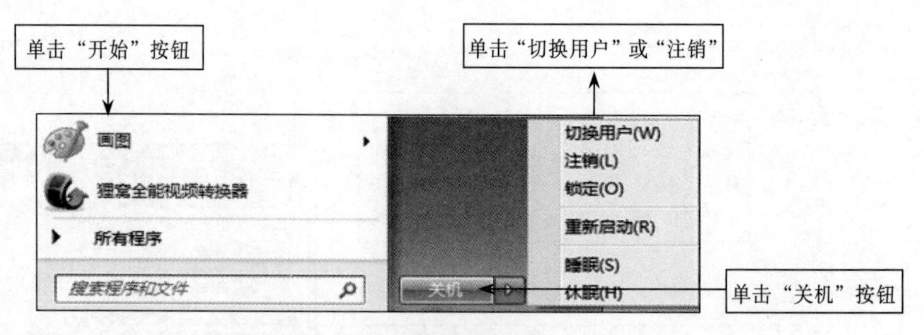

图 1-57　切换、注销账户

二、删除程序

在使用 Windows 7 操作系统时，经常安装一些应用程序用以满足办公和学习需要，有时会删除一些版本较低或不用的应用程序。图 1-58 所示为通过操作系统的“程序和功能”卸载程序方法。

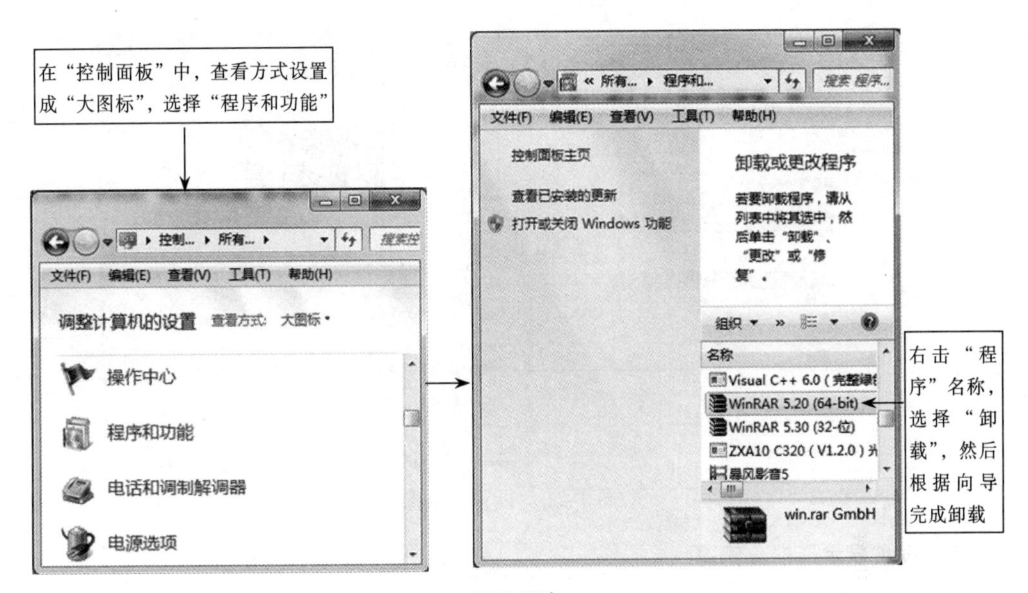

图 1-58　删除程序

三、Windows 7 外观的设置

1. 设置桌面背景

设置一个赏心悦目的计算机桌面背景不但能够使桌面更加靓丽，而且能改善用户的工作情绪。其具体操作步骤如图 1-59 所示。

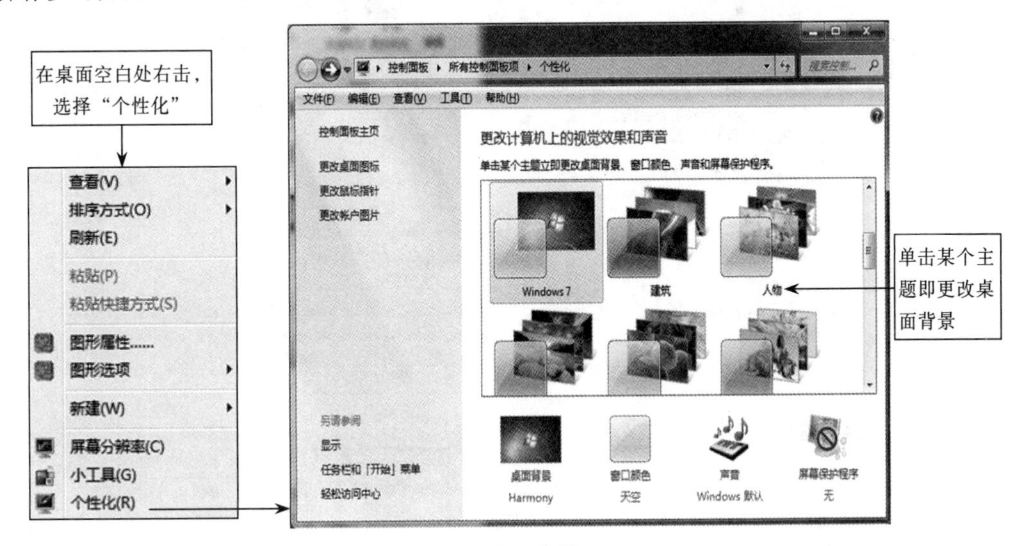

图 1-59　设置桌面背景

2. 设置屏幕保护程序

当用户在一段较长的时间内不使用计算机时，为了保护计算机屏幕，计算机会运行屏幕保护程序，其具体操作步骤如图 1-60 所示。

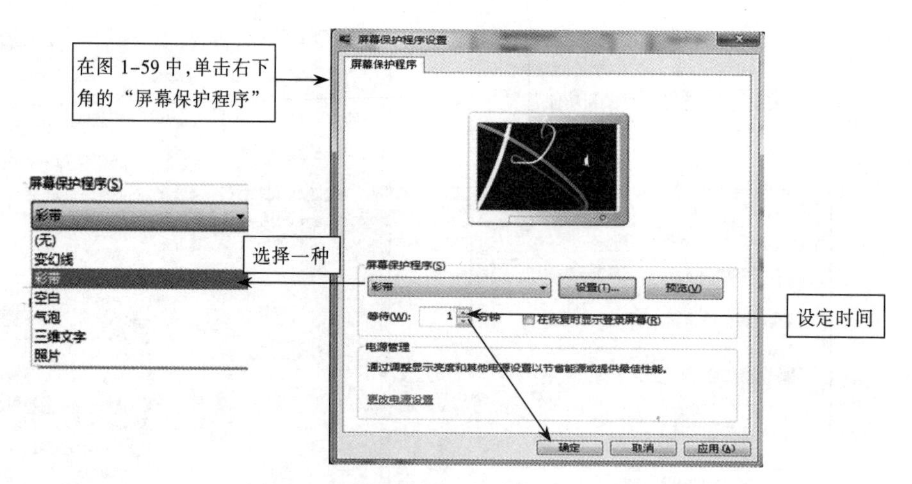

图 1-60　设置屏幕保护程序

3. 设置显示器的分辨率

用户可以根据自己的喜好以及软件的要求来设置颜色和分辨率，分辨率通常有：800×600、1024×768、1366×768（像素）等。其具体操作步骤如图 1-61 所示。

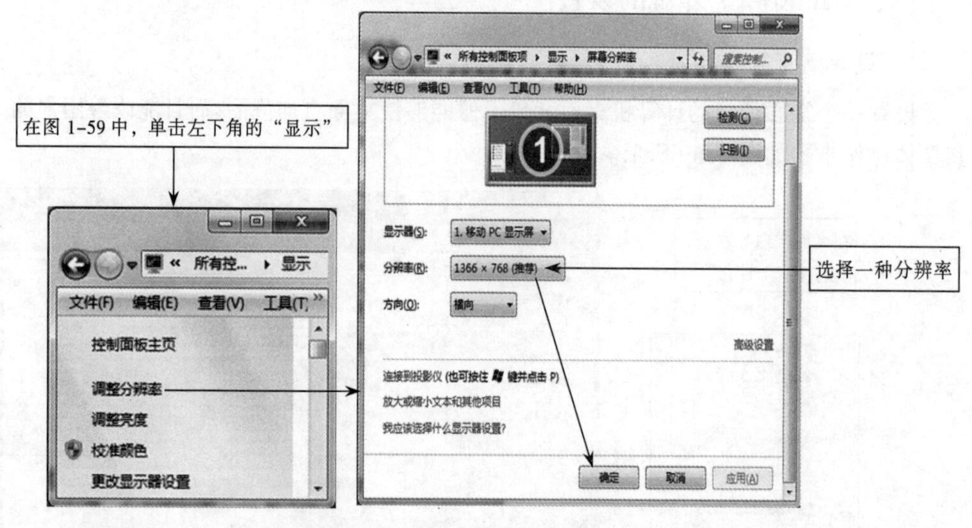

图 1-61　设置显示器分辨率

4. 设置桌面图标的排列方式

在桌面的空白处右击，会出现图 1-62 所示的快捷菜单。在“排列方式”子菜单中有四种排列方式。

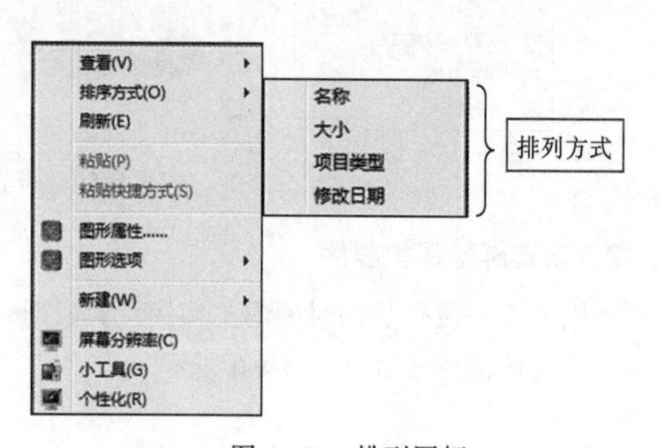

图 1-62　排列图标

四、回收站

回收站是 Windows 7 中的一个比较特殊的文件夹，它的主要功能是在用户删除不需要的文件或文件夹时，将被删除的文件暂时存放在回收站中，而不是将它们立即删除。这样就给由于误操作而删除文件提供了一个补救的措施，使被误删除的文件或文件夹能够得以修复。回收站主要操作包括从回收站恢复文件、在回收站中删除文件、清空回收站。

1．恢复文件

从回收站恢复文件的具体操作步骤如图 1-63 所示。

2．删除文件

从回收站删除文件的具体操作步骤如图 1-64 所示。

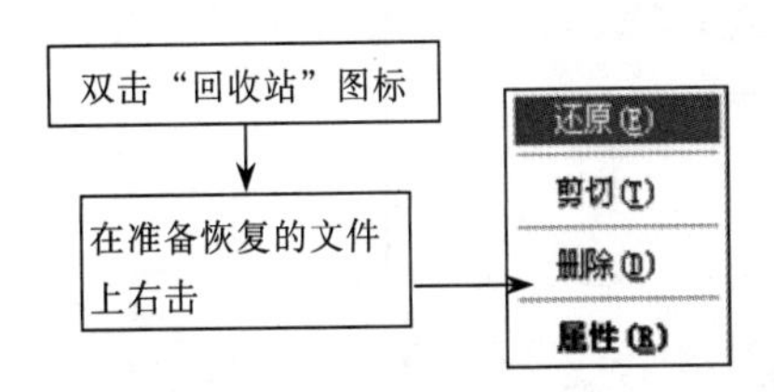

图 1-63　在回收站中恢复文件

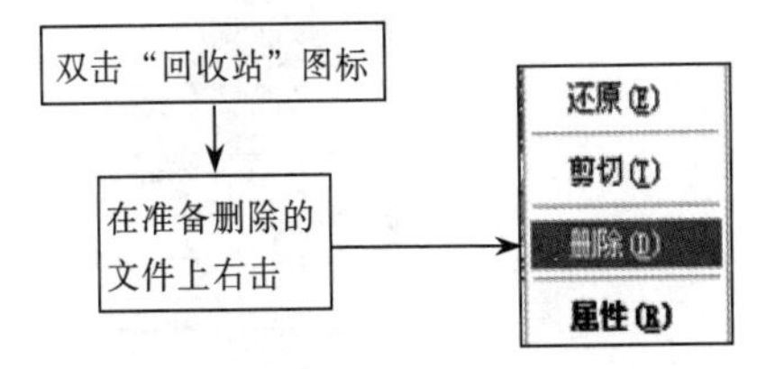

图 1-64　在回收站中删除文件

3．清空回收站

清空回收站的操作步骤如图 1-65 所示。

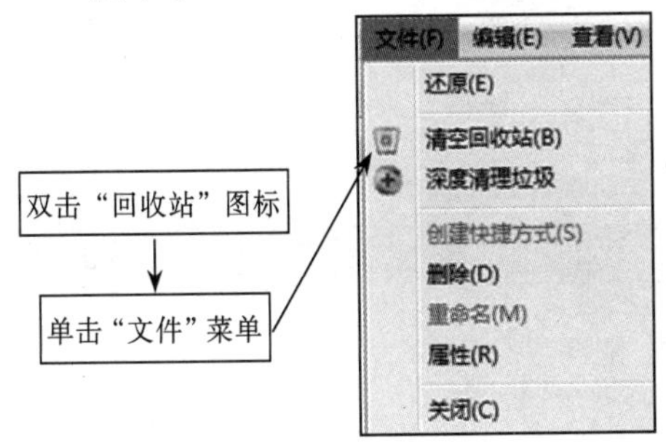

图 1-65　清空回收站

4．回收站的设置

用户在使用回收站的过程中，可以对回收站的参数进行设置，例如回收站的大小、是否将删除的项目放入回收站中等。如果在计算机中有多个驱动器，还可以设置回收站在每个驱动器上所占有的空间大小。设置回收站的具体操作步骤如图 1-66 所示。

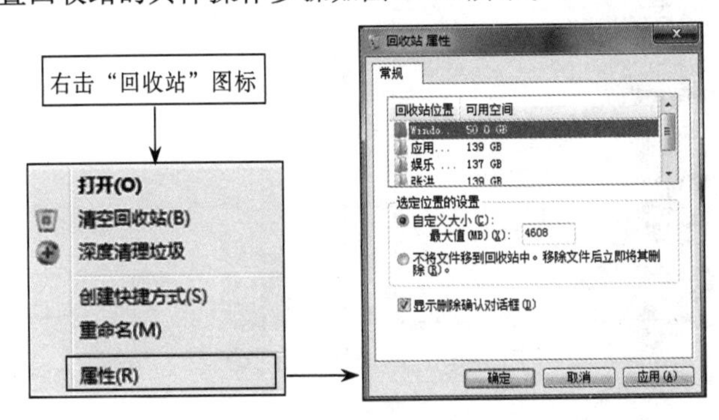

图 1-66　设置回收站属性

五、添加打印机

在使用打印机前需要先安装打印机，其具体操作步骤如图 1-67 所示。

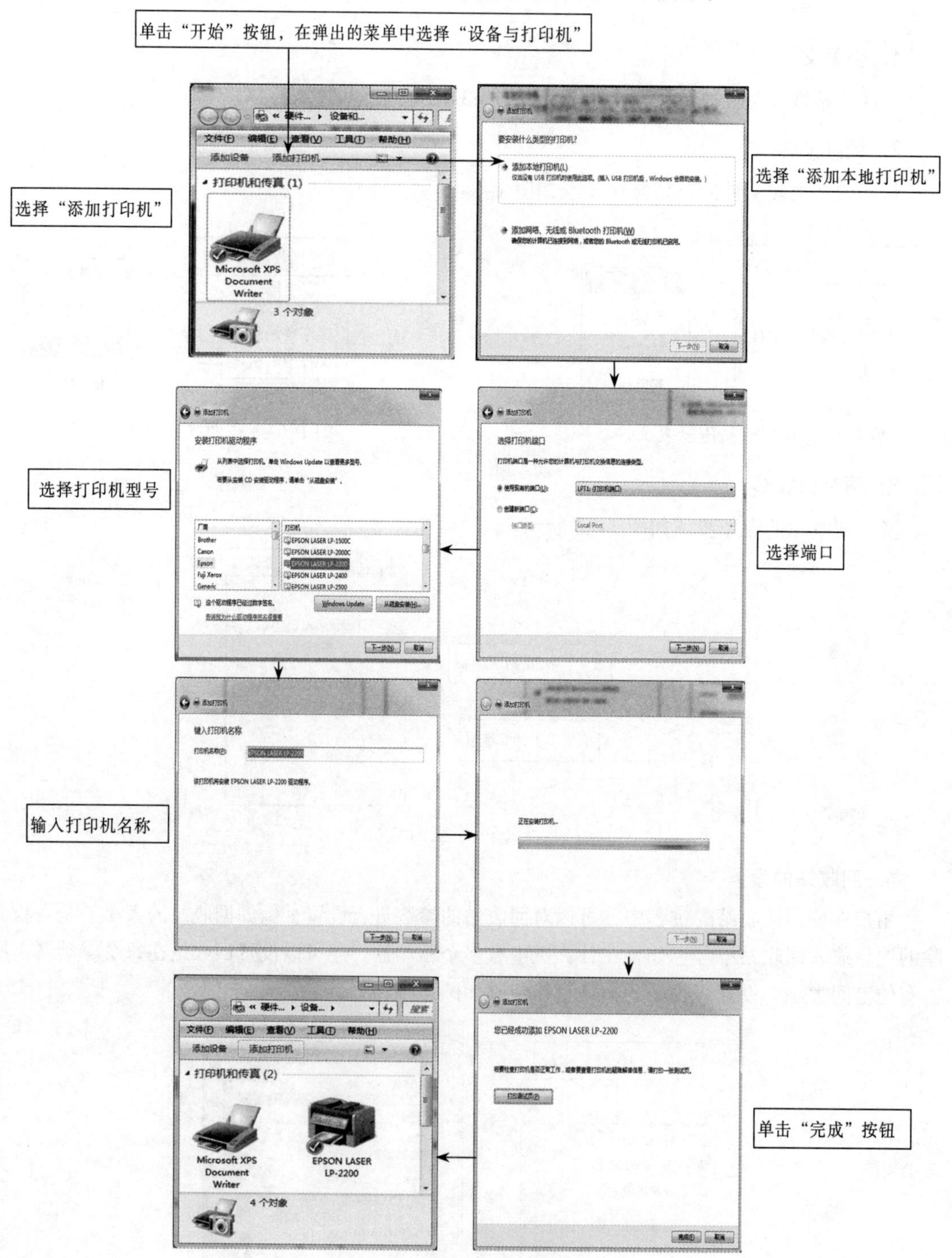

图 1-67　添加打印机步骤

任务拓展

1. 设置电源选项

在使用计算机时，为了达到进一步节省电能的目的，通常需要进行电源选项设置，其具体操作步骤如图 1-68 所示。

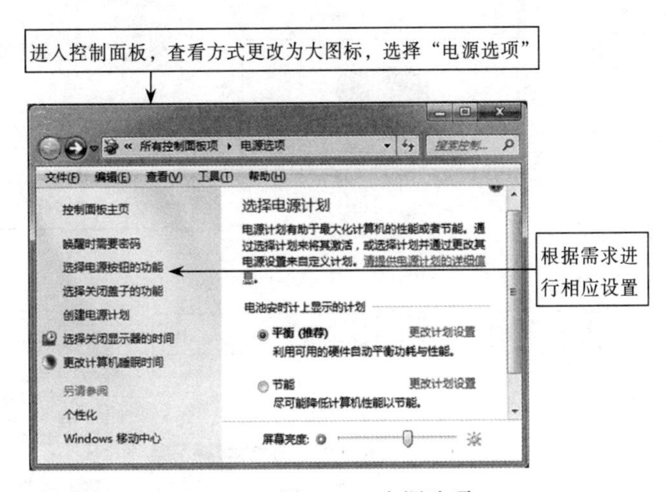

图 1-68　电源选项

2. 设置防火墙

为了保护计算机的安全，经常会设置计算机防火墙功能，其具体操作步骤如图 1-69 所示。

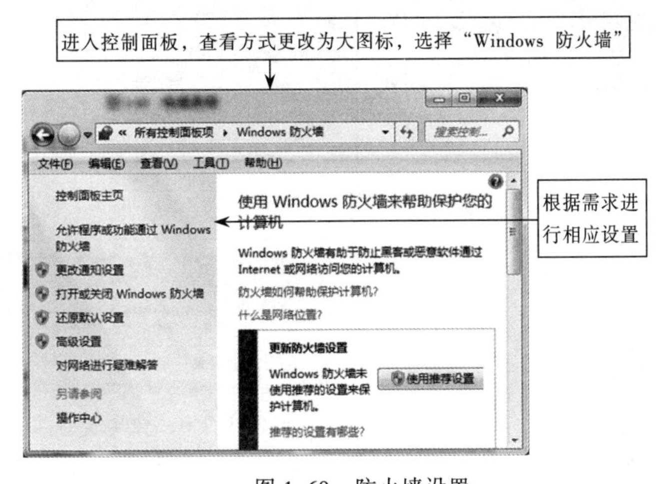

图 1-69　防火墙设置

3. 磁盘管理

计算机中所有的文件和数据都保存在磁盘上，所以掌握磁盘管理的方法非常重要。磁盘管理主要包括查看磁盘空间、格式化磁盘、清理磁盘和磁盘碎片整理等操作，这里重点介绍查看磁盘空间（见图 1-70）、格式化磁盘（见图 1-71）。

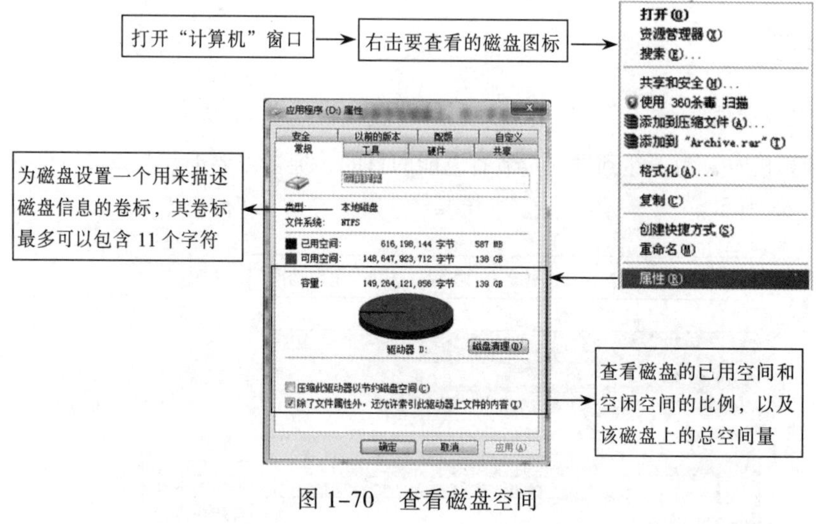

图 1-70　查看磁盘空间

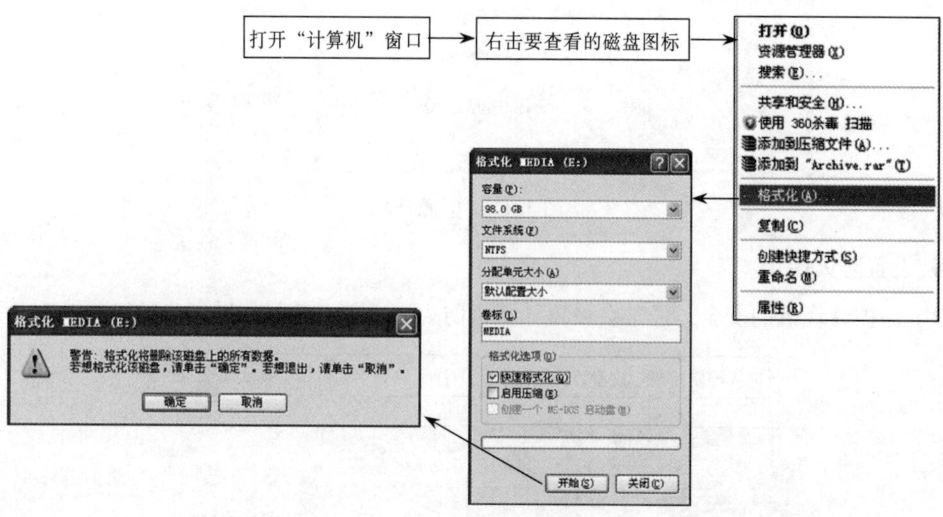

图 1-71　格式化磁盘

技能训练

将自己喜欢的图片设置成桌面背景。

关键步骤提示：

① 在 Windows 7 桌面上右击，从弹出的快捷菜单中选择“个性化”命令。

② 单击“桌面背景”图标。在“选择桌面背景”选项卡中单击“浏览”按钮，如图 1-72 所示。

③ 在“浏览”对话框中选择所需图片，并设置其位置。

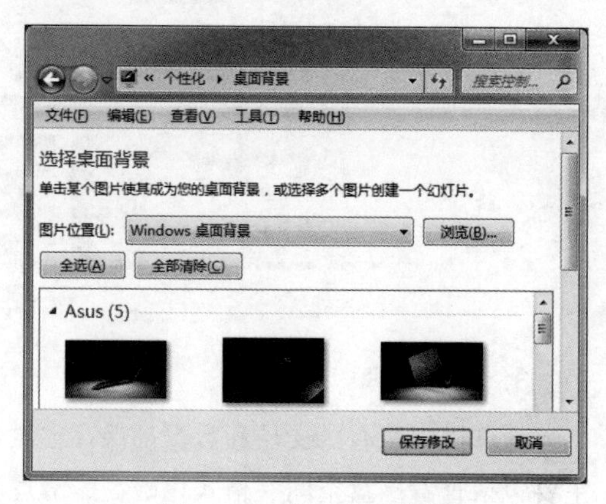

图 1-72　设置桌面背景

任务四　Windows 7 文件管理

任务描述

为了进一步规范文件的管理，某公司要求员工使用 Windows 7 对个人计算机中的文件及文件夹进行管理。其具体要求如下：

① 桌面不存放任何文件。

② C 盘用于存放系统文件。

③ D 盘用于存放程序安装后的文件。

④ E 盘用于存放各种文件。

⑤ 对于保密性文件，需设置口令，并不能被他人修改。

任务分析

Windows 7 是一种面向文件的操作系统，其所有的操作都直接或间接地同文件有关。文件是计算机系统中数据组织的基本单位，文件夹则是分类存放文件的空间。用户可以在 Windows 7 资源管理器中轻松地对文件和文件夹进行复制、移动、删除、重命名等管理操作。

流程设计

- 打开“资源管理器”；
- 根据文件扩展名分析文件类型；
- 复制、移动、删除、重命名、查找文件或文件夹；
- 建立文件或文件夹的快捷方式；
- 设置文件隐藏、只读属性。

任务实现

一、“资源管理器”的使用

“资源管理器”是 Windows 7 中一个用来管理文件的工具，它显示了用户计算机上的文件夹和驱动器的分层结构。使用资源管理器可以查看文件夹的层次结构，也可以查看每一个文件所包含的内容。同时，在 Windows 7 资源管理器中也可对文件或文件夹进行管理操作。

1. 资源管理器”的常见启动方法

方法一：右击“开始”按钮，在弹出的快捷菜单中选择“Windows 资源管理器”。

方法二：右击“计算机”图标，在弹出的快捷菜单中选择“打开 Windows 资源管理器(P)”。

方法三：单击“开始”按钮选择“所有程序”→“附件”→“Windows 资源管理器”命令。

方法四：快捷键“Windows + E”

2. “资源管理器”窗口组成

“资源管理器”窗口包括标题栏、菜单栏、工具栏、左窗格、右窗格和状态栏等几部分。“资源管理器”也是窗口，其各组成部分与一般窗口大同小异，其特别之处是包括文件夹窗格和文件夹内容窗格。左边的文件夹窗格以树形目录的形式显示文件夹，右边的文件夹内容窗格是左边窗格中所选择的文件夹中的内容。其窗口组成如图 1–73 所示。

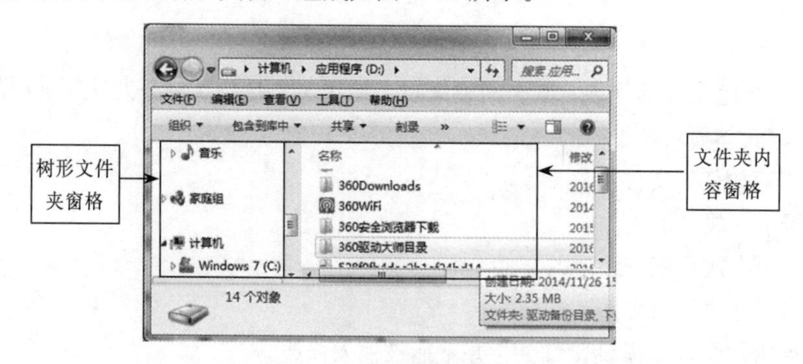

图 1–73 资源管理器窗口

二、文件及文件夹基本知识

文件和文件夹是 Windows 7 系统中最常用的操作对象，几乎所有任务都要涉及文件和文件夹的操作。文件夹是系统组织和管理文件的一种形式，是为方便用户查找、维护和存储文件而设置的，用户可以将文件分门别类地存放在不同的文件夹中。在文件夹中可存放所有类型的文件和下一级文件夹。在 Windows 7 中，文件的管理是分层管理的，称为树形结构。

1. 文件

在 Windows 7 系统中，文件是最小的数据组织单位，也是 Windows 基本的存储单位。文件是用户赋予了名字并存储在存储介质（如磁盘、光盘等）上的信息的集合，它可以是用户创建的文档，也可以是可执行的应用程序或图片、声音等。

2. 文件的特点及路径含义

文件中可以存放文本、声音、图像、视频和数据等信息。

文件名具有唯一性。同一个磁盘中的同一目录下不允许有重复的文件名。但文件和文件夹可以使用同一个名字。

文件具有可转移性。文件可以从一个磁盘复制到另一个磁盘上，或者从一台计算机复制到另一台计算机上。

文件在磁盘中要有固定的位置，其中文件名存放于磁盘的文件分配表当中。用户使用文件时，通过提供文件的路径来确定文件的位置。路径一般由存放文件的驱动器名、文件夹名和文件名组成。如应用程序 Winword.exe 可执行文件在磁盘中的位置为 C:\ProgramFiles\Microsoft Office\Office\Winword.exe。找到 Winword.exe 文件，就要经过 C 盘→Program Files→Microsoft Office 一连串的文件夹，寻找 Winword.exe 所有经过的各级文件夹名称合起来，就称为文件 Winword.exe 的路径。

3. 文件的命名

任何一个文件都有一个名称，称为文件名，文件名一般由主文件名和扩展名组成。主文件名代表文件内容的标识，扩展名表示文件的类型。Windows 7 文件命名的规则如下：

① 文件名可以由汉字、字母、空格及其他一些字符组成。文件名中的英文字母不区分大小写。文件名中不允许出现“\”““”“<”“>”“|”“*”“?”“:”字符。

② 通常，文件都有一个主文件名和一个 3 个字符的扩展名，主文件名和扩展名之间用“.”分隔。

③ 文件名最多可有 255 个字符，包含驱动器名和完整的路径，但实际使用的文件名一般都小于 255 个字符。

④ 文件夹及盘符含义。

文件夹是系统组织和管理文件的一种形式，主要用于文件管理，是为了方便用户查找、维护和存储而设置的。用户可以将文件分门别类地存放在不同的文件夹中。

- 一个文件夹中既可存放文件，也可存放文件夹。文件夹的命名规则与文件名相同。
- 一个磁盘被划分为若干分区，每个分区称为根文件夹，根文件夹代表一个磁盘，名称为“盘符：\”，如“C:\”“D:\”等。

4．树型结构的特点

① 每个逻辑磁盘只有一个根文件夹，根文件夹是在磁盘格式化时自动建立的，而其他文件夹是在需要时由用户自己建立的。

② 文件夹的命名规则与文件名命名规则相同，一般文件夹不带扩展名。

③ 在 Windows 7 中，不同文件夹中的子文件夹或文件可以同名，但相同文件夹中的文件不能同名，同一文件夹也不能有相同的子文件夹名。

三、文件类型的区分

Windows 中有多种类型的文件，各种类型以不同的扩展名加以区分，且每种类型的文件用同一种图标表示。如 Word 2010 文档的文件扩展名为“.docx”。表 1-8 列出了常用的文件扩展名及其对应的文件类型。

表 1-8 常见文件扩展名

扩 展 名	文 件 类 型
.com	命令文件
.exe	可执行程序文件
.inf	系统安装信息文件
.ini	Windows 系统配置文件
.drv	系统设备驱动程序文件
.dll	动态链接库文件
.dat	存放程序所需要的数据的文件
.hlp	帮助文件
.docx	Microsoft Word 文档文件
.txt	纯文本文件

续表

扩 展 名	文 件 类 型
.rtf	丰富文本格式文件
.xlsx	Excel 电子表格文件
.pptx	PowerPoint 演示文稿文件
.bmp	位图文件
.jpg	压缩格式的图形文件
.wav	音频文件
.avi	影像文件
.html	超文本文件（Internet 上的文档文件）

四、创建文件及文件夹快捷方式

1. 新建文件夹

用户通过创建新的文件夹来存放具有相同或相近形式的文件，具体操作步骤如图 1-74 所示。

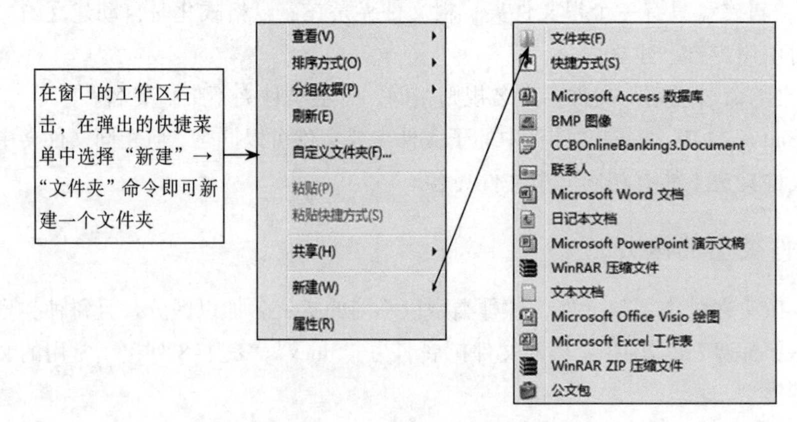

图 1-74　文件夹的建立

2. 打开文件或文件夹

双击文件或文件夹的图标打开一个应用程序（对于文件）或展示一个新窗口中的内容（对于文件夹）。

3. 选定文件或文件夹

① 选定单个文件或文件夹：单击目标文件或文件名，即可选定单个的对象。

② 选定多个连续对象：如果需要选择连续排列的多个文件或文件夹，单击要选定的第一个文件或文件夹，按住“Shift”键，单击最后一个文件或文件夹，释放“Shift”键。

③ 选择多个非连续文件或文件夹：按住“Ctrl”键，单击要选择的每一个文件或文件夹，选择完毕释放“Ctrl”键即可。

④ 选择全部的文件或文件夹：如果需要选择窗口中的所有文件或文件夹，可以选择“编辑”→“全部选定”命令或使用“Ctrl+A”组合键。

4. 创建文件或文件夹的快捷方式

快捷方式是 Windows 提供的一种快速启动程序、打开文件或文件夹的方法，使用快捷方式可以不用按路径一层层找到相应文件。它是应用程序的快速链接，其扩展名为.lnk。建立快捷方式的方法有多种，最简单的方法就是用“快捷菜单”进行操作，具体操作步骤如图 1–75 所示。

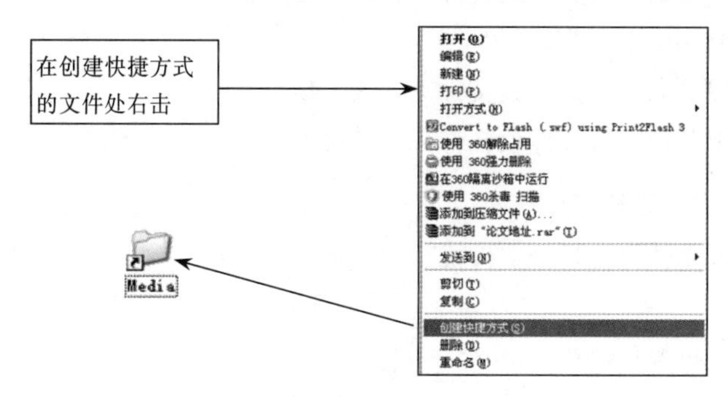

图 1–75　创建快捷方式

五、复制、移动、删除、重命名、查找文件或文件夹

1. 复制文件或文件夹

方法一：复制文件或文件夹是将文件或文件夹复制一份，放到其他地方，执行“复制”命令后，原位置和目标位置均有该文件或文件夹，具体操作步骤如图 1–76 所示。

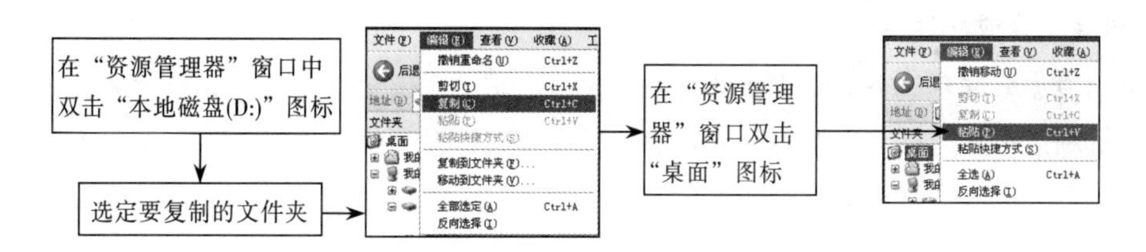

图 1–76　文件或文件夹的复制

方法二：选定要复制的文件或文件夹，按“Ctrl+C”组合键复制，选定目标位置，再按“Ctrl+V”组合键粘贴。

2. 移动文件或文件夹

方法一：移动文件或文件夹是将当前位置的文件或文件夹移动到其他位置。移动之后，原来位置的文件或文件夹将被删除，具体操作步骤如图 1–77 所示。

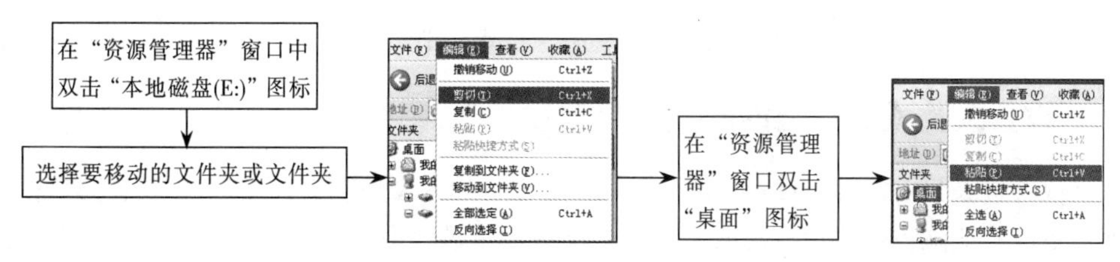

图 1–77　文件或文件夹的移动

方法二：选定要移动的文件或文件夹，按“Ctrl+X”组合键进行剪切，选定目标位置，再按“Ctrl+V”组合键粘贴。

3. 删除文件或文件夹

方法一：选中要删除的文件或文件夹，右击后弹出快捷菜单，选择“删除”命令，如图 1-78 所示。

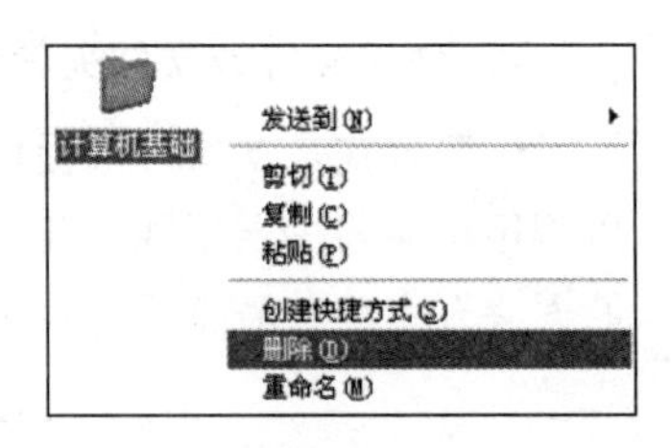

图 1-78　删除文件或文件夹

方法二：选中要删除的文件或文件夹，按“Del”键。

方法三：选中要删除的文件或文件夹，选择“文件”→“删除”命令。

4. 重命名文件或文件夹

重命名文件或文件夹就是给文件或文件夹取一个新的名称，具体操作步骤如图 1-79 所示。

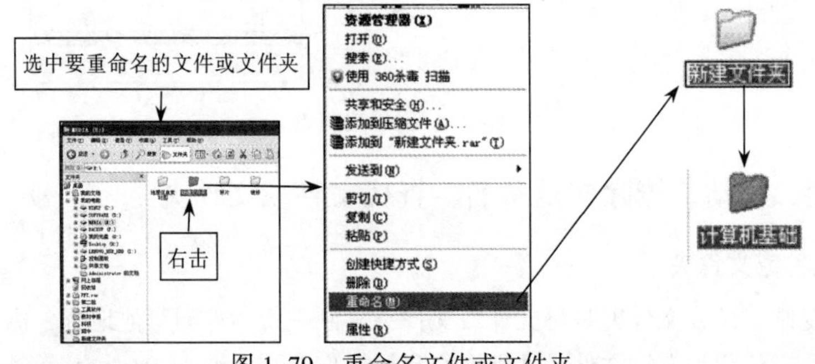

图 1-79　重命名文件或文件夹

5. 查找文件或文件夹

如果用户需要查看某个文件或文件夹的内容，却忘记了该文件或文件夹存放的具体位置或具体名称，可利用搜索文件或文件夹功能查找该文件或文件夹。其具体操作步骤如图 1-80 所示。

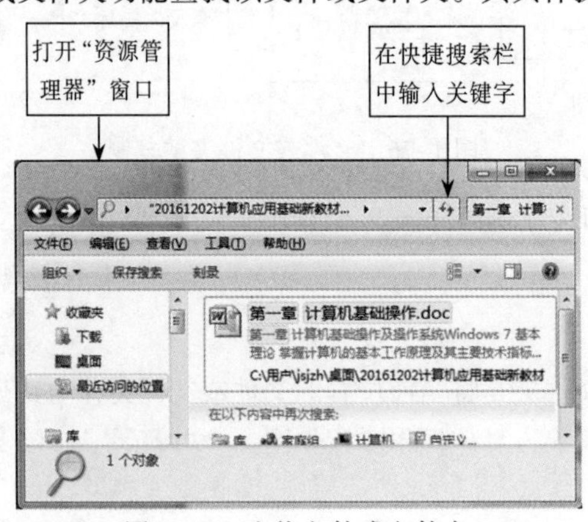

图 1-80　查找文件或文件夹

六、设置文件或文件夹的隐藏、只读属性

文件或文件夹包含三种属性：只读、隐藏和存档。如果文件或文件夹被设置为“只读”属性，则不允许更改和删除；设置为“隐藏”属性，则在常规显示中将看不到该文件或文件夹：设置为“存档”属性，则表示该文件或文件夹已存档，有些程序用此选项来确定哪些文件需做备份。更改

文件或文件夹属性的操作步骤如图 1–81 所示。

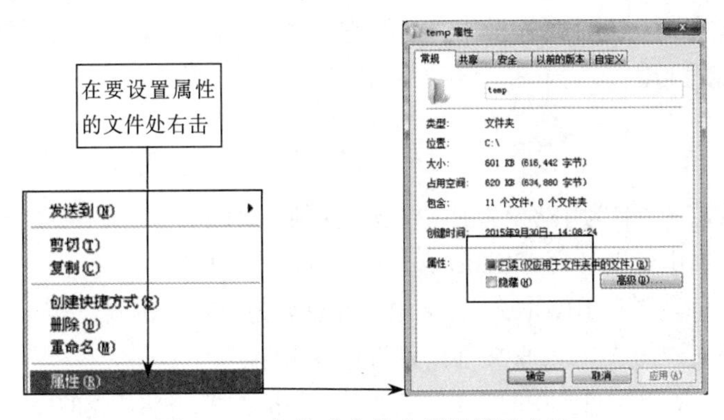

图 1–81　文件或文件夹属性设置方法

任务拓展

本次任务主要是通过文件及文件夹分类存放，使操作者能养成一个良好的文件存取习惯。在此任务中，要用到文件或文件夹的建立、移动、复制、删除、重命名、属性设置等操作。实现任务的操作方法有许多种，可以通过菜单、快捷菜单、快捷键等来实现，操作者应通过不断地练习、归纳、总结，寻找到一种最适合自己工作习惯的操作方法。

除以上技能点外，在完成此次任务过程中，还需多注意 Windows 7 系统对文件及文件夹的设置，Windows 7 系统的设置对能否顺利完成文件的重命名、属性设置等起着关键作用。

1. 设置“文件夹选项”

通过设置“文件夹选项”可以修改文件或文件夹的属性，能够将隐藏的文件或文件夹显示出来，或者显示文件的扩展名。其具体操作步骤如图 1–82 所示。

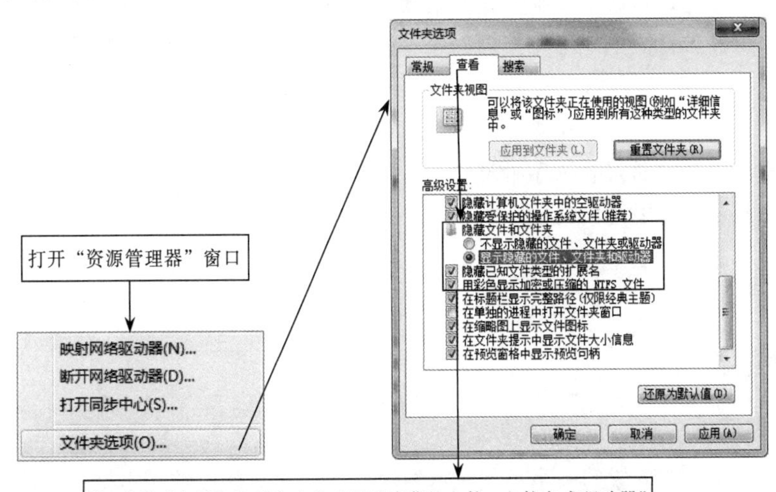

图 1–82　设置“文件夹选项”

2．重命名及删除文件时的注意事项

重命名及删除文件时必须注意被操作的文件处于关闭状态，如果文件或文件夹处于打开状态，则这两项操作将不能进行。

技能训练

① 在桌面上建立一个名为 JEWRY 的文件夹，并在其中建立一个新的子文件夹 JAK。

② 在 JAK 文件夹中建立名为 ABC.docx、123.txt 两个文件。

③ 将 123.txt 文件复制到 JEWRY 文件夹中，并更名为 DATE.xlsx。

④ 将 JAK 文件夹中的 ABC.docx 文件设置为隐藏属性。

⑤ 在桌面上为 JEWRY 文件夹中的 JAK 文件夹建立快捷方式，并将所建的快捷方式重命名为 JAK。

关键步骤提示：

对文件及文件夹重命名时，要注意被改的文件的扩展名是否是显示状态，如果不是，则需要将扩展名设置为显示状态，这样在改名时才能连同扩展名一起更改。

任务五　实用工具的使用

任务描述

某单位要求职工能够使用 Windows 7 中的写字板、记事本、媒体播放器、压缩软件等工具进行工作。

任务分析

本任务是在掌握 Windows 7 基本操作的基础上，能够使用记事本、写字板、画图、计算器和多媒体播放器等工具进行简单地工作。例如编写简单的文本文件、绘制简单的图形等。

流程设计

- 使用记事本、写字板进行文字处理；
- 使用画图进行简单图形的绘制。

任务实现

一、文字编辑软件

1．记事本的使用

记事本是 Windows 7 内置的一个小型文本编辑程序，它只能以纯文本格式编辑和保存文件，可用来创建或编辑不包含任何格式的文本文件。单击“开始”按钮，选择“所有程序”，然后单击“附件”，选择“记事本”。使用记事本的具体操作步骤如图 1-83 所示。

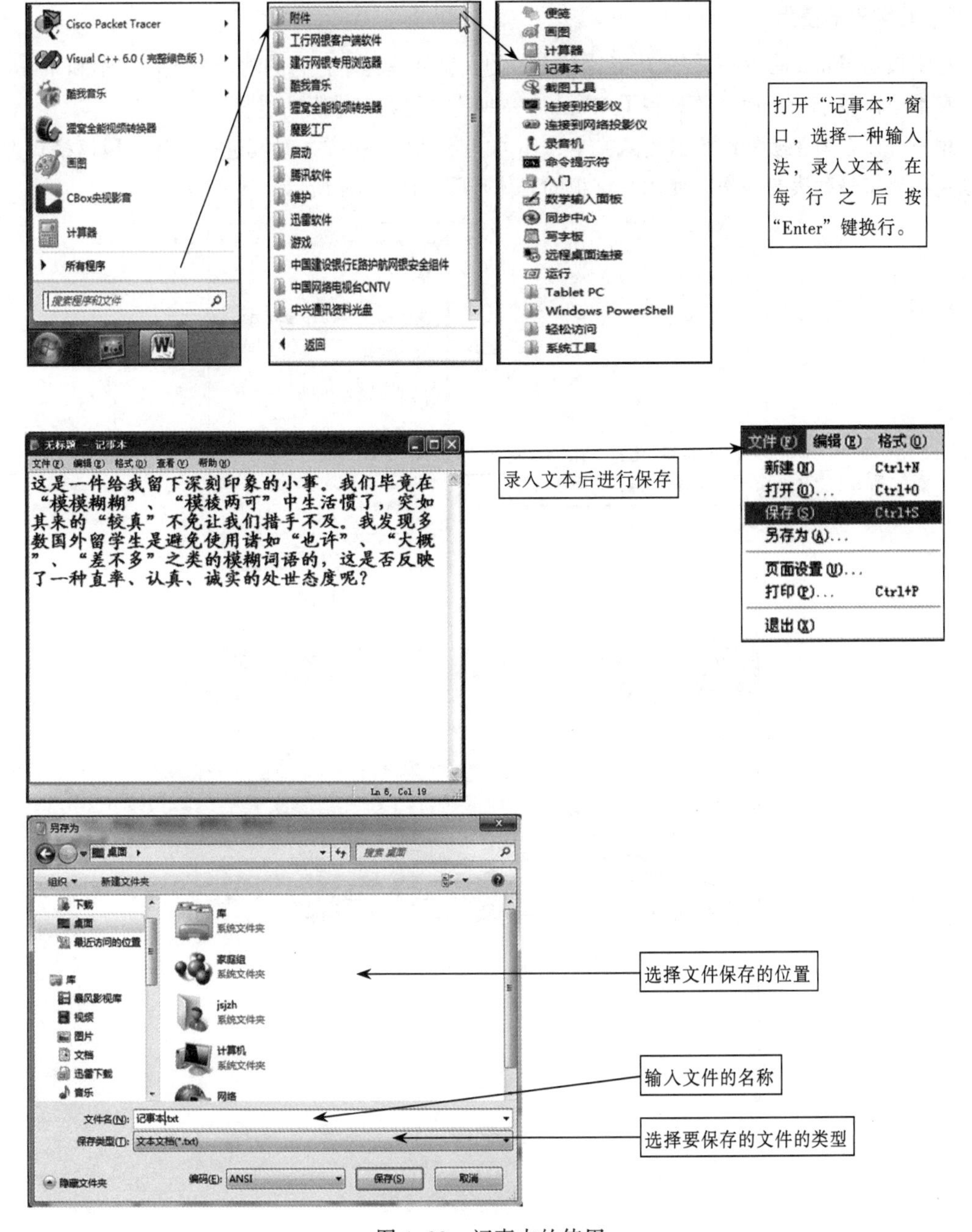

图 1-83 记事本的使用

注意：

（1）记事本只能编辑文字，无法进行字形设置或插入图片，不具备排版功能。

（2）记事本窗口中没有工具栏和状态栏。

（3）当打开一个较大的文件时，如果记事本容纳不下，系统将会提示用户用写字板打开该文件。

2．写字板的使用

写字板是 Windows 7 中一个功能比较完备的文字处理程序，它的功能介于记事本和 Word 之间。它不但比较小巧，而且还具备了 Word 的一些基本的编辑排版功能。

用户可以在写字板的编辑区输入文本，还可以像 Word 一样，对其进行字体、段落格式设置和创建项目符号列表等操作。使用写字板的具体步骤如图 1–84 所示。

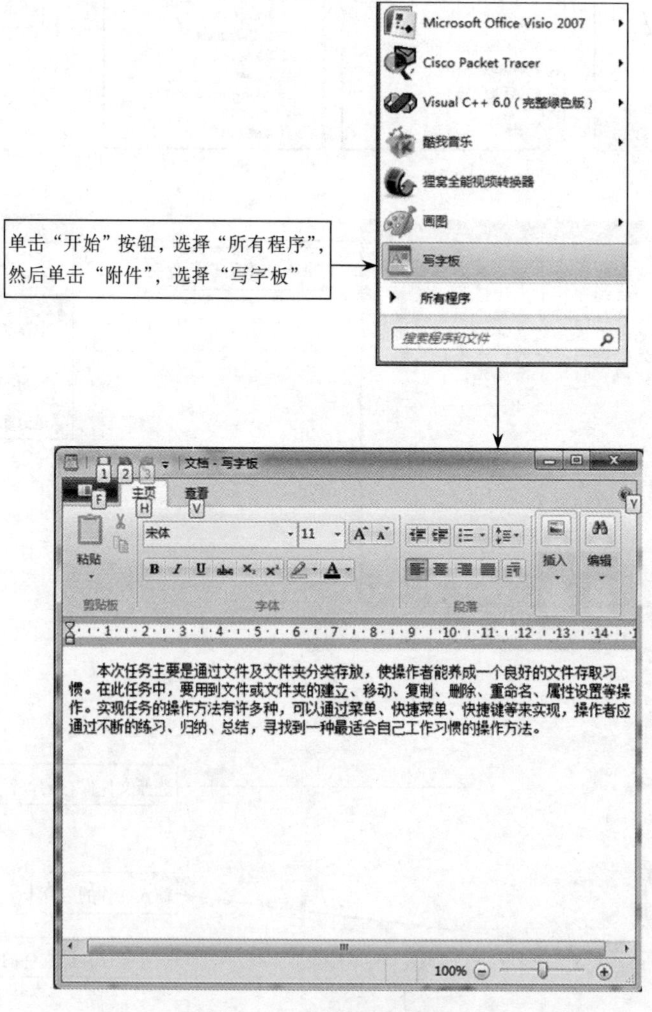

图 1–84　写字板的使用

二、画图软件

画图程序是一个绘制图形的软件，使用它不但可以绘制各种图形，还可以编辑图像，例如输入文字、旋转、拉伸、扭曲、反色等。使用画图软件的具体步骤如图 1–85 所示。

“画图”窗口主要由菜单栏、工具箱、画布、颜料盒和状态栏组成。其中“工具箱”提供画图时要用到的各种常用工具，使用这些工具可以绘制直线、曲线、矩形、圆、多边形等图形。各种常用画图工具的名称和功能如表 1–9 所示。

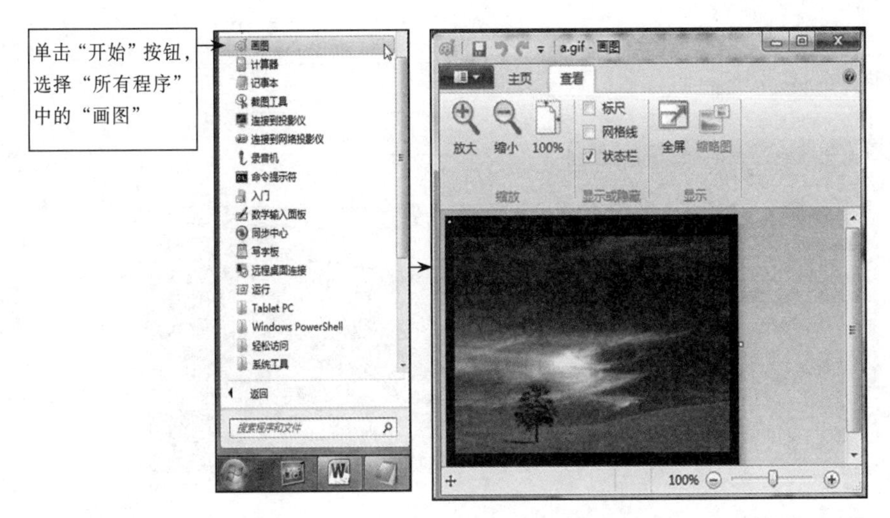

图 1-85　画图软件的使用

表 1-9　常用画图工具的名称和功能

图　　标	名　　称	功　　能
	任意形状的裁剪	选择不规则形状的区域
	选定	选择矩形区域
	橡皮/彩色橡皮擦	把所有的颜色变成当前的背景色
	用颜色填充	用当前所选择的前景色填充指定的区域
	取色	提取指定点的颜色
	放大镜	放大图片的任意部分
	铅笔	就像一支铅笔，可绘制线条
	刷子	按选定的形状和大小使用刷子绘图
	喷枪	喷出当前所选颜色的点
	文字	输入文本
	直线	以各种方式画直线
	曲线	可以创建曲线形状，是一种随手绘图工具
	矩形	可以绘制矩形形状
	多边形	绘制不规则多边形
	椭圆	绘制圆或椭圆
	圆角矩形	绘制带有圆角的矩形

任务拓展

1. 使用红蜻蜓抓图精灵进行图像捕获

红蜻蜓抓图精灵（RdfSnap）是一款专业级屏幕捕捉软件，能够让用户比较方便地捕捉到需要的屏幕截图。通过它可以捕捉 Windows 屏幕、DOS 屏幕、视频、菜单以及文本等，捕获后的图像可以保存为 JPEG、TIF、GIF 或 PNG 等图片格式。使用其进行图像捕获的步骤如图 1-86 所示。

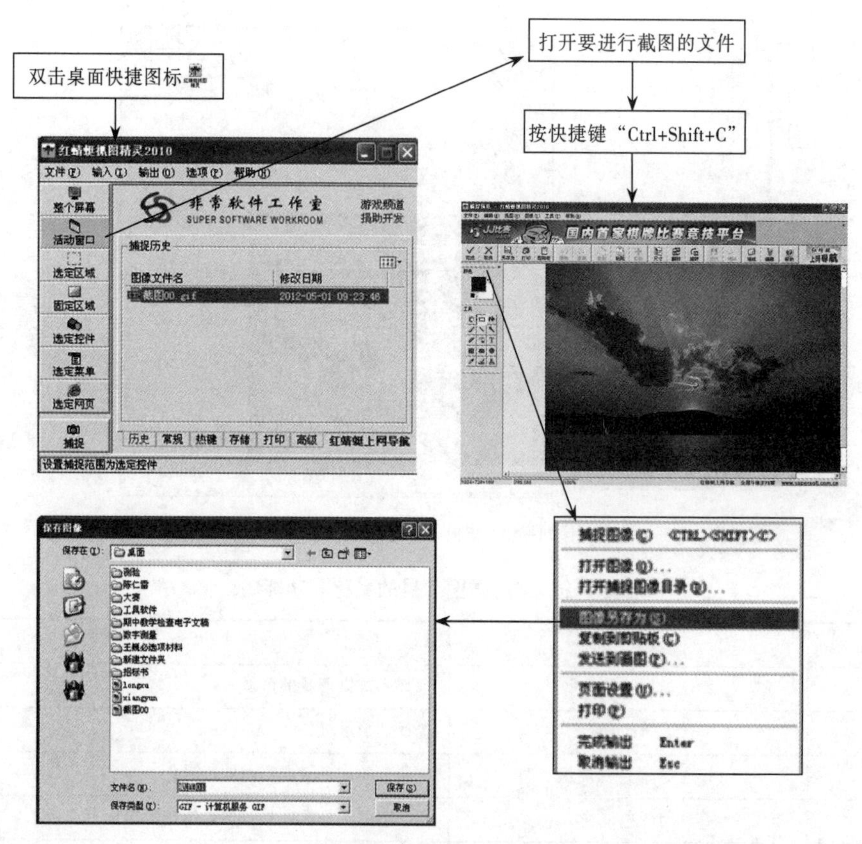

图 1-86　抓图软件的使用

2. 屏幕录像工具的使用

屏幕录像专家是一款专业的屏幕录像制作工具，使用它可以轻松地将屏幕上的软件操作过程、网络教学课件、网络电视以及聊天视频等录制成 Flash 动画、ASF 动画、AVI 动画或者自动播放的 EXE 动画。其界面窗口如图 1-87 所示。

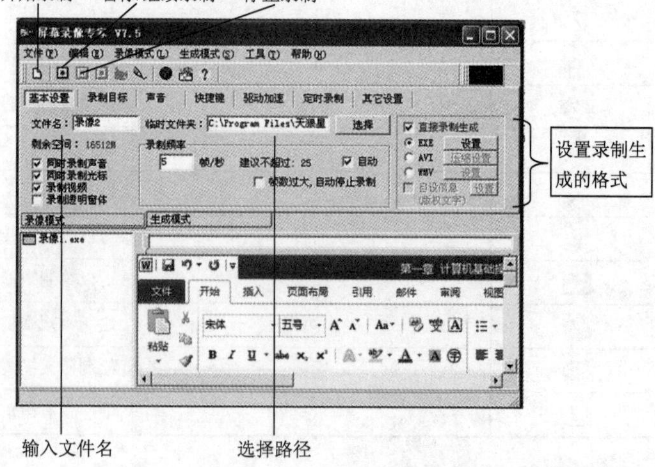

图 1-87　录屏软件的使用

技能训练

自己设计并制作图片，并将其设置成桌面背景。

关键步骤提示：

① 使用画图进行设计图片，并保存。

② 在 Windows 7 桌面上右击，从弹出的快捷菜单中选择“个性化”命令，在打开的窗口中单击“桌面背景”选项卡。

③ 在该选项卡中单击“浏览”按钮，弹出“浏览”对话框，选择自己设计的图片。

④ 设置完成后，单击“保存修改“按钮，即可将自己设计的图片设置为桌面背景。

技能综合训练

训练一

1. 在“文件处理”文件夹中建立一个名为 LOGL 的文件夹。
2. 在 LOGL 文件夹下创建 TUXING 文件夹。
3. 在 LOGL 文件夹下创建 PBOB.txt 和 LOCK.for 文件。
4. 在 LOGL 文件夹下的 TUXING 子文件夹中新建 XILIE.gif 和 BTNBQ.pas 两个文件。
5. 将 LOGL 文件夹下的 LOCK.for 文件复制到 TUXING 文件夹中。
6. 将 LOGL \TUXING 文件夹下的 BTNBQ.pas 文件设置为“只读”属性。
7. 在 LOGL 文件夹中，为 TUXING 文件夹中的 XILIE.gif 文件创建快捷方式，并将创建的快捷方式改名为 ABS。

训练二

1. 在“文件处理及 Windows 7 设置”文件夹中按如下所示树形结构创建文件夹及文件。

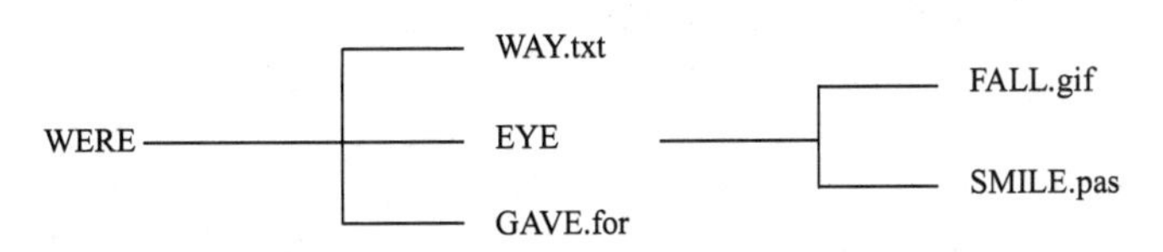

2. 将 WAY.txt 文件复制到 EYE 文件夹中。
3. 将 FALL.gif 文件设置“只读”属性。
4. 在 WERE 文件夹中，为 SMILE.pas 文件创建快捷方式，并将创建的快捷方式改名为 WITH。

训练三

1. 更改输入法区域按键顺序为：左手 Alt + Shift。
2. 将任务栏上的输入法指示器关闭。
3. 关闭 Caps Lock 指示灯。
4. 禁止任务栏总在最前。
5. 让任务栏自动隐藏。
6. “开始”菜单要显示小图标。
7. “开始”菜单扩展“控制面板”和扩展“文档”。
8. 任务栏中不显示时钟，也不使用个性化菜单。
9. 清除最近访问过的文档。

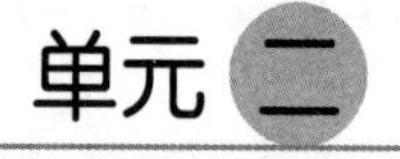

单元二 电子文档设计与制作

基本理论

- 掌握文字处理软件 Word 2010 的使用方法;
- 掌握文字处理、段落格式设计的基本方法;
- 掌握表格的使用及设计方法;
- 掌握图片插入的方法及文字格式设计方法;
- 掌握文档页面设置、页眉和页码设计方法。

基本技能

- 会创建、打开、保存和打印文档;
- 会进行字体格式、段落格式设置;
- 会制作表格，并对其进行修饰、计算;
- 会在文档中插入图片、艺术字、文本框、形状，实现较好的图文混排效果;
- 会根据需求插入封面、目录、页眉、页码;
- 会设计整个电子文档的版面效果。

任务一　制作“求职信”

任务描述

某院校学生王宁在毕业前夕，向某公司发出个人简历，欲寻求一份理想工作。现需完成简历中关于“求职信”部分的排版工作。“求职信”具体效果如图 2-1 所示。

任务分析

“求职信”一般不要过长，以一页纸张为宜。标题需要居中显示，正文排版要采用书信书写的格式，让对方能看懂，页面设置要简洁，避免过于花哨。

流程设计

- 用 Word 2010 建立“求职信”电子文档;

- 整个页面格式设置；
- 保存电子文档；
- 文字录入；
- 字体格式设置；
- 段落格式设置；
- 打印输出电子文档。

求　职　信

尊敬的公司领导：

您好！感谢您在百忙之中拨冗阅读我的求职信。我是2014届×××专业应届高职毕业生。即将面临就业的选择，我十分想到贵单位供职。希望与贵单位的同事们携手并肩，共扬希望之帆，共创事业辉煌。

作为一名××专业毕业的大学生，我热爱我的专业并为其投入了巨大的热情和精力。经过三年的专业学习和大学生活的磨练，进校时天真、幼稚的我现已变得沉着和冷静。为了立足社会，为了自己的事业成功，三年中我不断努力学习，不论是基础课，还是专业课，都取得了较好的成绩。同时在课余，我还注意不断扩大知识面，阅读一些杂志与书刊，而且利用课余时间自学了计算机的基本操作，熟练掌握Office2010办公软件，能熟练运用软件CAD、Photoshop等软件。

学习固然重要，但能力培养也必不可少。三年来，为提高自己的综合能力，积累经验，从大二开始，我在学好各门专业课的同时，还利用课余时间积极参加学院组织的各种活动，曾担任××部长一职，两年的工作让我不仅改变了一贯的不良的工作作风，还使我学会了如何与领导、老师和同学们友好相处。而如今的我最大的欠缺就是经验的不足，但我相信通过努力学习能够以最快的速度填补这一空缺。为了尽快达到目标，我于2013年7月至2013年12月到×××实习，并获得了很好的成绩。现在的我已具备过硬的工作作风，扎实基础，较强的自学和适应能力，良好的沟通和协调能力，使我对未来的工作充满了信心和期望。

十多年的寒窗苦读，现在的我已豪情满怀、信心十足。事业上的成功需要知识、毅力、汗水、机会的完美结合。同样，一个单位的荣誉需要承载她的载体——人的无私奉献。我恳请贵单位给我一个机会，让我有幸成为你们中的一员，我将以百倍的热情和勤奋踏实的工作来回报您的知遇之恩。

期盼能得到您的回音！

此致

敬礼

求职人：王宁

2014年4月6日

图2-1　求职信

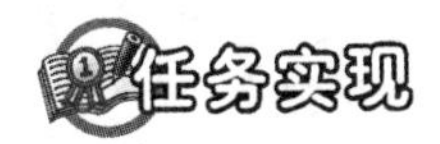

一、“求职信”电子文档的建立

1. Microsoft Office Word 2010的启动

Word 2010是图文编辑工具，用来创建和编辑具有专业外观的文档，如公文、信函、论文、报告、教材、手册。启动Word 2010常用方法有三种。

方法一：选择“开始”→“所有程序”→Microsoft Office→Microsoft Word 2010命令，图2-2

所示是其工作界面。

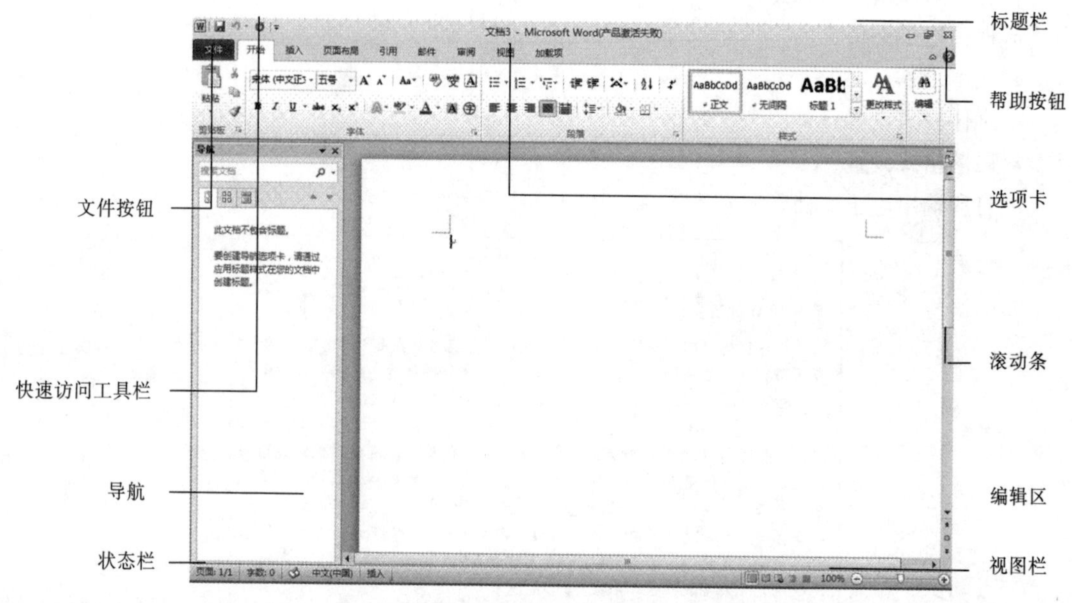

图 2-2　Word 2010 界面

方法二：双击桌面上的 Word 2010 快捷方式图标，即可启动 Word 程序。

方法三：双击已存在的 Word 文档，即可启动 Word 程序，并打开相应的文档内容。

2．创建新文档

启动 Word 2010 后，系统将自动创建一个空白文档，且在标题栏中显示名称“文档 1”，若用户需要另外创建文档，常见操作方法有两种。

方法一：通过“文件”选项卡新建，其具体步骤如图 2-3 所示。

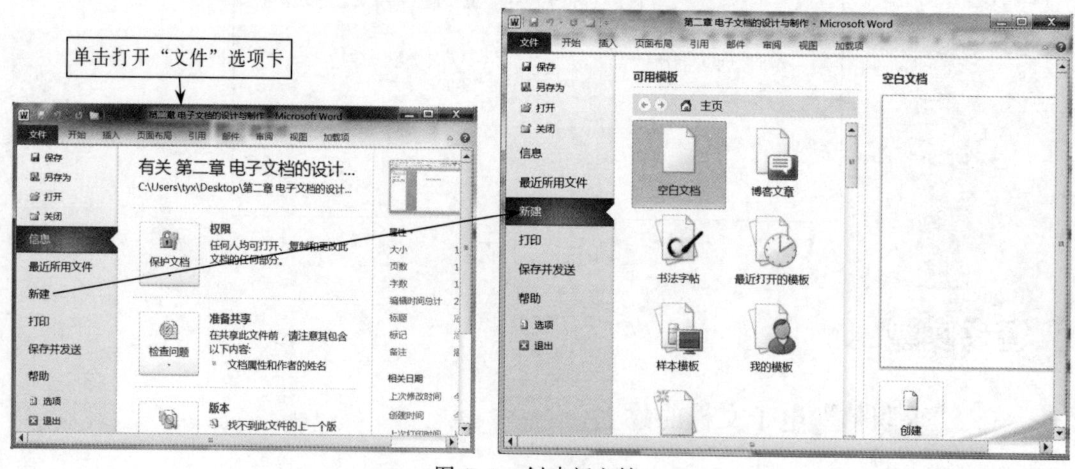

图 2-3　创建新文档

方法二：通过快捷键创建新文档。在 Word 环境下，按“Ctrl+N”组合键可快速创建新的空白文档。

二、设置“求职信”页面格式

在进行文字段落等所有格式排版前，必须先确定电子文档的页面格式，使后续排版的内容都在规定的页面格式上进行，以确保打印输出电子文档时，能将排版效果正确打印在规定的纸张上。

一般情况下，对电子文档进行格式设置时，经常设置的参数有纸张大小、纸张方向、纸张边距、页眉页脚位置。

在本任务中，由于“求职信”拟用 A4 纸打印，所以电子文档的纸张大小选择“A4”，纸张边距均设置为“2 厘米”，其他选项选择默认。其具体操作方法有两种。

方法一：单击“页面布局”选项卡“页面设置”组中的“页边距”和“纸张大小”命令直接设置，如图 2–4 所示。

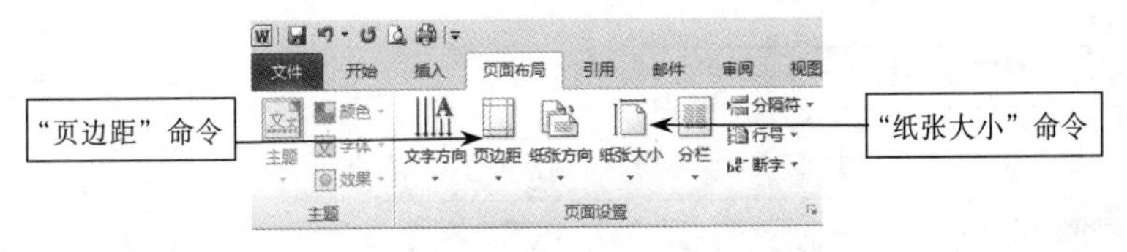

图 2–4　用命令进行页面格式设置

方法二：单击“页面设置”组中右下角的“扩展”按钮，在“页面设置”对话框中设置。其具体步骤如图 2–5 所示。

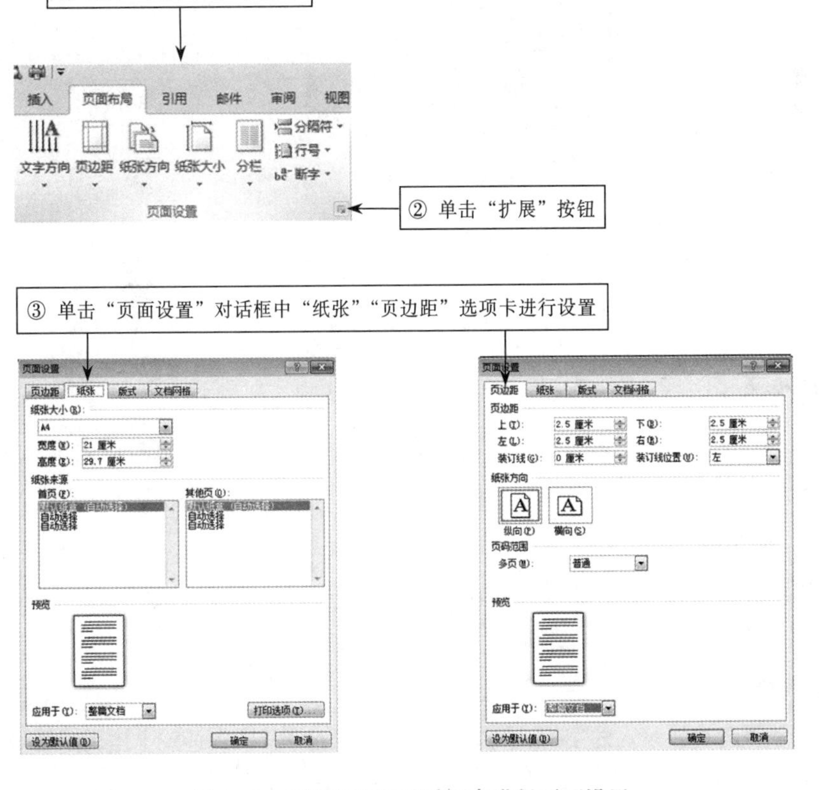

图 2–5　在页面设置对话框中进行页面设置

三、保存“求职信”

对电子文档的内容进行任何更改后，都需牢记要及时、多次保存文件，以防意外断电发生时，未保存的文档内容丢失。保存电子文档时，要确定文件保存的位置、文件的类型、主文件名称。常用的保存文件方法有三种。

方法一：用“保存”命令完成操作。对新文件而言，选择“保存”命令或“另存为”命令时，都会弹出“另存为”对话框。本例中，将电子文档保存在桌面上，文件全名为“求职信.docx”，具体操作步骤如图 2-6 所示。

方法二：按“Ctrl+S” 组合键或“Shift+F12”组合键。

方法三：单击快速访问工具栏中的“保存”按钮。

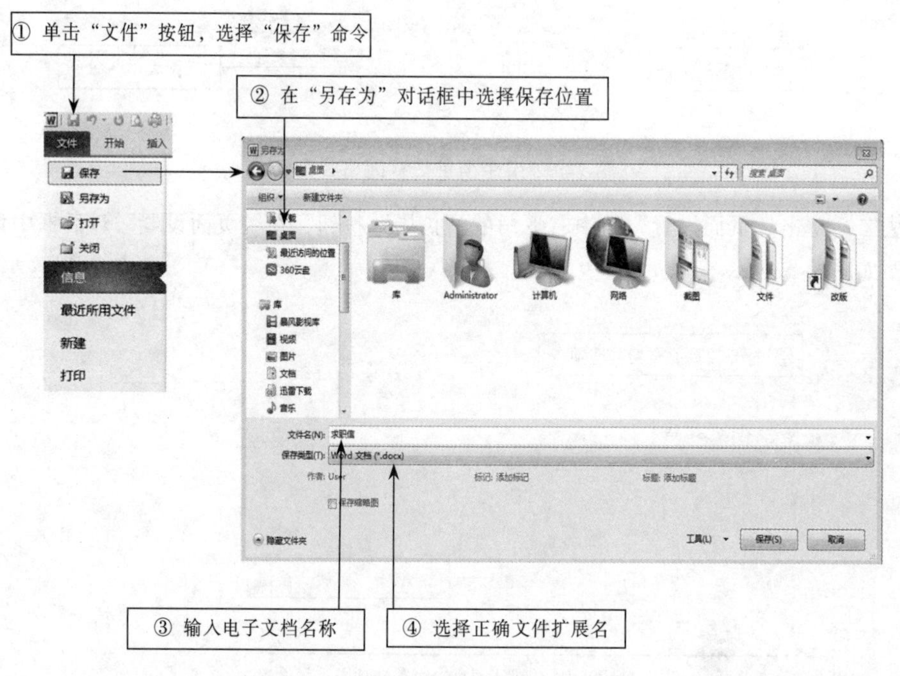

图 2-6 保存文档

四、录入文字

在 Word 中，如果文件的内容很多，动辄数十页上百页时，为提高排版效率，通常采用先录入文件上所有文字、再统一进行排版的方式进行。录入文字时，只需顶格按自然段录入文字即可。

1. 录入普通文字

对于可以从键盘上直接录入的普通文字，直接录入即可。本例中，录入文字后的效果如图 2-7 所示。注意，在文字录入结束后，要追加一个“回车符”。

2. 录入特殊字符

对于无法从键盘直接录入的字符，例如“×”，可通过“插入”选项卡中的“符号”命令完成，如图 2-8 所示。

求职信

敬的公司领导：

您好！感谢您在百忙之中拨冗阅读我的求职信。我是2014届×××专业应届高职毕业生。即将面临就业的选择，我十分想到贵单位供职。希望与贵单位的同事们携手并肩，共扬希望之帆，共创事业辉煌。

作为一名××专业毕业的大学生，我热爱我的专业并为其投入了巨大的热情和精力。经过三年的专业学习和大学生活的磨练，进校时天真、幼稚的我现已变得沉着和冷静。为了立足社会，为了自己的事业成功，三年中我不断努力学习，不论是基础课，还是专业课，都取得了较好的成绩。同时在课余，我还注意不断扩大知识面，阅读一些杂志与书刊，而且利用课余时间自学了计算机的基本操作，熟练掌握Office2010办公软件，能熟练运用软件CAD、Photoshop等软件。

学习固然重要，但能力培养也必不可少。三年来，为提高自己的综合能力，积累经验，从大二开始，我在学好各门专业课的同时，还利用课余时间积极参加学院组织的各种活动，曾担任××部长一职，3年的工作让我不仅改变了一贯的不良的工作作风，还使我学会了如何与领导、老师和同学们友好相处。而如今的我最大的欠缺就是经验的不足，但我相信通过努力学习能够以最快的速度填补这一空缺。为了尽快达到目标，我于2013年7月至2013年12月到×××实习，并获得了很好的成绩。现在的我已具备过硬的工作作风，扎实基础，较强的自学和适应能力，良好的沟通和协调能力，使我对未来的工作充满了信心和期望。

十多年的寒窗苦读，现在的我已豪情满怀、信心十足。事业上的成功需要知识、毅力、汗水、机会的完美结合。同样，一个单位的荣誉需要承载她的载体——人的无私奉献。我恳请贵单位给我一个机会，让我有幸成为你们中的一员，我将以百倍的热情和勤奋踏实的工作来回报您的知遇之恩。

期盼能得到您的回音！

此致

敬礼

求职人：王宁

2014-4-6

图 2-7　录入文字效果

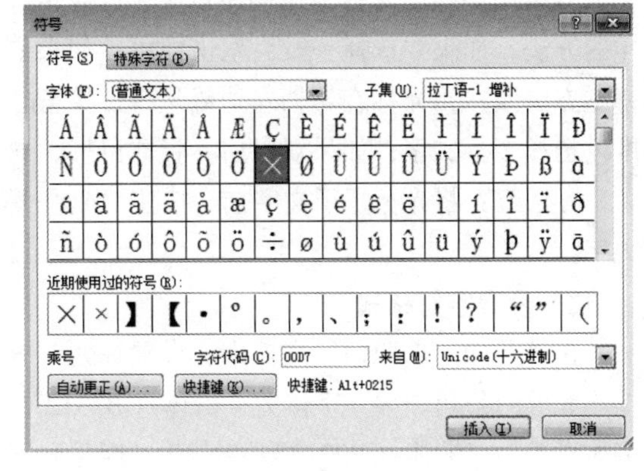

图 2-8　“符号”对话框

五、设置字体格式

1. 打开文档

在Word 2010中打开文档的常用方法有三种。

方法一：打开“求职信”的具体操作步骤如图2-9所示。

单击“文件”按钮，选择“打开”命令，在“打开”对话框中按顺序选择文件所在位置找到文件名后，单击“打开”按钮。

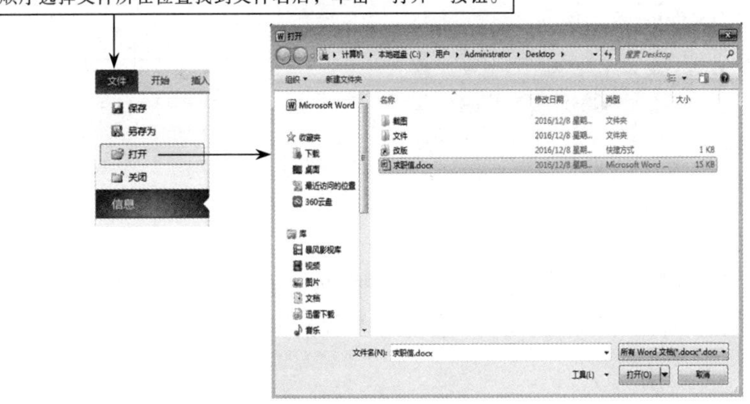

图 2-9　打开文档

方法二：在Word窗口中，按“Ctrl+O”组合键，可快速打开“打开”对话框。

方法三：单击“文件”按钮，打开“文件”菜单，选择“最近所用文件”命令，在弹出的子菜单中单击需要打开的文档。

2. 选择文本

在电子文档排版中，所有排版操作都需正确选择操作对象。对字体进行格式化操作时，必须先将文本选中。当文本呈现蓝色显示状态时说明被选中。在Word文档中，一次只能选中一个区域，重新选择新区域时，旧的区域会自动消失。选择文本主要有以下几种常用方法。

方法一：将光标置于需要选择的文本开始处，按住鼠标左键拖动，直到要选择的文本结束处松开鼠标。

方法二：按住“Ctrl”键的同时，单击句中任何位置，即可选中整句。

方法三：移动光标至文档左边缘，此时鼠标指针呈现状态，单击可选中指针对准的行。同样的方法，如果要选择一段，双击即可；如果要选择整篇文章，三击即可。

方法四：当光标在文档左边缘呈现状态时，如果在选择文字时按住鼠标左键上下拖动，则可以选择多行文字；如果双击后不释放鼠标，向上或向下拖动，就可以选定多个段落。

方法五：将光标置于文字前，按住“Alt”键的同时，按住鼠标左键拖动鼠标，可以选择多列文字。

3．设置字符格式

在打开的“求职信”文档中，设置标题“求职信”字体为“黑体”，字号为“三号”；抬头称呼“尊敬的公司领导”字体为“楷体-GB2312”，字号为“小三”，字形为“加粗”；正文中，中文字体设置为“楷体-GB2312”，字号为“四号”，西文字体设置为“Times New Roman”，字号为“四号”。其具体操作步骤如图 2-10 所示。

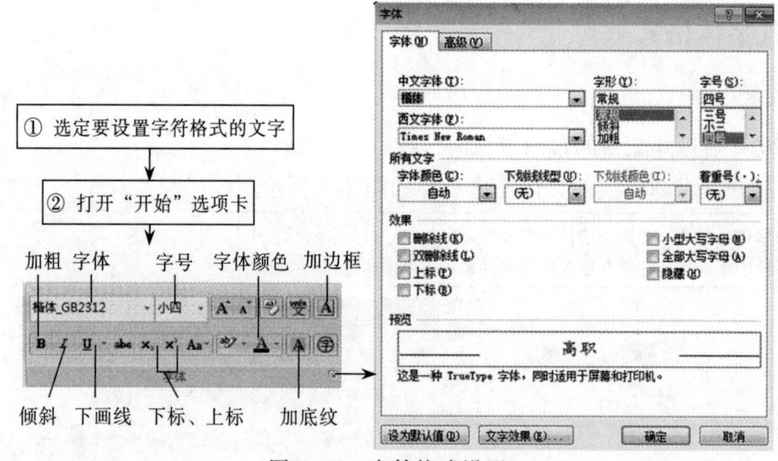

图 2-10 字符格式设置

4．设置文字字符间距

为了加强文字的特殊效果设置，常常设置字符间的距离及字符位置，设置标题“求职信”字符间距为“加宽”，磅值为“8 磅”。其具体操作步骤如图 2-11 所示。

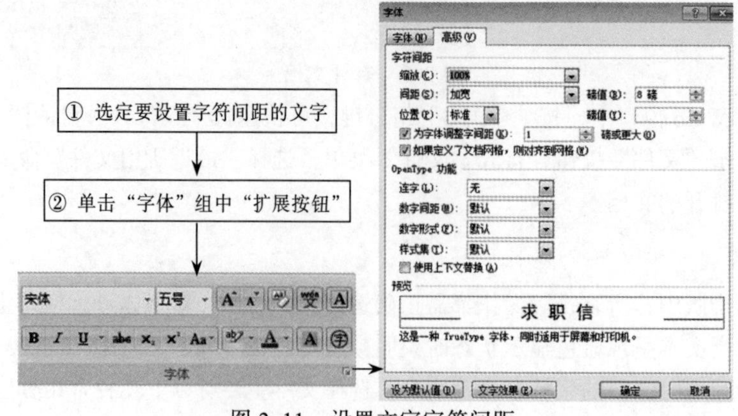

图 2-11 设置文字字符间距

5. 查找与替换

在输入文本后，如果需要统一将某个字词更改为另一个字词，或统一设置为另一种格式，可以使用 Word 2010 的查找与替换功能解决这个问题。例如将正文中所有“专业”设置为字体“加粗倾斜”，其操作步骤如图 2-12 所示。

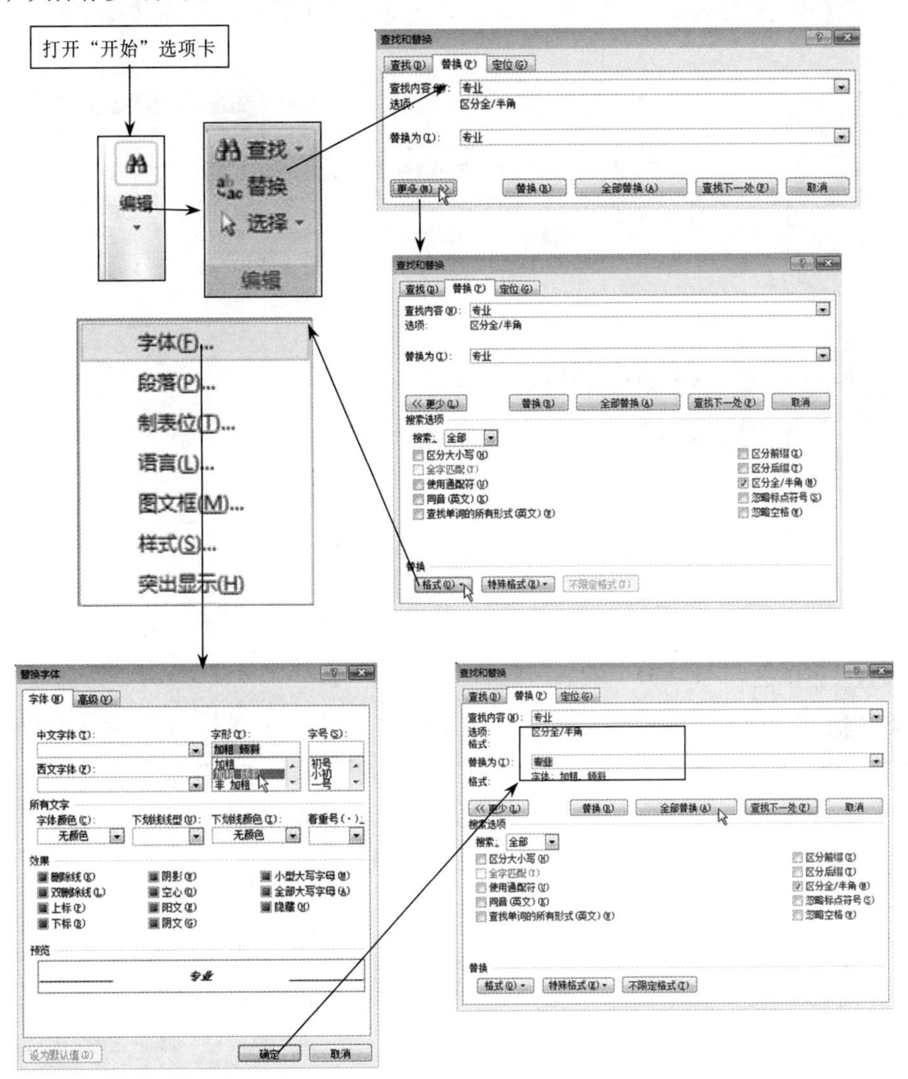

图 2-12　查找与替换

注意：

（1）在查找与替换对话框中“特殊格式”指的是如段落标记、手动换行符（换行但不分段）等符号，如常见的段落标记为“↵”，手动换行符为“↓”。

（2）当需要重新修改“替换为”的格式，或“查找内容”的格式有错误，可以单击“不限定格式”之后再重新设置。

六、设置段落格式

1. 设置段落对齐方式

段落水平对齐方式有五种：左对齐、居中、右对齐、两端对齐、分散对齐。通常根据需要进行设置。本任务中，标题段设置为居中；落款和日期段设置为右对齐。其具体操作步骤如图 2-13 所示。

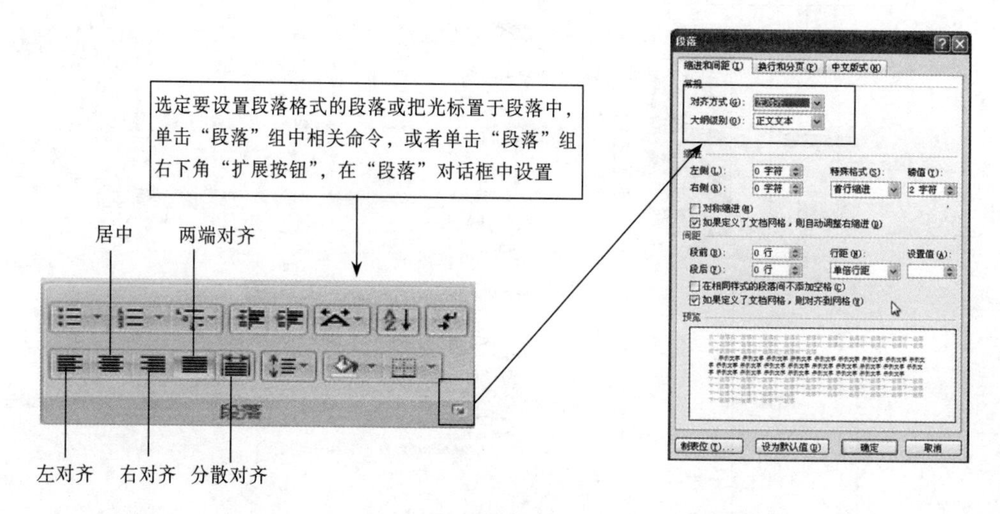

图 2-13　设置段落对齐方式

2. 设置段落缩进

段落缩进指的是改变段落两侧与页边距之间的距离，其方式有四种：左缩进、右缩进、首行缩进、悬挂缩进。设置正文所有段落“首行缩进 2 个字符”。其具体操作步骤如图 2-14 所示。

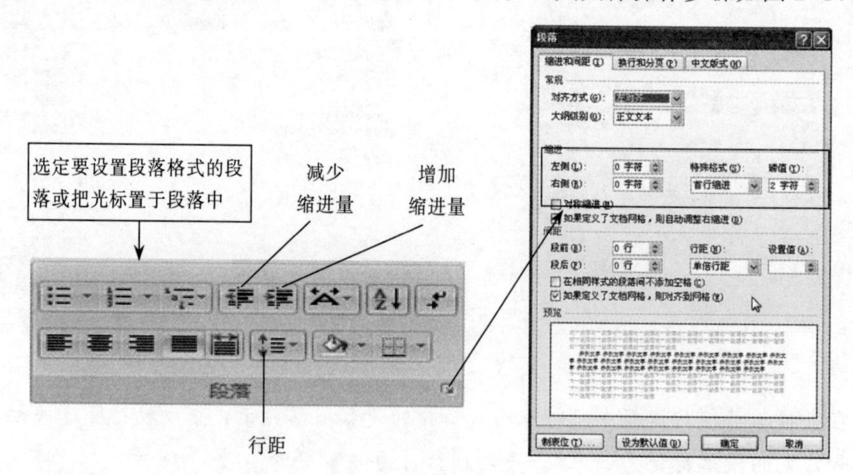

图 2-14　设置段落缩进

3. 设置段落间距和行间距

行间距是指段落中行与行之间的距离，段落间距指的是段落与段落之间的距离。在本任务中，由于需要在一页纸上打印所有文件，在不改变字体大小的前提下，需要调整行间距，具体格式为：

标题段设置为段后间距为 1 行；除标题段外其他段落设置行距固定值为 20 磅。其具体操作步骤如图 2–15 所示。

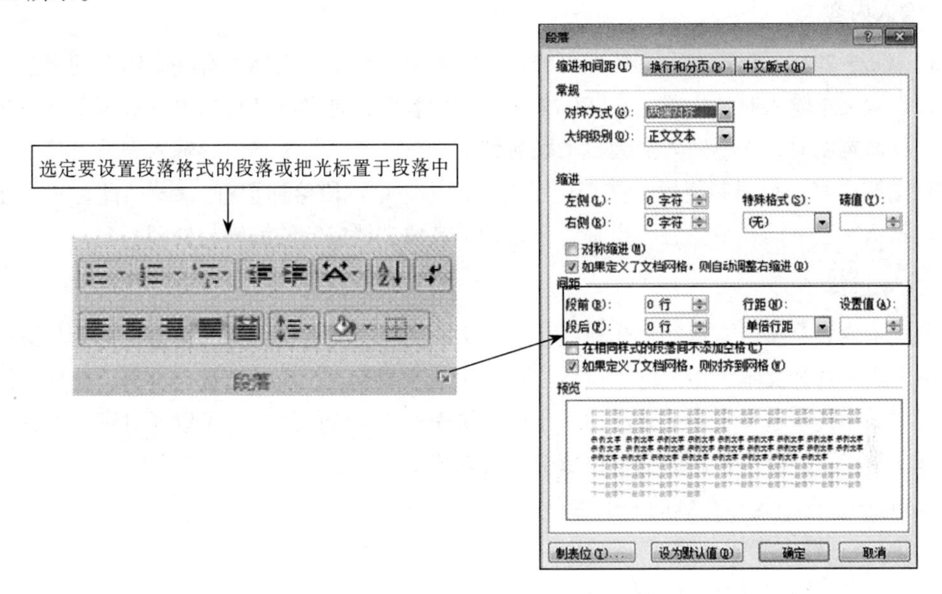

图 2–15　段落间距与行间距的设置

七、打印产品说明书

文档编辑排版完成后，经过打印预览查看满意后，就可打印文档。其具体操作步骤如图 2–16 所示。

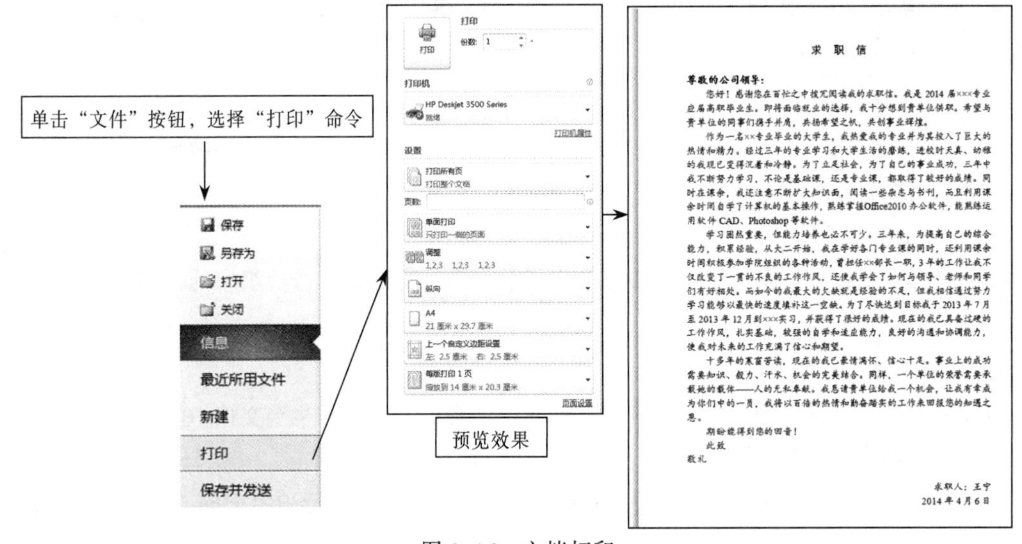

求 职 信

尊敬的公司领导：

您好！感谢您在百忙之中拨冗阅读我的求职信。我是 2014 届×××专业应届高职毕业生。即将面临就业的选择，我十分想到贵单位供职。希望与贵单位的同事们携手并肩，共扬希望之帆，共创事业辉煌。

作为一名××专业毕业的大学生，我热爱我的专业并为其投入了巨大的热情和精力。经过三年的专业学习和大学生活的磨练，进校时天真、幼稚的我现已变得沉着和冷静。为了立足社会，为了自己的事业成功，三年中我不断努力学习，不论是基础课，还是专业课，都取得了较好的成绩。同时在课余，我还注意不断扩大知识面，阅读一些杂志与书刊，而且利用课余时间自学了计算机的基本操作，熟练掌握Office2010 办公软件，能熟练运用软件 CAD、Photoshop 等软件。

学习固然重要，但能力培养也必不可少。三年来，为提高自己的综合能力，积累经验，从大二开始，我在学好各门专业课的同时，还利用课余时间积极参加学院组织的各种活动，曾担任××部长一职，3 年的工作让我不仅改变了一贯的不良的工作作风，还使我学会了如何与领导、老师和同学们友好相处。而如今的我最大的欠缺就是经验的不足，但我相信通过努力学习能够以最快的速度填补这一空缺。为了尽快达到目标我于 2013 年 7 月至 2013 年 12 月到×××实习，并获得了很好的成绩。现在的我已具备过硬的工作作风，扎实基础，较强的自学和适应能力，良好的沟通和协调能力，使我对未来的工作充满了信心和期望。

十多年的寒窗苦读，现在的我已豪情满怀、信心十足。事业上的成功需要知识、毅力、汗水、机会的完美结合。同样，一个单位的荣誉需要承载她的载体——人的无私奉献。我恳请贵单位给我一个机会，让我有幸成为你们中的一员，我将以百倍的热情和勤奋踏实的工作来回报您的知遇之恩。

期盼能得到您的回音！

此致

敬礼

求职人：王宁

2014 年 4 月 6 日

图 2–16　文档打印

任务拓展

在“求职信”的制作中使用了页面设置、录入文本、字体格式设置、段落格式设置。除这些操作外，还有一些排版功能也是经常要用到的。

一、文本操作

1. 输入内容

启动 Word 2010，出现空白文档即可输入文字内容。在空白文档中有一个闪烁的竖条，这是插入点，表示文本输入时的位置。在 Word 中录入内容时，是自动换行的。一般情况下，当输入内容超过页面宽度时，光标插入点会自动跳转到下一行。当一段文本内容输入完后，按“Enter”键即可对文档内容进行强制换段，文档中会自动产生一个“段落标记符” ↵。此标记符在文档打印时，默认状态下同样不会打印出来，只是为了方便文档内容的编辑与处理。

2. 文本选择

选取文本内容是编辑文本的操作前提。选取文本内容主要有用鼠标、键盘、鼠标与键盘相结合的三种方式来选择文本，用鼠标、鼠标与键盘相结合的方式在前面已重点讲解，此处介绍用键盘选择文本。用键盘选择文本的方法适用于键盘操作非常熟练的用户，可以通过键盘上各键的组合来选择文本。下面介绍常用的键盘快捷键及其功能。

- Shift+←：选中光标左侧的一个字符。
- Shift+→：选中光标右侧的一个字符。
- Shift+↑：选中光标位置至上一行相同位置之间的文本。
- Shift+↓：选中光标位置至下一行相同位置之间的文本。
- Shift+Home：选中光标位置至行首之间的文本。
- Shift+End：选中光标位置至行尾之间的文本。
- Shift+PageDown：选中光标位置至下一屏之间的文本。
- Shift+PageUp：选中光标位置至上一屏之间的文本。
- Ctrl+A：选中整篇文档。

3. 移动文本

移动文本就是将文档中选择的内容移动到其他目标位置。其具体操作步骤如下：

（1）选择要移动的文本，打开“开始”选项卡，单击“剪贴板”选项组中的“剪切”按钮（或者按“Ctrl+X”组合键）。

（2）将光标定位在需要文本的目标位置，然后单击“剪贴板”选项组中的“粘贴”按钮（或者按“Ctrl+V”组合键）。

4. 复制文本

复制文本就是把选定的文本复制到文档的其他位置，也可以把一个文档中的文本复制到其他文档中。其具体操作步骤如下：

（1）选择要复制的文本，打开“开始”选项卡，单击“剪贴板”选项组中的“复制”按钮（或者按“Ctrl+C”组合键）。

（2）将光标定位在需要文本的目标位置，然后单击“剪贴板”选项组中的“粘贴”按钮（或者按“Ctrl+V”组合键）。

5. 删除文本

在 Word 文档编辑中，如果要删除文档中的某些文本，可按以下方法进行操作。

方法一：选择需要删除的文本，按键盘上的删除键“Delete”。

方法二：选择需要删除的文本，打开“开始”选项卡，在“剪贴板”选项组中单击“剪切”按钮。

二、段落格式

1. 分栏

使用分栏排版功能可以制作出别具特色的文档版面，使整个页面更具观赏性，设置分栏排版的操作步骤如图 2–17 所示。

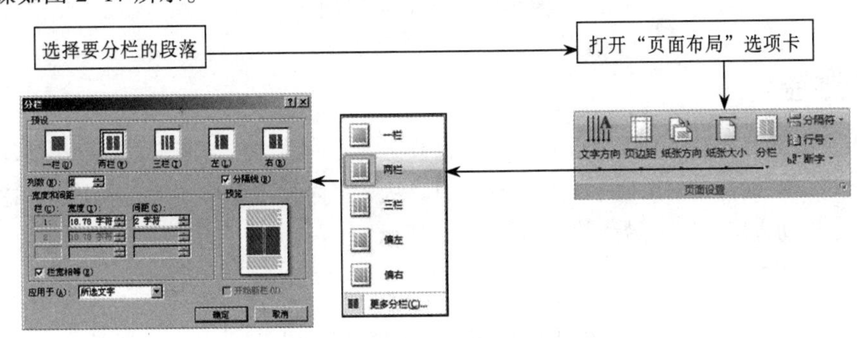

图 2–17　分栏

2. 项目符号和自动编号

在文本中添加项目符号或编号，使得文档更有层次感，易于阅读和理解，具体操作步骤如图 2–18 所示。

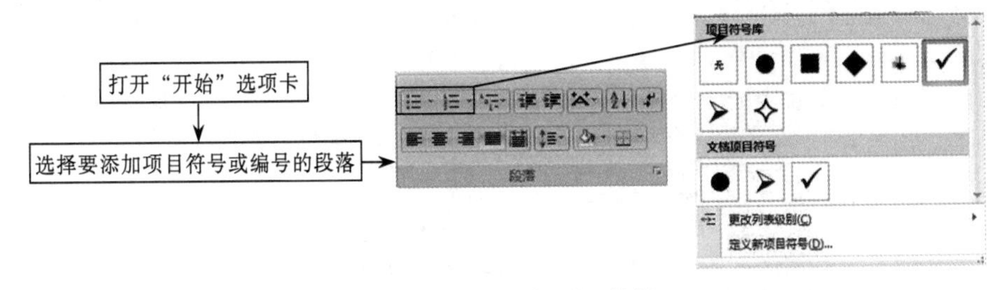

图 2–18　添加项目符号

3. 首字下沉和首字悬挂

首字下沉和首字悬挂排版格式一般用于章节、篇章之开头，装饰效果较强，也作为分段与阅读指引使用。其具体操作步骤如图 2–19 所示。

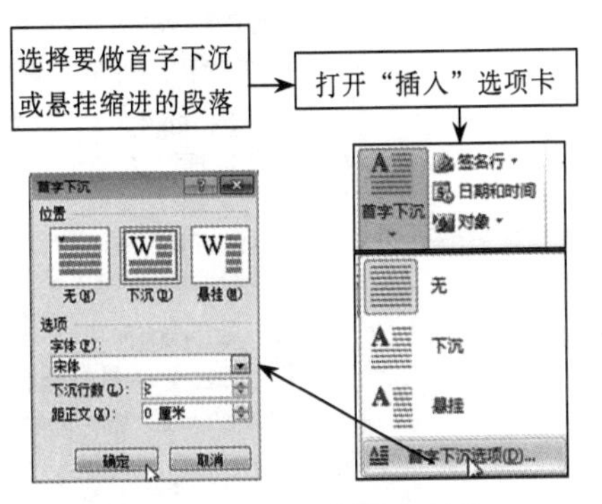

图 2–19　首字下沉和首字悬挂

4. 格式刷的使用

在编辑文档的过程中，如果有一段文字所需要设置的格式与之前的某段文字相同，则可以通过格式刷将那段文字的格式直接“刷”过来。使用格式刷时，若单击格式刷，只能复制一次格式，双击格式刷可以复制多次，具体操作步骤如图 2-20 所示。

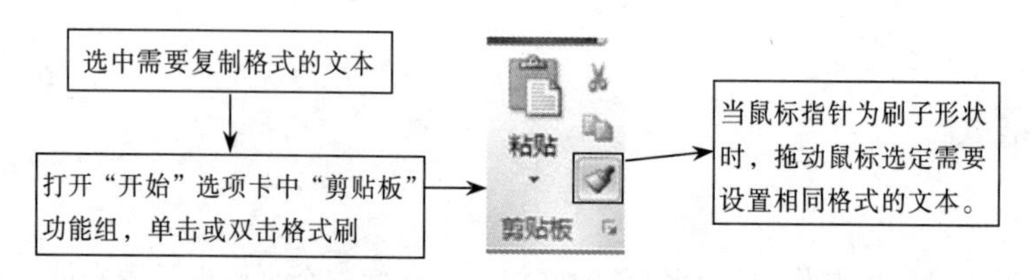

图 2-20　格式刷的使用

技能训练

学管人员王老师需在今日下班前将班级文化节活动之一的“最洁净班级”评比活动方案形成电子文稿，用 A4 纸打印输出后下发至所有班级。从文字内容多少和打印成本上来考虑，拟用一张 A4 纸打印活动方案。完成最终效果如图 2-21 所示。

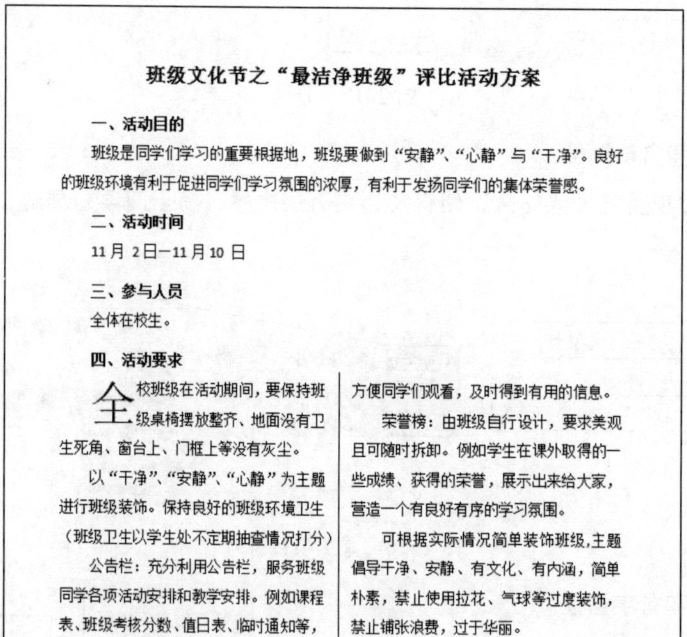

班级文化节之“最洁净班级”评比活动方案

一、活动目的

班级是同学们学习的重要根据地，班级要做到“安静”、“心静”与“干净”。良好的班级环境有利于促进同学们学习氛围的浓厚，有利于发扬同学们的集体荣誉感。

二、活动时间

11 月 2日—11 月 10 日

三、参与人员

全体在校生。

四、活动要求

全校班级在活动期间，要保持班级桌椅摆放整齐、地面没有卫生死角、窗台上、门框上等没有灰尘。

以“干净”、“安静”、“心静”为主题进行班级装饰。保持良好的班级环境卫生（班级卫生以学生处不定期抽查情况打分）

公告栏：充分利用公告栏，服务班级同学各项活动安排和教学安排。例如课程表、班级考核分数、值日表、临时通知等，方便同学们观看，及时得到有用的信息。

荣誉榜：由班级自行设计，要求美观且可随时拆卸。例如学生在课外取得的一些成绩、获得的荣誉，展示出来给大家，营造一个有良好有序的学习氛围。

可根据实际情况简单装饰班级，主题倡导干净、安静、有文化、有内涵，简单朴素，禁止使用拉花、气球等过度装饰，禁止铺张浪费，过于华丽。

五、评分标准

- ✧ 班级卫生　50 分
- ✧ 公告栏　20 分
- ✧ 荣誉榜　15 分
- ✧ 班级装饰　15 分

六、奖项设置

以班级文化节期间的学生工作联合检查结果和教务处教室卫生检查结果为依据，全院评选出 10 名“最洁净班级”。

图 2-21　活动方案

任务二 制作“个人简历”

任务描述

某院校学生王宁在制作用于求职的“个人简历”文件时，需根据个人情况用表格的形式展示个人简历中的部分内容。现需完成“个人简历”表格的制作。其最终效果如图 2-22 所示。

个 人 简 历

<table>
<tr><td>姓 名</td><td></td><td>性 别</td><td></td><td>出生年月</td><td></td><td rowspan="3">照
片</td></tr>
<tr><td>政治面貌</td><td></td><td>民 族</td><td></td><td>健康状况</td><td></td></tr>
<tr><td>学 历</td><td></td><td>专 业</td><td colspan="3"></td></tr>
<tr><td>毕业院校</td><td colspan="3"></td><td>毕业时间</td><td colspan="2"></td></tr>
<tr><td>联系方式</td><td></td><td>E-mail</td><td colspan="2"></td><td>QQ</td><td></td></tr>
<tr><td>在 校 职 务</td><td colspan="6"></td></tr>
<tr><td>奖 惩 情 况</td><td colspan="6"></td></tr>
<tr><td>兴 趣 爱 好</td><td colspan="6"></td></tr>
<tr><td>英 语 水 平</td><td colspan="6"></td></tr>
<tr><td>计算机水平</td><td colspan="6"></td></tr>
<tr><td>社 会 实 践</td><td colspan="6"></td></tr>
<tr><td>自 我 评 价</td><td colspan="6"></td></tr>
</table>

图 2-22 “个人简历”表格

任务分析

在 Word 中，经常用表格来表述文本内容，使文本阅读起来内容更清晰、条理更分明。Word 中的表格功能特别适用于制作任意非规则表格，同时可使用表格的计算功能完成少量的计算工作，得出统计数据。

流程设计

- 新建 Word 文档，设置纸张大小；
- 插入表格；

- 在表格中输入并格式化文字；
- 格式化表格；
- 打印输出表格。

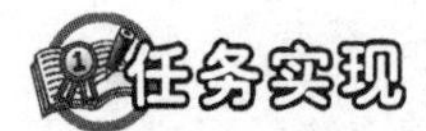

一、插入表格

1. 使用虚拟表格功能

在 Word 的“插入”选项卡中，单击“表格”选项组中的“表格”按钮，在弹出的下拉列表中有一个 10 列 8 行的虚拟表格，用户可以在虚拟表格中选择行列值，然后单击，即可快速插入一个空白表格。其具体操作步骤如图 2-23 所示。

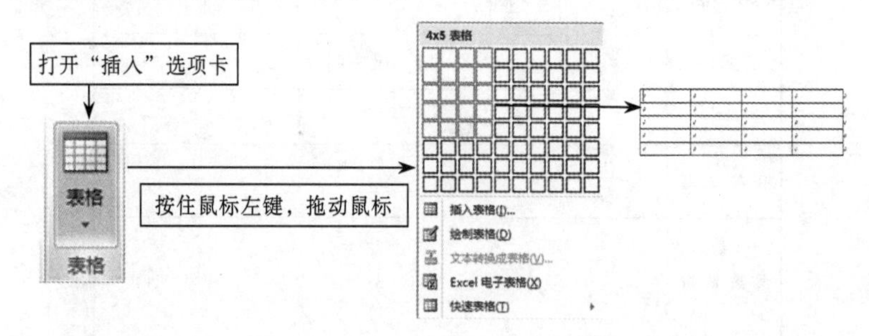

图 2-23　使用虚拟表格插入表格

2. 使用“插入表格”对话框

当插入的表格行与列超过 10 列 8 行时，可以使用“插入表格”对话框进行表格的插入。在本任务中，需要制作 7 列 12 行表格，其具体操作步骤如图 2-24 所示。

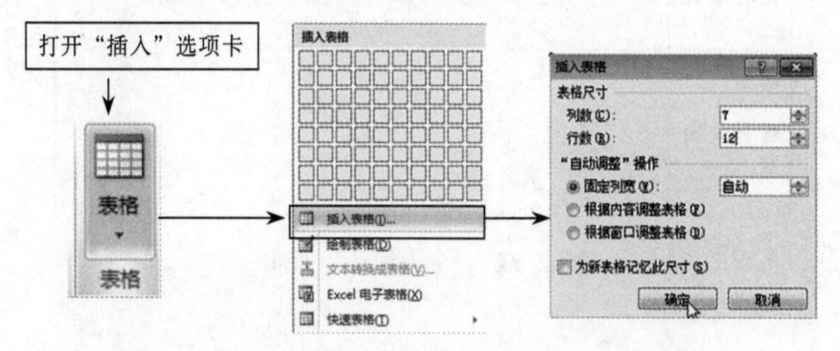

图 2-24　使用“插入表格”对话框插入表格

二、输入并格式化文字

在 Word 中，当初始表格建立完毕后，先不急于对表格进行合并、拆分等格式化操作，而是应该先将表格中的一些固定文字根据需求准确输入对应单元格中，并确定字体大小，以便于后续统一对表格进行格式化。

在本任务中，输入文字后，将标题设置为黑体、三号、居中、段后间距 1 行；将表内文字设置为宋体、五号、加粗。其具体效果如图 2-25 所示。

个 人 简 历

姓名		性别		出生年月		照片
政治面貌		民族		健康状况		
学历		专业				
毕业院校				毕业时间		
联系方式		E-mail		QQ		
在校职务						
奖惩情况						
兴趣爱好						
英语水平						
计算机水平						
社会实践						
自我评价						

图 2-25 录入表格文字

三、表格的格式化

在 Word 中，表格均是由若干单元格组成的。每个单元格对应唯一的名称。单元格名称的命名方法是“列标行号”，从第 1 列开始，依次用 A、B、C、D……表示列标；从第 1 行开始，依次用 1、2、3、4……表示行号。例如：表格中第 1 个单元格的名称就是“A1”，因为它是第 1 列第 1 行的单元格。这种单元格命名方法也适用于 Excel 2010 软件。

1. 合并单元格

在 Word 中，当数据需要占用多个单元格时，可以根据需要将多个相连的单元格合并为一个单元格，从而实现对表格的标题、数据统计等内容的输入。其具体操作步骤如图 2-26 所示。

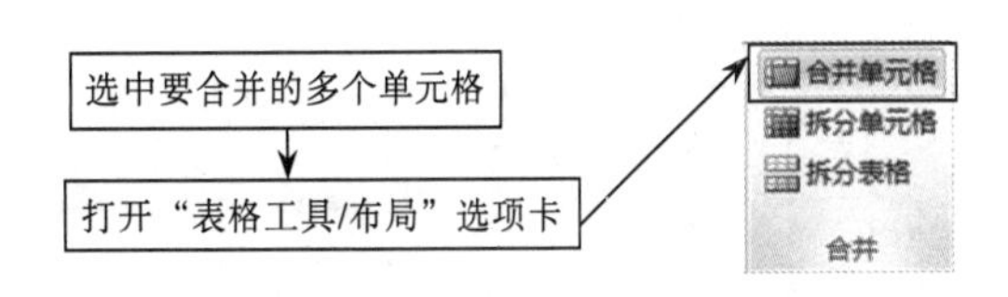

图 2-26 合并单元格

2. 拆分单元格

用户通过拆分单元格功能将一个单元格拆分为多个单元格，具体操作步骤如图 2-27 所示。

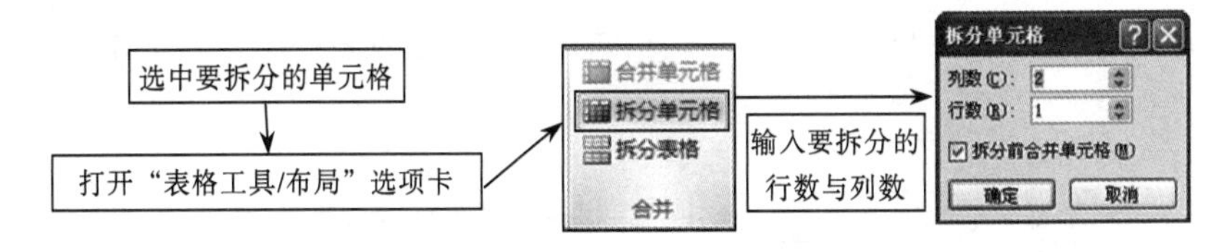

图 2-27 拆分单元格

3. 调整单元格大小

在表格排版中，经常需要调整某些单元格的行高或列宽，使单元格的大小满足实际需求。整体调整某一行或某一列单元格大小的具体操作步骤如图 2-28 所示。局部调整某个选中的单元格宽度的具体操作步骤如图 2-29 所示。

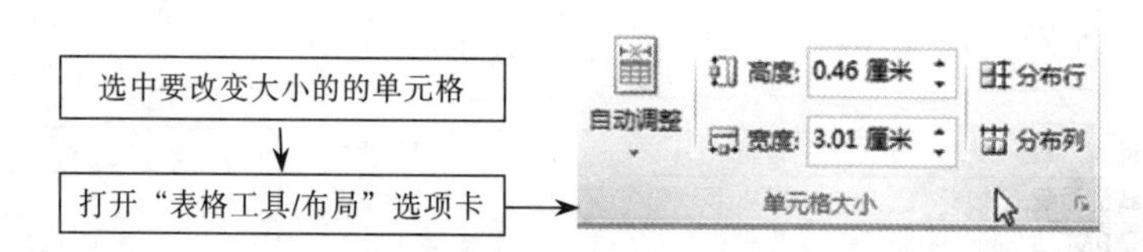

图 2-28　整体调整行高列宽

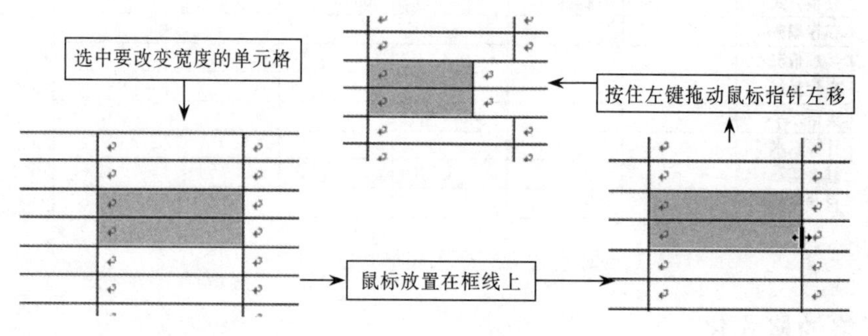

图 2-29　局部调整列宽

4．增删行列

在文档中创建表格后，若在后期发现现有行列数量不能满足实际需求时，还可对表格进行插入行或列（见图 2-30）、删除行或列（见图 2-31）操作。

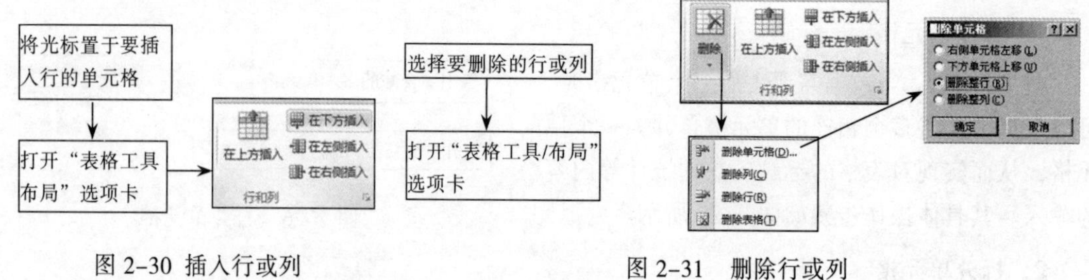

图 2-30 插入行或列　　　　图 2-31　删除行或列

5．设置表格中数据对齐方式

默认情况下，表格各单元格内的文本均是相同排列的，设置表格文字的对齐方式操作步骤如图 2-32 所示。

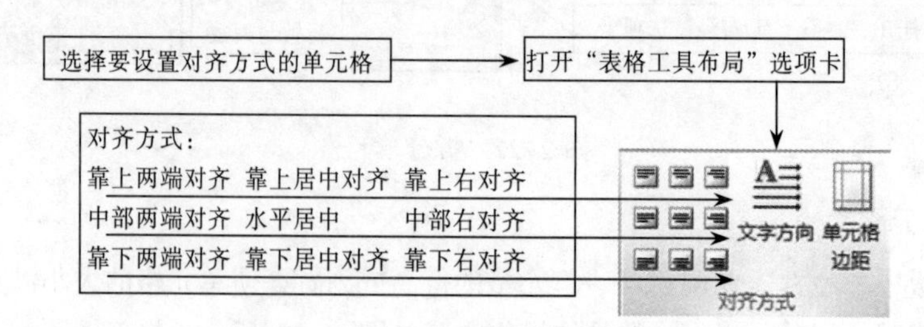

图 2-32　表格文字的对齐方式

6．设置表格框线格式

表格生成后，表格边框线默认为 0.5 磅单线，若需要改变表格框线的样式、颜色、粗细、制作斜线表头，均可以通过“边框和底纹”命令实现，其具体操作步骤如图 2-33 所示。

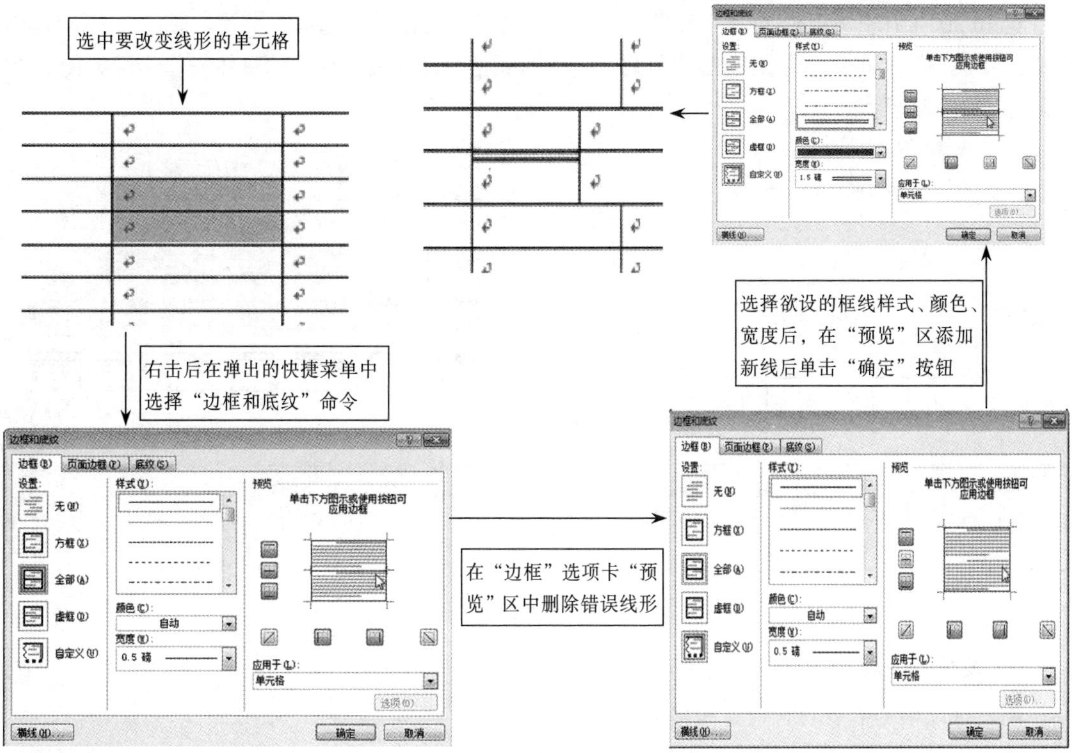

选中要改变线形的单元格
右击后在弹出的快捷菜单中选择“边框和底纹”命令
在“边框”选项卡“预览”区中删除错误线形
选择欲设的框线样式、颜色、宽度后，在“预览”区添加新线后单击“确定”按钮

图 2-33　调整表格框线

7. 调整表格宽度

在编辑表格的过程中，用户可以根据需要调整表格的大小，其具体操作步骤如图 2-34 所示。

选中表格
打开“表格工具 布局”选项卡
设置表格的行高与列宽
自动调整
0.56 厘米
1.16 厘米
分布行
分布列
单元格大小
根据内容自动调整表格(C)
根据窗口自动调整表格(W)
固定列宽(N)

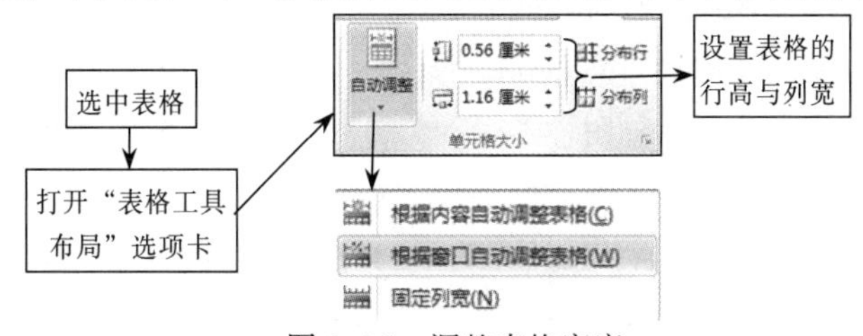

图 2-34　调整表格宽度

任务拓展

1. 拆分表格

用户可以将创建的一个表格拆分为多个表格，从而可以分别对表格进行编辑与设置，其具体操作步骤如图 2-35 所示。

将光标置于需要拆分表格的位置处
打开“表格工具 布局”选项卡
合并单元格
拆分单元格
拆分表格
合并

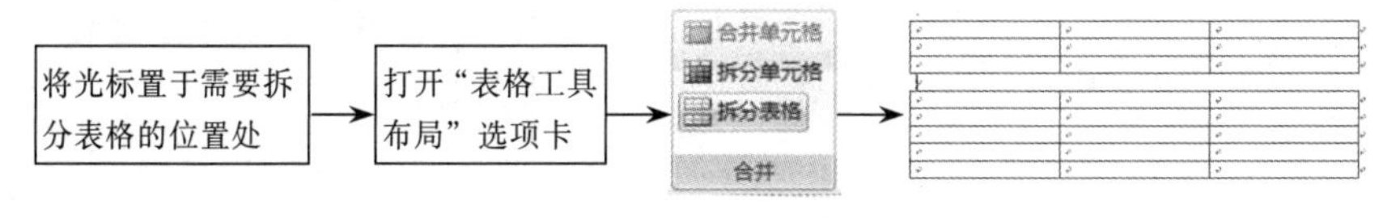

图 2-35 拆分表格

2. 自动套用表格样式

Word 2010 为表格提供了多种内置样式，并提供了“表格样式选项”设置。通过“表格样式”组中的相关设置，可以方便用户制作美观、实效的表格。设置表格样式的具体操作步骤如图 2-36 所示。

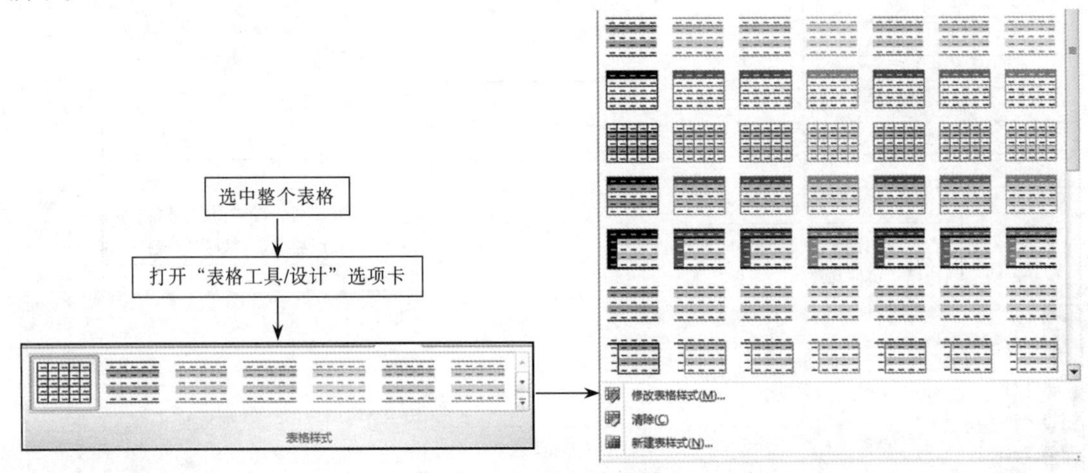

图 2-36 自动套用表格样式

3. 设置表格底纹

用户可以根据需要自行设置表格的底纹效果，制作出符合个人风格的表格。设置表格底纹的操作步骤如图 2-37 所示。

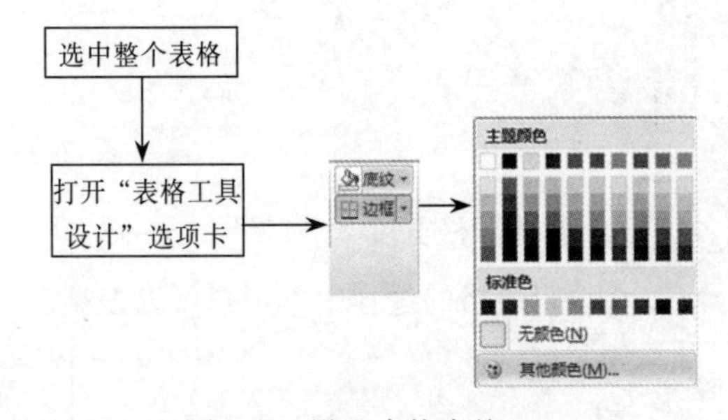

图 2-37 设置表格底纹

4. 文本转换成表格

对于规范化的文字，即每项内容之间以特定的字符（如段落标记、制表位）间隔，Word 可以将其转换成表格，其具体操作步骤如图 2-38 所示。

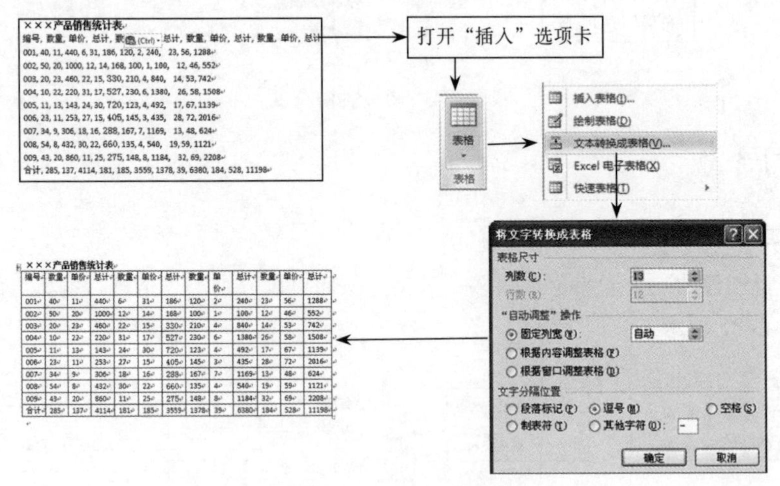

图 2-38 文本转换成表格

5．表格转换为文本

将表格转换为文本是将文字转换成表格的逆操作，其具体操作步骤如图 2-39 所示。

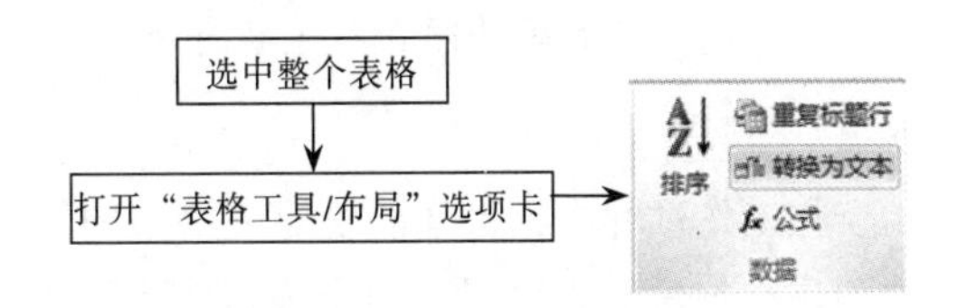

图 2-39　表格转换为文本

6．使用公式进行计算

Word 表格能够实现简单计算功能。缺点是只能逐项进行计算，且当参与运算的数值发生变化时，计算的结果不能实时更新。因此若计算量较大时，一般不采用 Word 进行，而是选择 Excel 实现。

（1）Word 中常用的公式

- =AVERAGE（运算范围）：计算指定范围内各单元格中数字的平均值。
- =MIN（运算范围）：求指定范围内各单元格中数字的最小值。
- =MAX（运算范围）：求指定范围内各单元格中数字的最大值。
- =PRODUCT（运算范围）：计算指定范围内各单元格数字的乘积。
- =SUM（运算范围）：计算指定范围内各单元格中数字的和。

（2）Word 中常用的运算范围

- LEFT：在当前行中，当前单元格左边的所有数字单元格。
- RIGHT：在当前行中，当前单元格右边的所有数字单元格。
- ABOVE：在当前行中，当前单元格上边的所有数字单元格。
- BELOW：在当前行中，当前单元格下边的所有数字单元格。

（3）Word 中常用的运算符

- “:”：引用运算符。当计算的数据是连续区域时，用“:”标识起点和终点。
- “,”：引用运算符。当计算的数据不相邻时用“,”分开。
- “%”：百分比。
- “+”和“-”：加和减
- “*”和“/”：乘和除

（4）Word 中使用公式的方法

其具体操作步骤如图 2-40 所示。

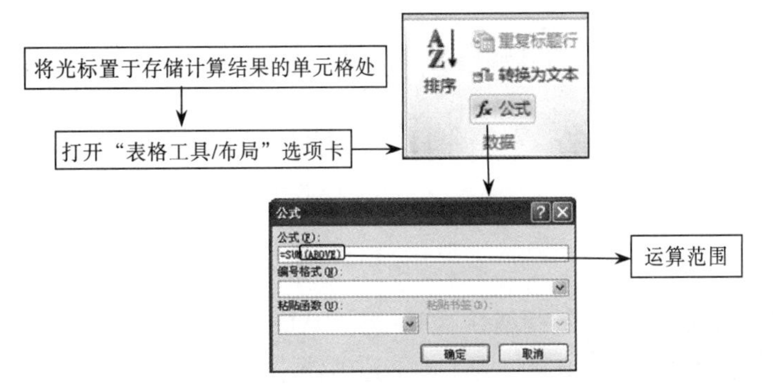

图 2-40　使用公式进行表格计算

注：输入公式时必须在英文状态进行。

7．排序

在工作过程中，常常需要对表格中的数据进行排序，在 Word 2010 中可对表格中某个指定的列进行排序，也可以对两个或者多个列进行排序。对表格中的数据进行排序的具体操作步骤如图 2-41 所示。

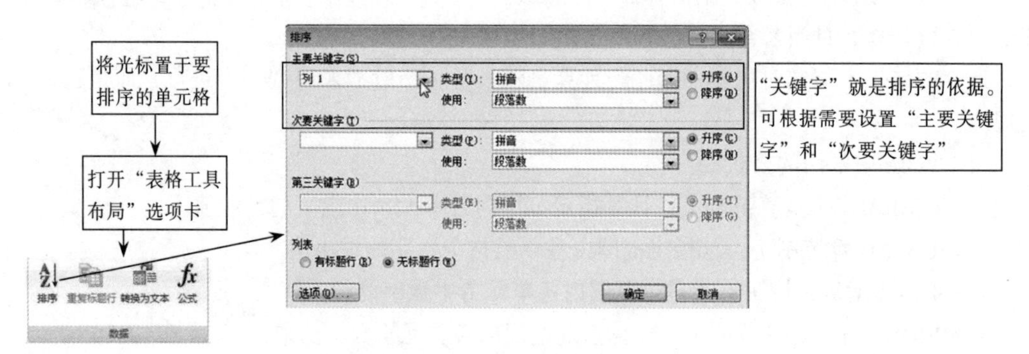

图 2-41 表格数据排序

技能训练

到了年终总结的时候，某公司要求职工制作公司今年的产品销售统计表，具体样式如图 2-42 所示。

产品销售统计表

编号	日用品系列			健身系列			文具用品系列			家用电器系列		
	数量	单价	总计	数量	单价	总计	数量	单价	总计	数量	单价	总计
001	40	11	440	6	31	186	120	2	240	23	56	1288
002	50	20	1000	12	14	168	100	1	100	12	46	552
003	20	23	460	22	15	330	210	4	840	14	53	742
004	10	22	220	31	17	527	230	6	1380	26	58	1508
005	11	13	143	24	30	720	123	4	492	17	67	1139
006	23	11	253	27	15	405	145	3	435	28	72	2016
007	34	9	306	18	16	288	167	7	1169	13	48	624
008	54	8	432	30	22	660	135	4	540	19	59	1121
009	43	20	860	11	25	275	148	8	1184	32	69	2208
合计	285	137	4114	181	185	3559	1378	39	6380	184	528	11198

图 2-42 产品销售统计表

任务三 制作“招聘海报”

任务描述

“E 时代”餐厅因规模扩张，欲招纳新员工入职，从底层培养自己的管理团队。除正常招聘宣传外，拟在每张餐桌上张贴招聘海报。为了能够达到较好的效果，特要求职员制作招聘海报，最终效果如图 2-43 所示。

图 2-43 招聘海报

任务分析

海报是一种信息传递艺术，是一种大众化的宣传工具。海报具有相当的号召力与艺术感染力，要调动形象、色彩、构图、形式感等因素，形成强烈的视觉效果，海报常用于文艺演出、运动会、故事会、展览会、家长会、节庆日、竞赛游戏等。招聘海报必须确保主题醒目，图文并茂。

流程设计

- 招聘海报文档的建立；
- 设置页面与背景；
- 绘制形状；
- 插入图片；
- 插入艺术字；
- 使用文本框输入文字；
- 插入 SmartArt 图形；
- 打印招聘海报。

任务实现

一、页面设置与页面背景

页面设置主要包括修改页边距、设置纸张、设置版式、设置文档网格等内容。

1．设置纸张

纸张大小选择上，要充分考虑文件最终使用的场合。本任务中“招聘海报”需要放在餐桌上，因此不宜过大，选择 A4 纸型即可。

2．设置页边距

由于此类文件上的全部内容均是采用插入对象的形式完成，因此页边距多大不会对文件最终效果有任何影响，无须进行设置。只需在设计时，经常通过“打印预览”命令反复查看设计内容是否正常显示在屏幕上即可。

3．设置页面背景

给文档添加适当的背景，可以令文档具有更好的视觉效果。Word 2010 中文版提供了许多颜色作为背景，还可以将图案、图片等作为背景，具体操作步骤如图 2-44 所示。

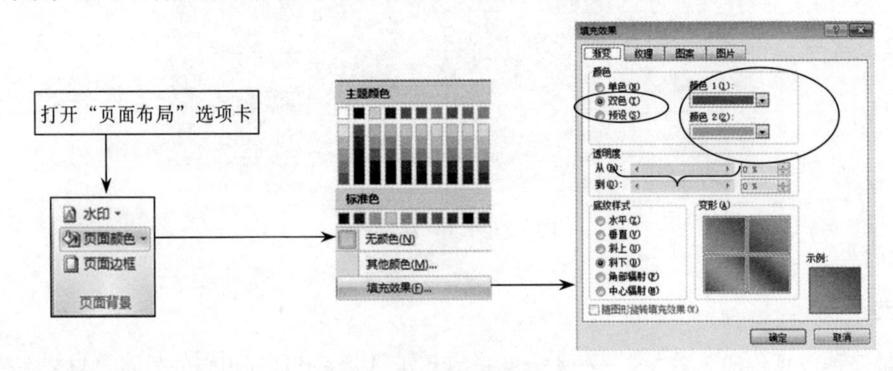

图 2-44 设置页面背景

4．设置页面边框

用各种艺术型的花纹作页面边框，不仅可以使内容清晰、美观，还会使整张海报产生非常醒目的艺术效果，具体操作步骤如图 2-45 所示。

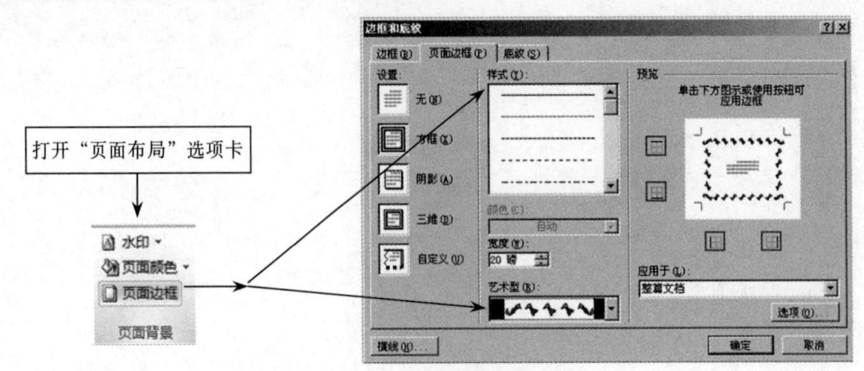

图 2-45 设置页面边框

二、绘制与编辑形状

1. 绘制形状

Word 2010 提供了多种类型的形状，如“线条”“基本形状”“标注”等，具体操作步骤如图 2–46 所示。

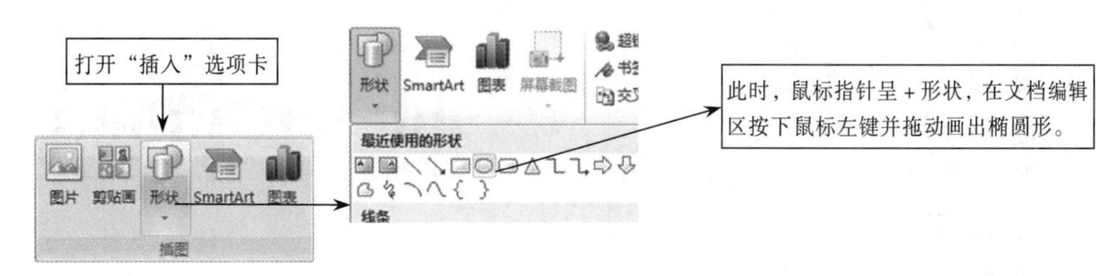

图 2–46 绘制形状设置

2. 设置形状格式

Word 中所有对象的格式设置方法都是相同的，都可以通过命令或“设置形状格式”对话框完成。其具体操作步骤如图 2–47 所示。

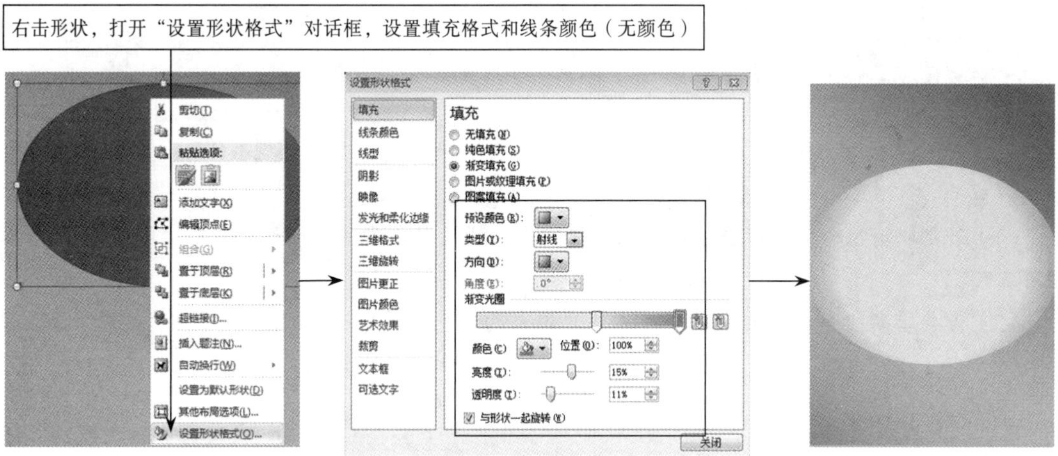

右击形状，打开“设置形状格式”对话框，设置填充格式和线条颜色（无颜色）

图 2–47 设置形状格式

3. 编辑形状

在 Word 2010 中，可以为形状添加阴影效果，其具体操作步骤如图 2–48 所示。

4. 设置叠放次序

为了设置形状的效果，需要对形状进行有效的排列，其主要有六种方式，其中，“置于顶层”、“上移一层”与“浮于文字上方”的结果基本相同，“置于底层”、“下移一层”和“衬于文字下方”的结果基本相同，其具体操作步骤如图 2–49 所示。

5. 实现组合

将对象进行组合后，将成为一个新的操作对象，若要调整大小、位置时，只需操作组合对象，其具体操作步骤如图 2–50 所示。

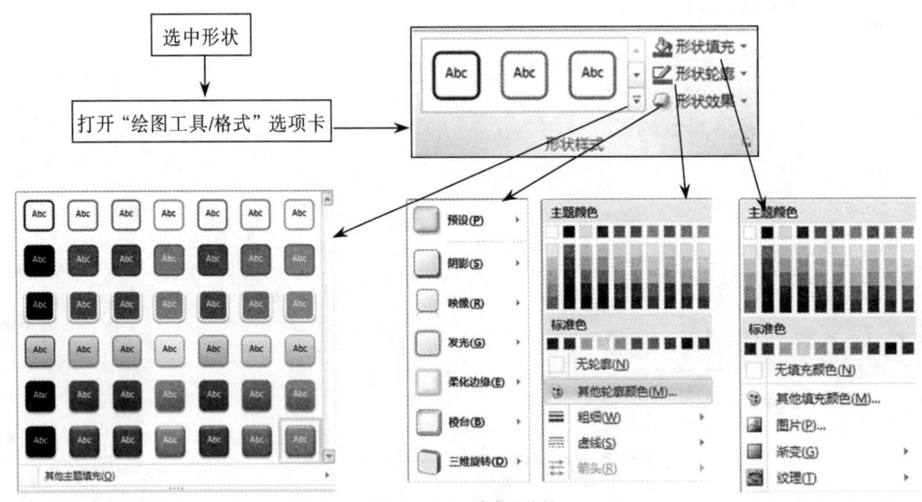

图 2-48　编辑形状

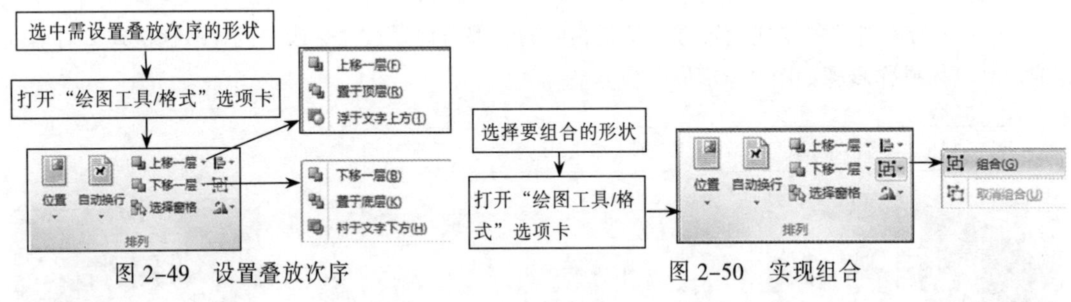

图 2-49　设置叠放次序　　　　图 2-50　实现组合

注意：

（1）若要取消组合，则右击组合对象，在弹出的快捷菜单中选择“组合”→“取消组合”命令即可。

（2）若要重新组合，则右击组合对象，在弹出的快捷菜单中选择“组合”→“重新组合”命令即可。

三、插入和编辑图片

1．插入图片

在文档中插入的图片，其来源可以是计算机中已有的任意一张图片，也可以是 Word 2010 自带的“剪贴画”中的图片。其具体操作步骤如图 2-51 所示。

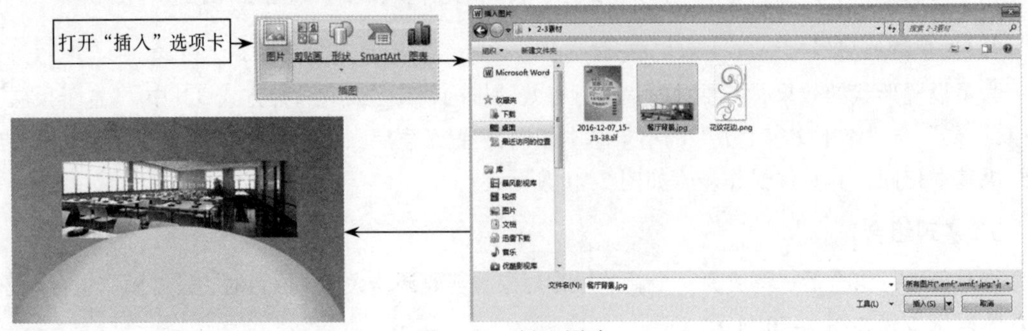

图 2-51　插入图片

2．设置图片大小

插入的图片需要进行不同程度的缩放，才能满足用户的操作需求。其具体操作步骤如图 2–52 所示。

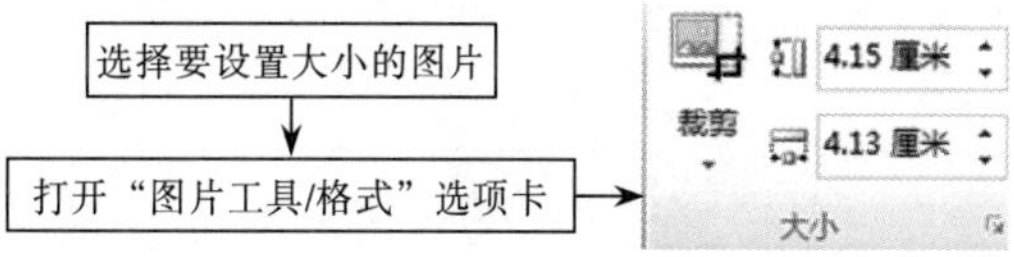

选择要设置大小的图片

打开“图片工具/格式”选项卡

图 2–52　设置图片大小

3．设置图片自动换行

在 Word 中，图片的自动换行有嵌入型、四周型、紧密型、衬于文字下方、浮于文字上方等。嵌入型的图片，可以随文字内容的变化而移动；其余环绕方式的图片会相对固定在文档中的某个位置上，并且不会随文字内容的变化而移动。其具体操作步骤如图 2–53 所示。

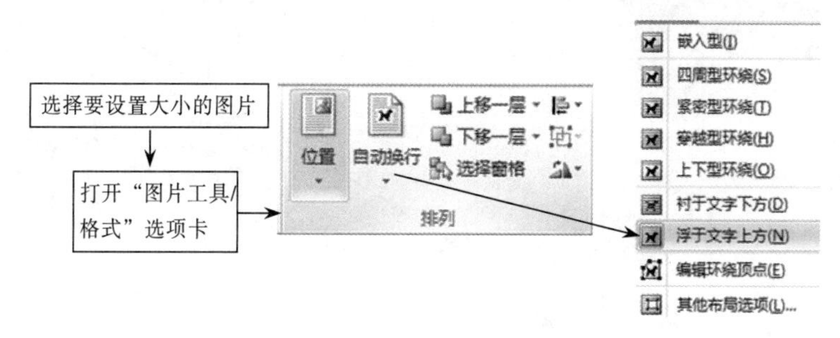

图 2–53　设置图片自动换行

4．应用图片内置样式

Word 2010 为插入的图片提供了多种内置样式，通过该样式，可以快速设置图片的外观，其具体操作步骤如图 2–54 所示。

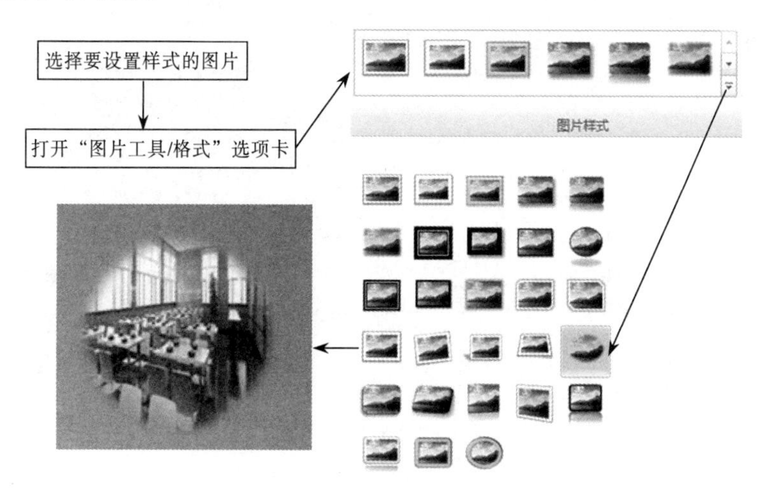

图 2–54 设置图片样式

5．裁剪图片

如果需要对插入的图片进行裁剪，用户不需要使用专业的图形图像处理工具裁剪，在 Word 中便可轻松实现，其具体操作步骤如图 2–55 所示。

6．旋转图片

使用图片时，若需要调整图片的角度，可以使用“旋转”命令来设置，也可以使用“旋转句柄”来设置。其具体操作步骤如图 2-56 所示。

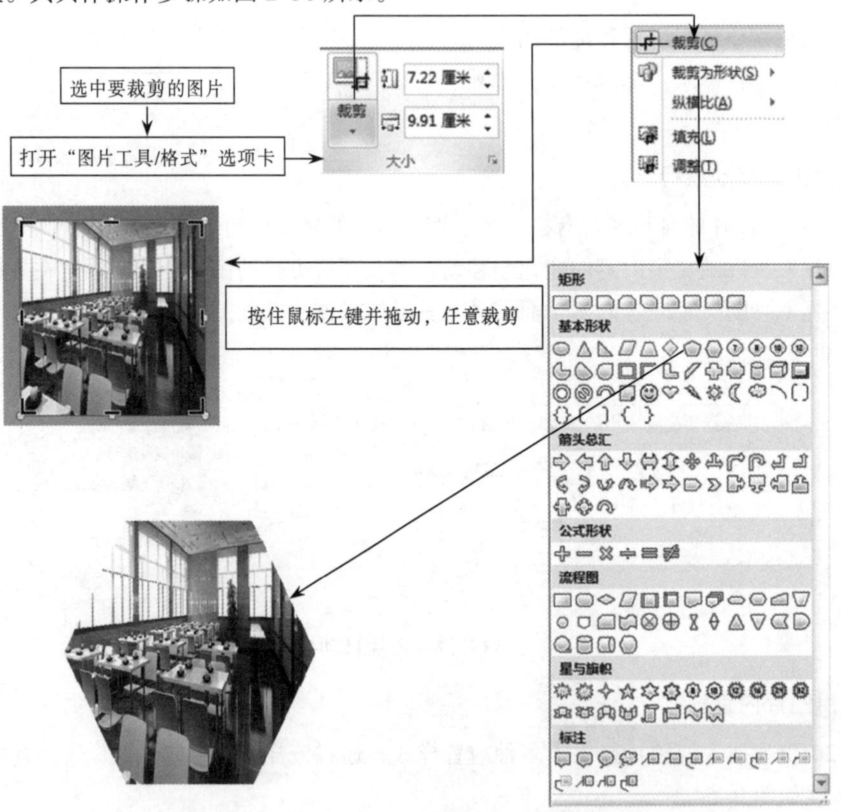

图 2-55 裁剪图片

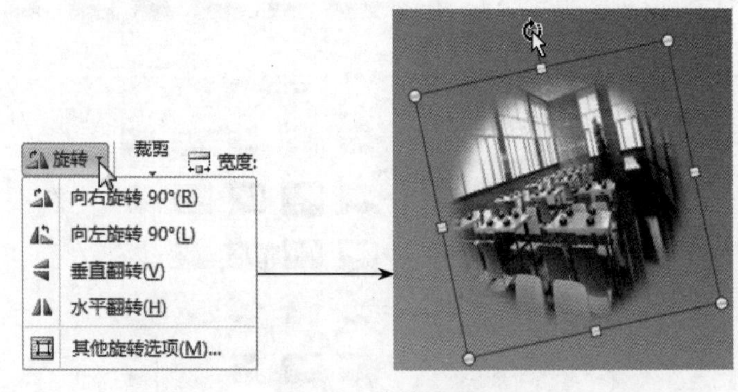

图 2-56 旋转图片

四、插入与编辑艺术字

1. 插入艺术字

使用艺术字，不仅能美化文档，还能突出文档的主题。在文档中插入艺术字“E 时代”，具体操作步骤如图 2-57 所示。

2. 编辑艺术字

插入艺术字后，选项卡菜单栏中会新增“绘图工具/格式”选项卡，通过该选项卡，可以对插入的艺术字进行编辑。设置艺术字的样式操作步骤如图 2-58 所示。

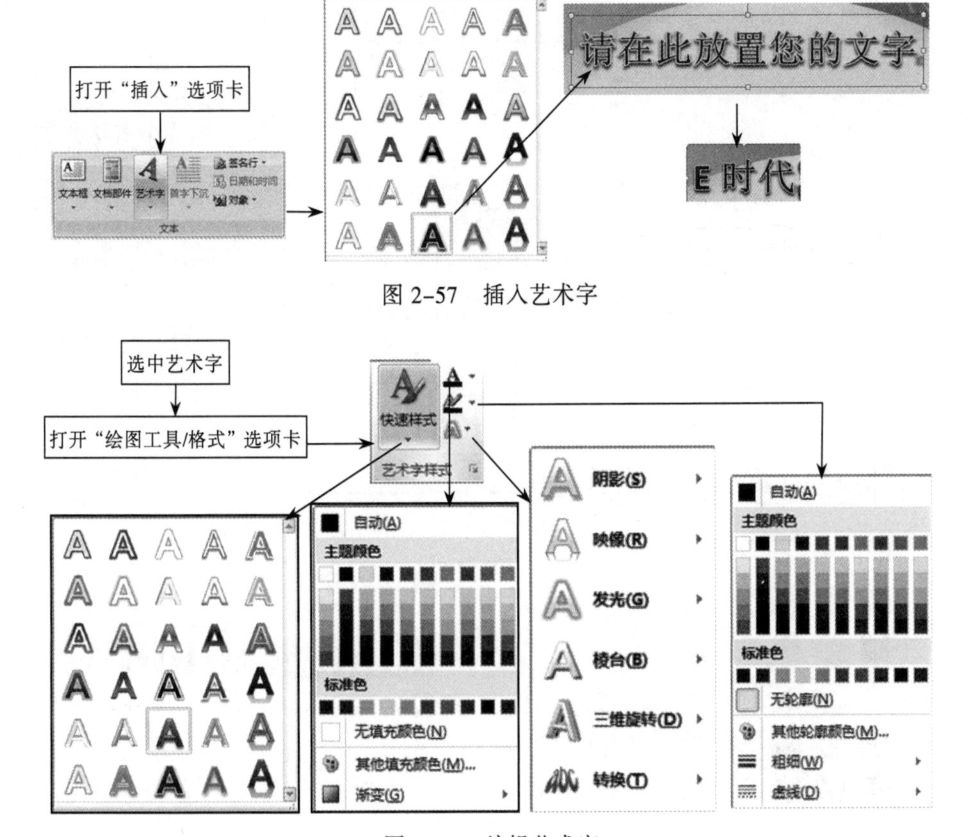

图 2-57　插入艺术字

图 2-58　编辑艺术字

五、插入与编辑文本框

通过文本框，可以在文档中的任意位置插入文本。

1. 插入文本框

在 Word 2010 中插入文本框分为手动绘制和自动插入两种方式，手动插入文本框的操作步骤如图 2-59 所示，自动插入 Word 提供的内置文本框样式的具体操作步骤如图 2-60 所示。

2. 编辑文本框

插入文本框后，可以设置其大小、填充颜色及围绕方式，具体操作步骤如图 2-61 所示。

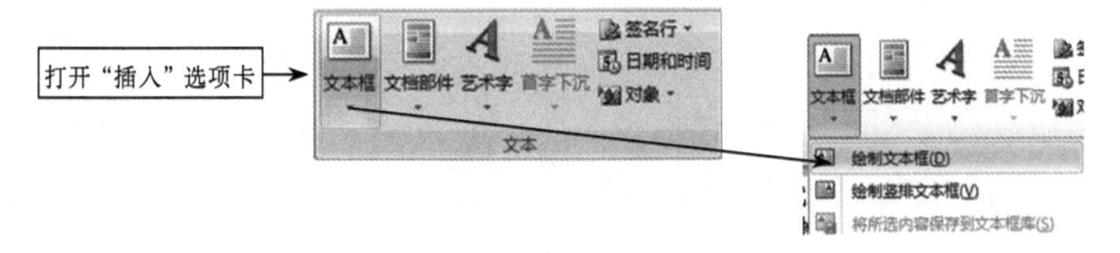

图 2-59　手绘文本框

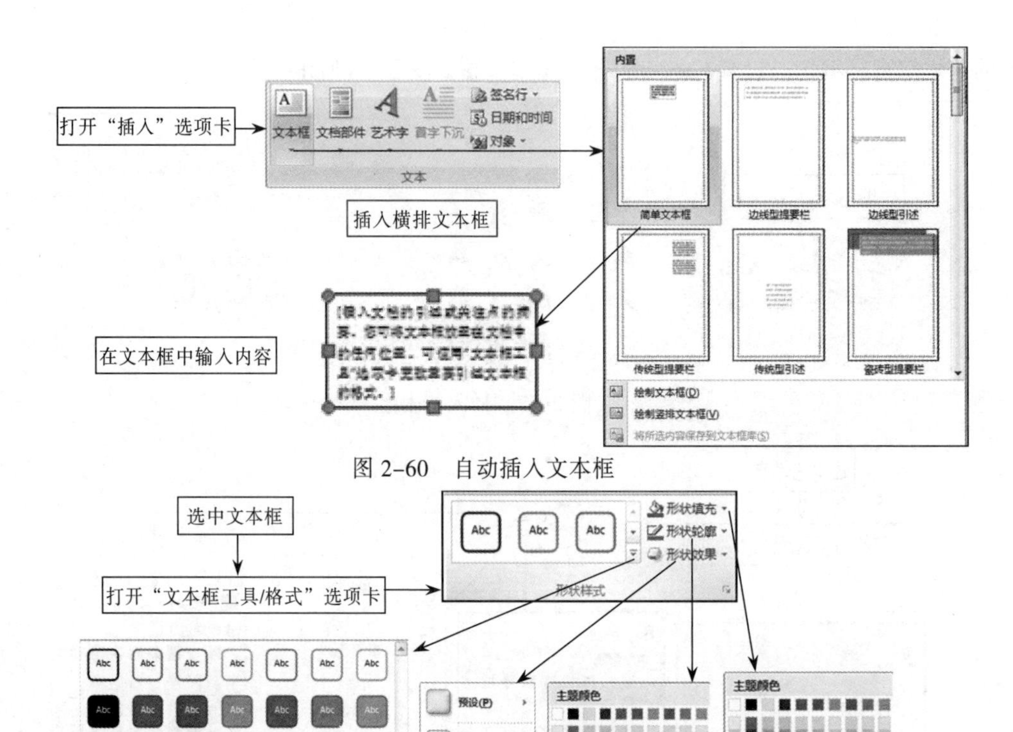

图 2-60　自动插入文本框

图 2-61　编辑文本框

六、绘制 SmartArt 图形

SmartArt 图形可以使得文字之间的关联性更加清晰、生动，若在文案、报告中使用，能够使图文别具一格，让人眼前一亮。

1. 插入 SmartArt 图形

通过“插入”选项卡插入 SmartArt 图形，其操作步骤如图 2-62 所示。

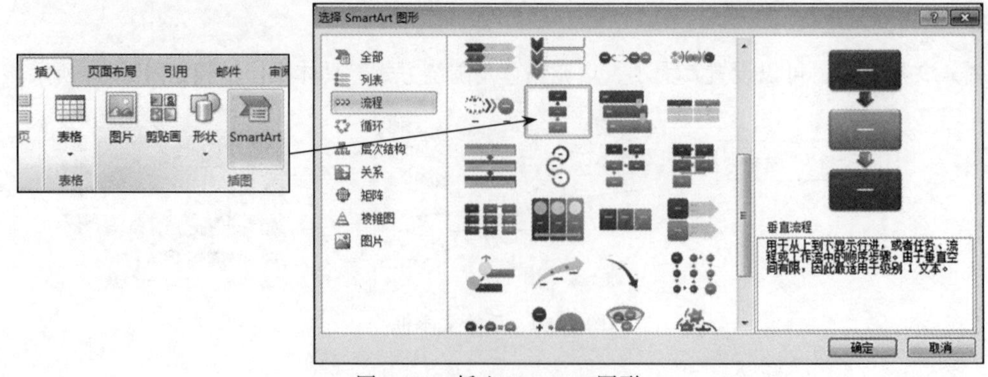

图 2-62　插入 SmartArt 图形

2. 添加删除形状

默认的 SmartArt 图形中的形状数量有限，当需要添加形状时，可右击形状，选择在前后添加形状，如图 2-63 所示，删除形状时，只需选中形状后单击“Del”键即可。

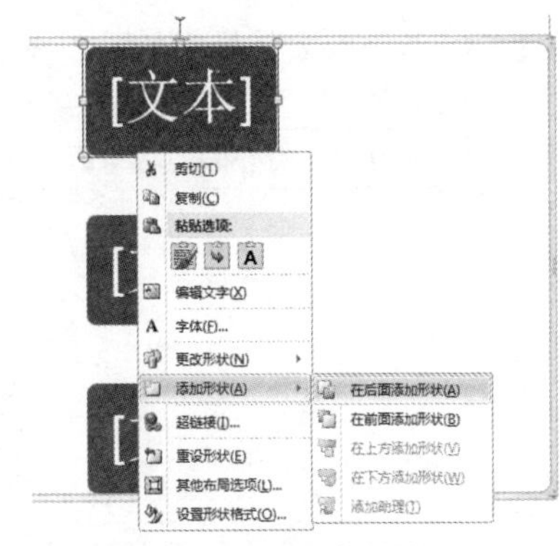

图 2-63 添加形状

3. 设置 SmartArt 图形样式

SmartArt 图形可以通过“SmartArt 工具\设计”中的“SmartArt 样式”来快速设置其样式，如图 2-64 所示。

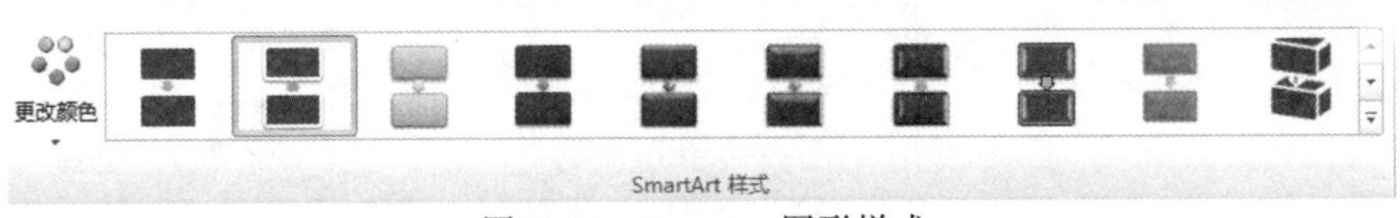

图 2-64 SmartArt 图形样式

七、打印招聘海报

Word 中打印海报类文档时，需要注意：如果想将背景色也打印在纸上，那么需要对 Word 的环境变量进行设置，否则，在打印预览时就看不到海报的背景色。其具体操作步骤如图 2-65 所示。

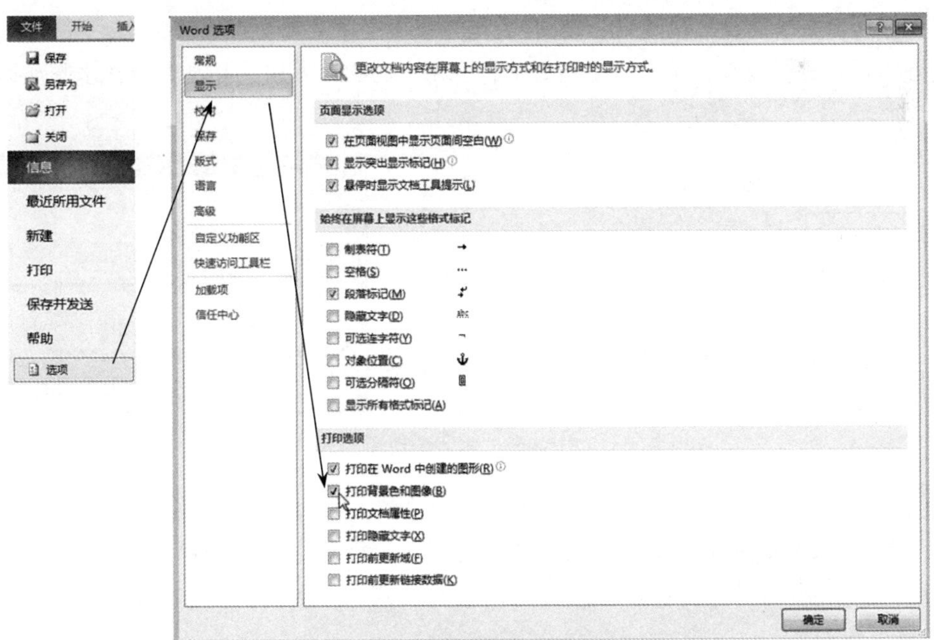

图 2-65 设置打印环境变量

1. 插入剪贴画

Word 2010 自带了许多剪贴画，被收集在剪辑库中，用户可以很方便地调用这些剪贴画来丰富文档内容。其具体操作如图 2-66 所示。

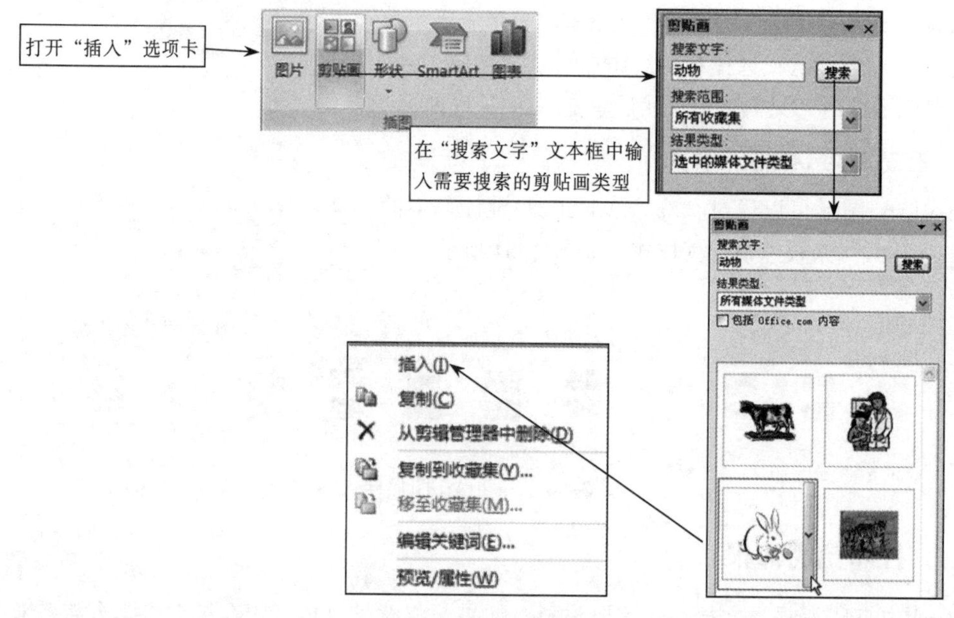

图 2-66　插入剪贴画

2. 水印的使用

用户可以为文档设置水印效果，Word 为用户提供了图片和文字水印效果，用户可以选择合适的水印样式进行设置，从而使文档更加符合用户的制作要求，其具体操作步骤如图 2-67 所示。

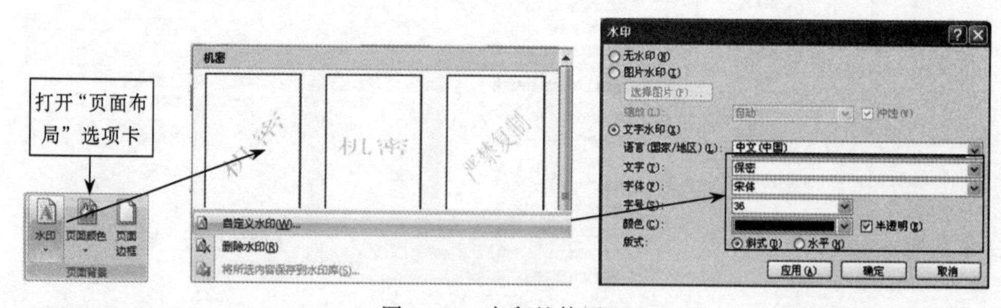

图 2-67　水印的使用

3. 插入公式

如果在编辑文档的过程中需要输入复杂的数学公式，可通过 Word 专为用户提供的“公式”功能实现。用户利用该功能可以输入各类复杂的数学公式，具体操作如图 2-68 所示。

4. 输出 PDF

PDF 是一种固定版式的电子文件格式，可以保留文档格式并支持文件共享。PDF 格式可确保在联机查看或打印文件时，完全保持预期格式，且文件中的数据不会轻易地被更改。此外，PDF 格式对于使用专业印刷方法进行复制的文档十分有用。其具体操作步骤如图 2-69 所示。

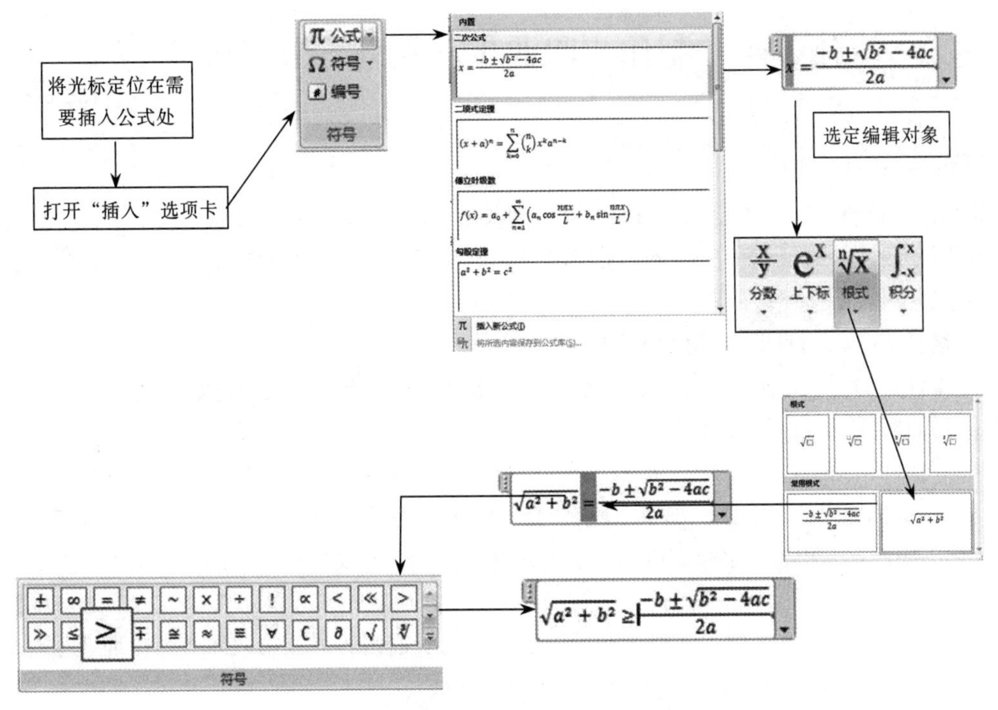

图 2-68 插入公式

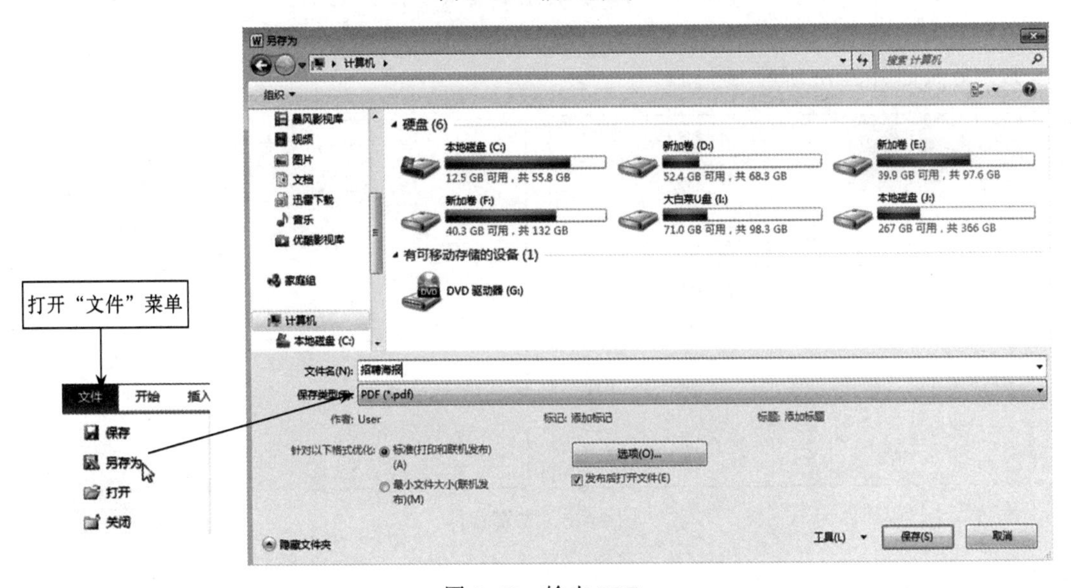

图 2-69 输出 PDF

技能训练

校园商店为迎圣诞，近期欲开展大促销活动。请为校园商店制作一幅促销活动宣传海报。主题要鲜明，具体内容自定，版式自定。

任务四　制作“职业生涯规划”大赛稿件

任务描述

某高校近期将开展在校大学生职业生涯规划大赛，要求按如下排版要求上交“职业生涯规划”大赛参赛打印稿件一份。学生小张欲参加本次大赛，需要对整体稿件重新排版，以符合大赛要求。排版要求如下：

① 稿件用 A4 纸打印，页边距为默认值。

② 稿件由封面、扉页、目录、正文组成。每部分单独成页，正文中每章单独成页。

③ 封面版式自定；目录设三级目录。

④ 字体和段落：除封面外，从正文开始，文中一级标题三号、黑体、加粗、居中、段后间距 1 行；二级标题宋体、小四、加粗、段后间距 0.5 行、行距固定值 28、首行缩进 2 字符；三级标题宋体、小四、加粗、行距固定值 28、首行缩进 2 字符；正文宋体、小四、行距固定值 28、首行缩进 2 字符。

⑤ 页眉：封面没有页眉；从扉页开始添加页眉。页眉内容为“第四届大学生职业生涯规划大赛参赛作品”。页眉居中显示，下框线为 0.5 磅双实线。

⑥ 页码：封面和扉页没有页码；目录页码用罗马数字表示，从“Ⅰ”开始；正文页码用阿拉伯数字表示，从“1”开始。

最终效果如图 2-70 所示。

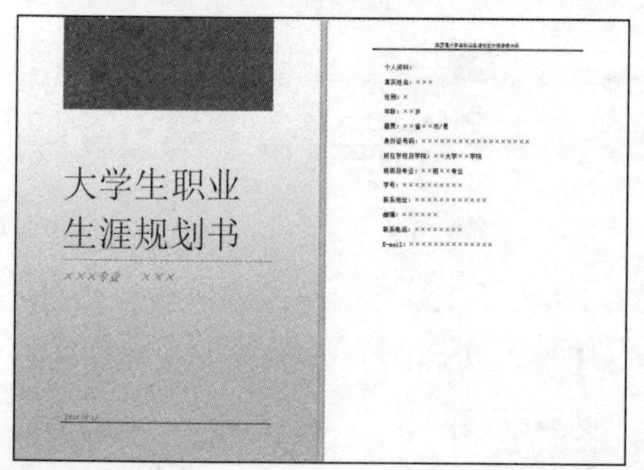

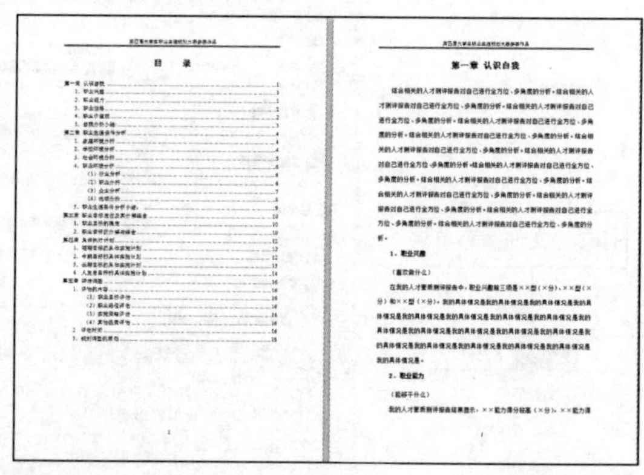

图 2-70　参赛稿件

任务分析

作为使用场合较为正式的长篇电子文档，如论文、教材、规划、总结等，基本都是由封面、扉页、目录、正文组成，有些文章还有摘要等内容。Word 针对这类排版要求，可以高效完成排版设计。

流程设计

- 打开原始稿件，设置纸张大小；

- 用分隔符进行断页；
- 应用样式对正文进行排版；
- 制作封面；
- 插入页眉与页脚；
- 制作目录；
- 将稿件打印输出。

任务实现

一、设置页面布局

若文章里包含复杂排版，那么在设置纸张大小后，务必设置“应用于”为“整篇文档”（见图 2-71），否则可能会出现前后页的纸张大小不一致问题。

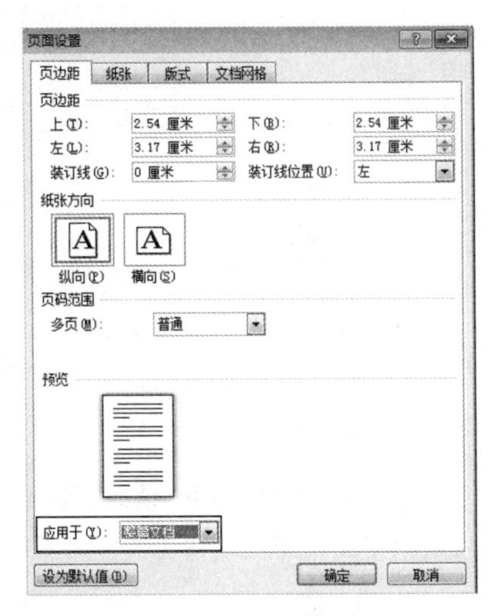

图 2-71　设置页面布局

二、用分隔符进行断页

Word 排版中忌讳边录入文字边排版，一般情况下均先录入文字，然后统一排版。此项要求，尤其适用于长篇文章。因此，要想正确排版，首先需要通过命令，使每部分内容分开，即人为断页。

人为断页操作在长篇文章排版中非常关键，后续的页眉页码是否正确，就取决于人为断页时插入的分隔符是否正确。

Word 中分隔符分为两大类，一类是分页符，另一类是分节符，都是用于人为断页。其具体操作的方法相同，但作用不同。二者的区别在于，必须预先判断前后页的页眉、页码之间的关系。如果前后页的页眉、页码格式及内容均相同，则在两页间插入分页符；如果前后页的页眉、页码在格式或内容上有不同，则在两页间插入分节符。

在本任务中，封面没有页眉、页码，而扉页有页眉，所以两页间应插入分节符；扉页没有页码，而目录有页码，所以在两页间插入分节符；目录页码用罗马数字表示，而正文第一章的页码用阿拉伯数字表示，所以在两页间插入分节符；第一章和第二章之间，页眉、页码在格式和内容上完全相同，所以在两章间插入分页符。

断页的具体操作步骤如图 2-72 所示。全部操作完成后，可以在“草稿”视图中，查看插入的内容是否正确，如图 2-73 所示。

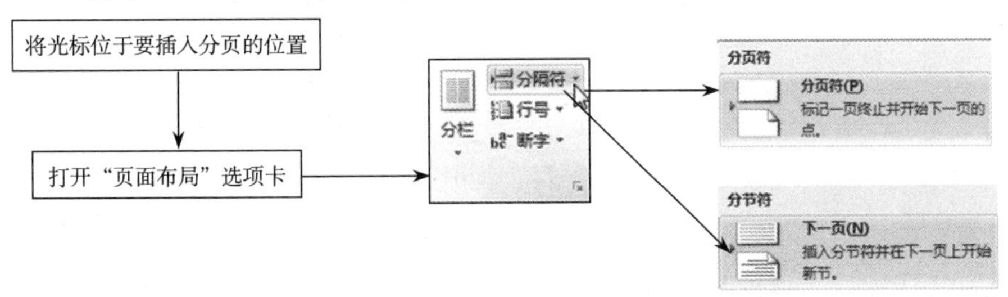

图 2-72　插入分页符、分节符

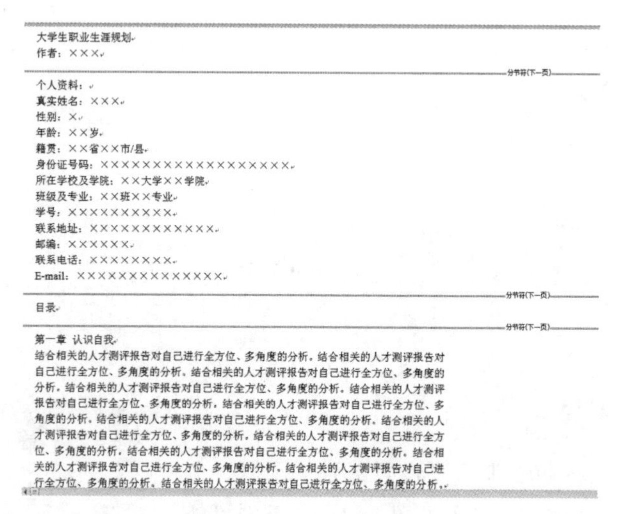

大学生职业生涯规划

作者：×××

分节符(下一页)

个人资料：

真实姓名：×××

性别：×

年龄：××岁

籍贯：××省××市/县

身份证号码：××××××××××××××××××

所在学校及学院：××大学××学院

班级及专业：××班××专业

学号：××××××××××

联系地址：××××××××××××

邮编：××××××

联系电话：××××××××

E-mail：×××××××××××××

分节符(下一页)

目录

分节符(下一页)

第一章 认识自我

结合相关的人才测评报告对自己进行全方位、多角度的分析。结合相关的人才测评报告对自己进行全方位、多角度的分析。结合相关的人才测评报告对自己进行全方位、多角度的分析。结合相关的人才测评报告对自己进行全方位、多角度的分析。结合相关的人才测评报告对自己进行全方位、多角度的分析。结合相关的人才测评报告对自己进行全方位、多角度的分析。结合相关的人才测评报告对自己进行全方位、多角度的分析。结合相关的人才测评报告对自己进行全方位、多角度的分析。结合相关的人才测评报告对自己进行全方位、多角度的分析。结合相关的人才测评报告对自己进行全方位、多角度的分析。结合相关的人才测评报告对自己进行全方位、多角度的分析。结合相关的人才测评报告对自己进行全方位、多角度的分析。

图 2-73　查看分隔符

三、应用样式

样式是 Word 中最重要的排版工具。应用样式，可以直接将文字和段落设置成事先定义好的格式。方便长篇文章排版，也有利于后期统一对排版格式进行修改。

1．新建样式

样式是 Word 应用的精髓，其本身自带了许多样式，然而不一定满足工作的具体需要。因此，可以根据操作需要，新建符合要求的样式，具体操作步骤如图 2-74 所示。

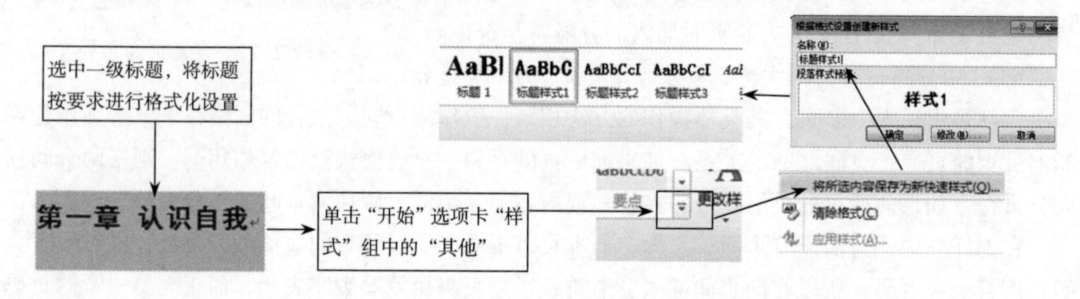

图 2-74　新建样式

2．应用样式

应用样式的具体操作步骤如图 2-75 所示。

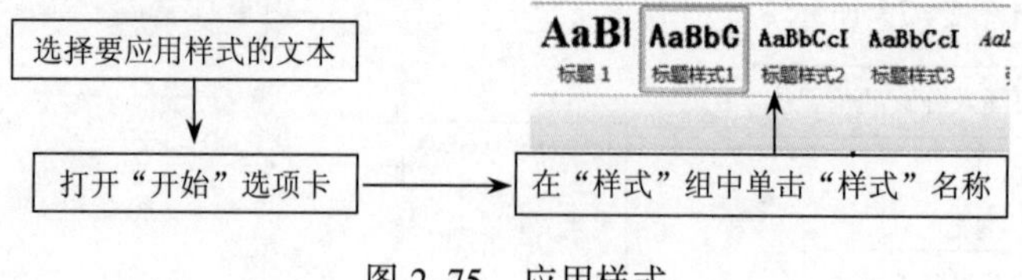

图 2-75　应用样式

3．修改样式

对已应用样式的文本进行格式修改时，不需要逐段更改每段的格式，仅需更改样式的格式，这就可对全部应用于此种样式的文本进行格式更新。其具体操作步骤如图 2–76 所示。

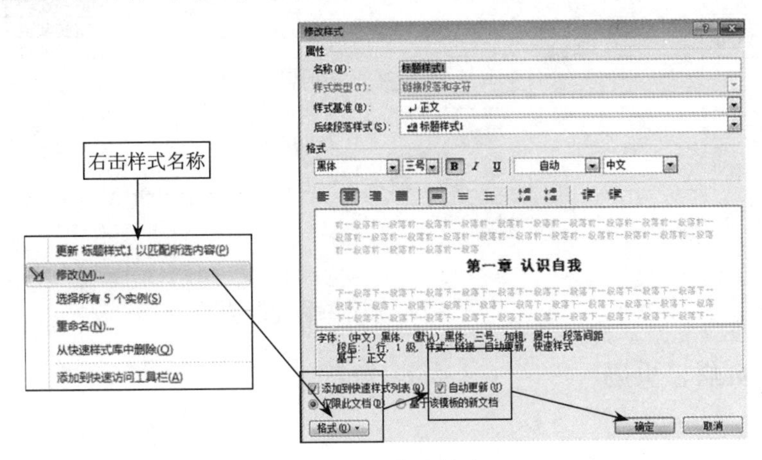

图 2–76　修改样式

4．删除样式

对于不再需要使用的样式，可以将其删除，具体操作步骤如图 2–77 所示。

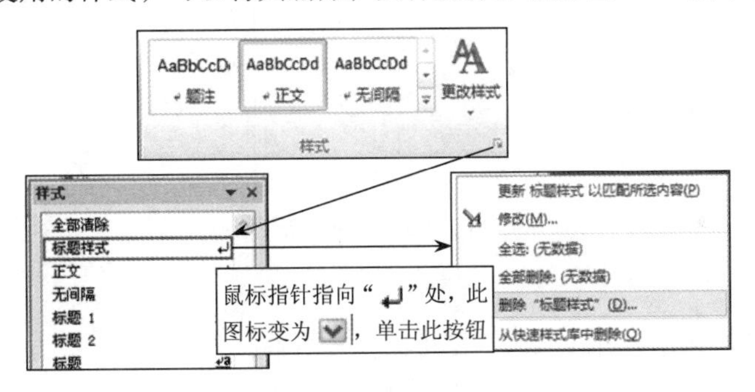

图 2–77　删除样式

5．清除文本样式

在文本操作中，如果想清除某个样式的格式，重新进行格式化设置，则可以通过“清除格式”命令来实现，具体操作如图 2–78 所示。

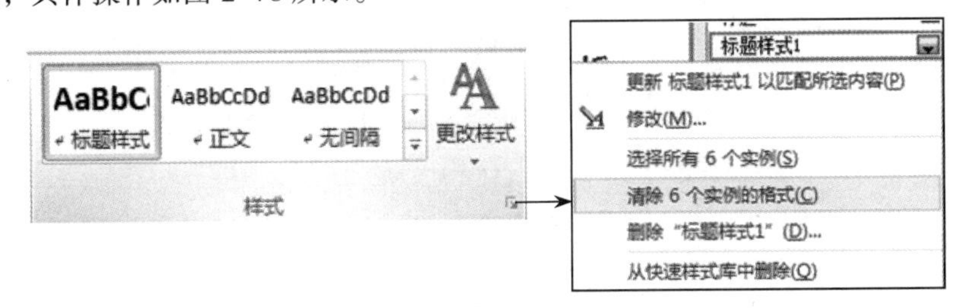

图 2–78　清除文本样式

四、制作封面

Word 2010 为用户新增了插入封面页功能，用户可以为制作的文档插入 Word 自带的封面页内容，并根据需要对封面页进行编辑，从而使制作的文档更加完善，其具体操作步骤如图 2–79 所示。

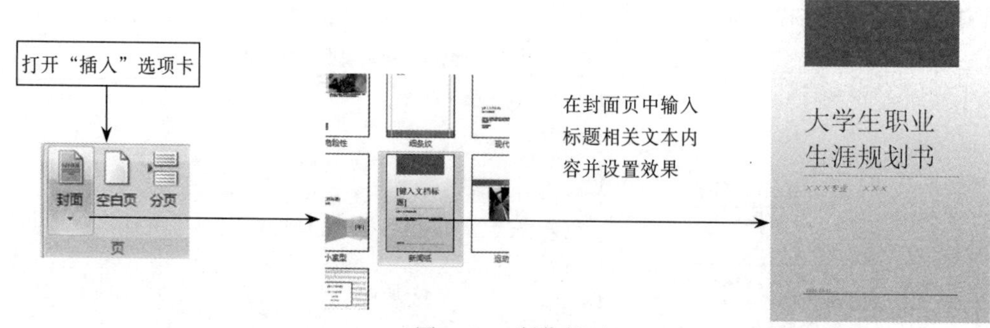

图 2-79　制作封面

五、插入页眉、页码

1. 插入页眉

Word 提供了多种内置的页眉和页脚样式，用户可以直接套用这些样式对文档的页眉和页脚内容进行编辑。其中，插入页眉的操作步骤如图 2-80 所示。

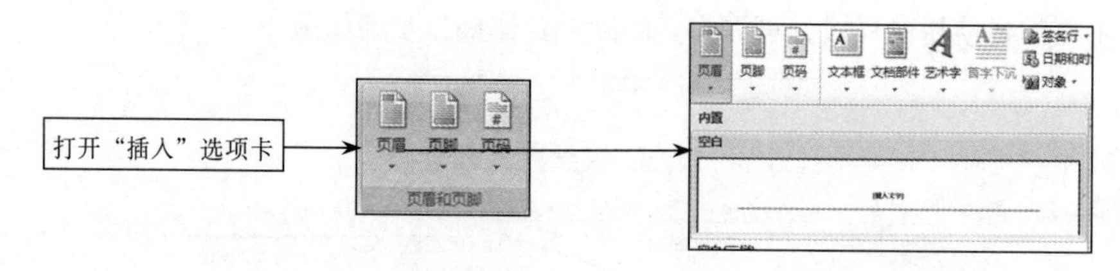

图 2-80　插入页眉

2. 插入页码

当用户需要处理的文档内容较长时，则可以为文档添加页码内容，以方便用户对文档内容查看。如果为文档插入目录，则页码显得尤为重要。在为文档插入页码时，可以根据需要在文档页面顶端、页面底端或页边距位置插入，还可以根据需要设置插入页码的格式，从而使文档达到最佳效果。在文档中为各页插入页码的操作步骤如图 2-81 所示。

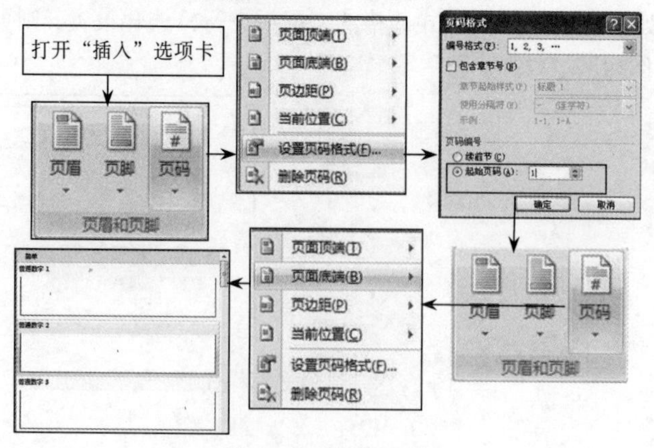

图 2-81　插入页码

3. 断开"页眉""页码"链接

Word 中"页眉"和"页码"都是连续显示的，若要删除、更改某页页眉或页码，而保留其他页的页眉、页码时，在进行删除操作前，需将前后页之间的页眉、页码关系断开，具体操作步骤如图 2-82 所示。

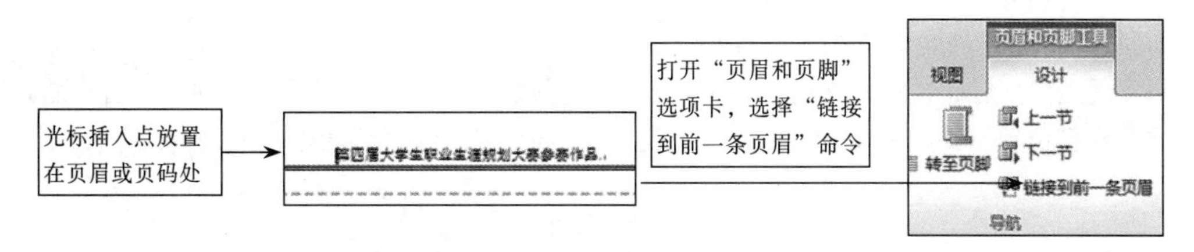

图 2-82 取消前后页之间页眉、页码链接

六、制作目录

利用自动编制目录的功能可以在文档中快速生成目录，当文档内容发生变化页码改变时，只需要更新目录，就可在目录上正确显示文章页码。创建目录的具体操作步骤如图 2-83 所示。更新目录如图 2-84 所示。

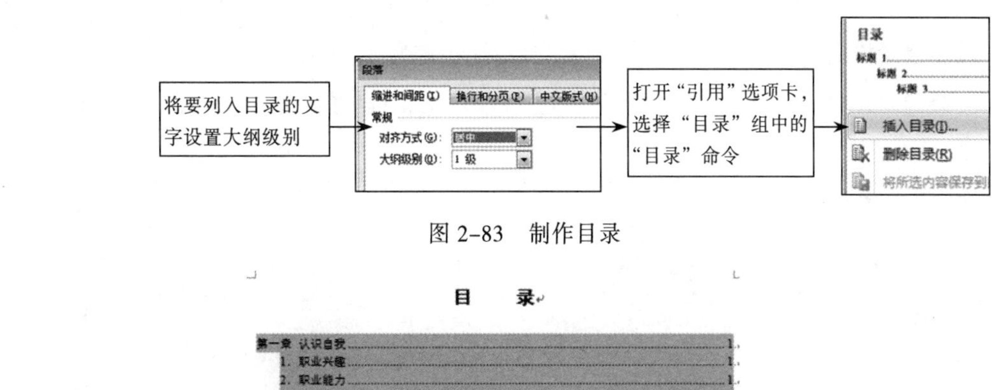

图 2-83 制作目录

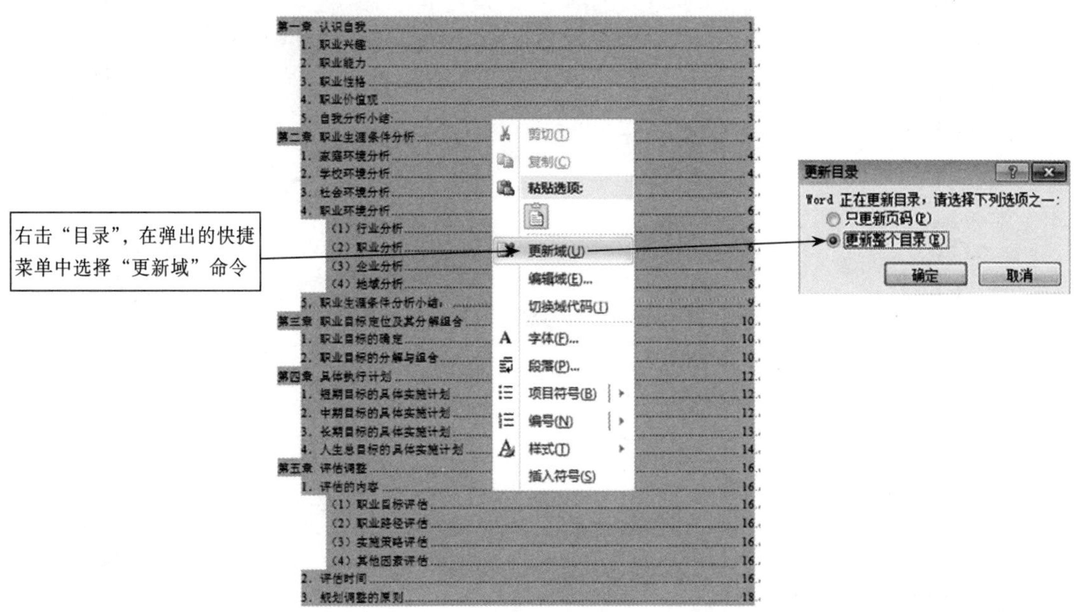

图 2-84 更新目录

任务拓展

1．插入特殊页眉、页码格式

可以通过“页眉和页脚工具”中“首页不同”“奇偶页不同”来设置页眉、页码。若页眉和页码在同一水平位置上，则可以通过插入页码位置来实现。其具体操作步骤如图 2-85 所示。

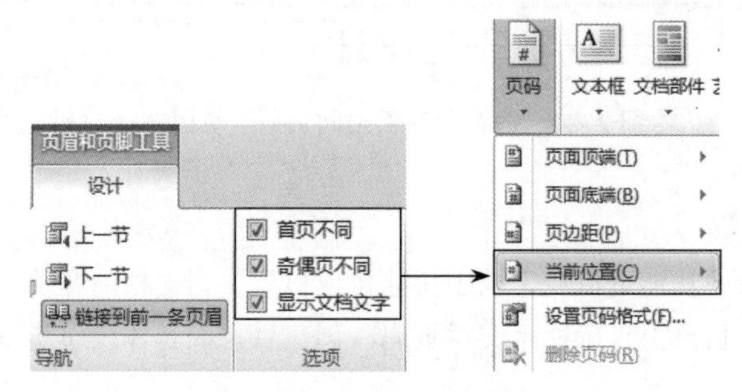

图 2-85　特殊页码格式插入

2．设置目录格式

若需要对目录的格式进行设置，则可以通过“目录”对话框中的“选项”按钮实现，如图 2-86 所示。

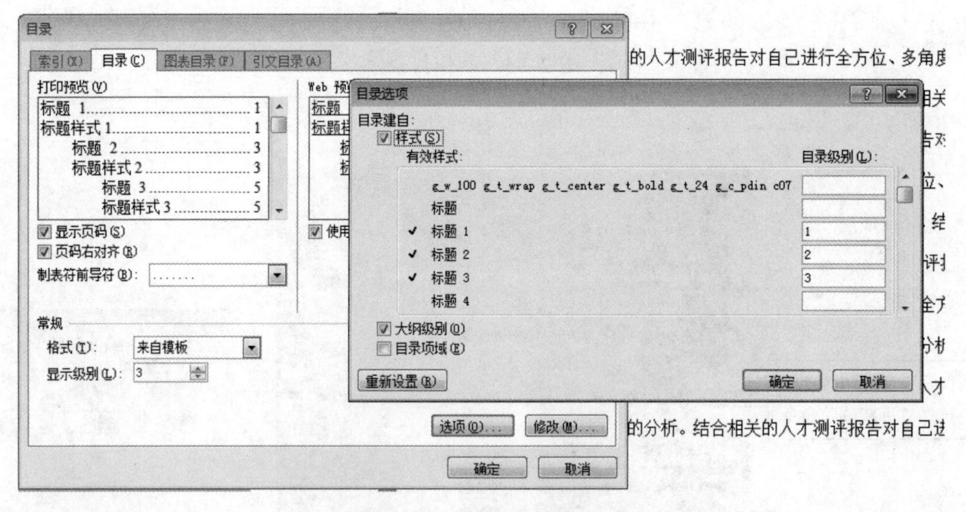

图 2-86　更改目录格式

技能训练

《毕业生就业推荐表》是毕业生提供给用人单位的主要推荐材料，是毕业生择业阶段用来证明身份及基本情况的有效凭证。本任务要求制作一个毕业生就业推荐表，以此将个人在校期间的表现进行总结和展示，具体内容如图 2-87 所示。

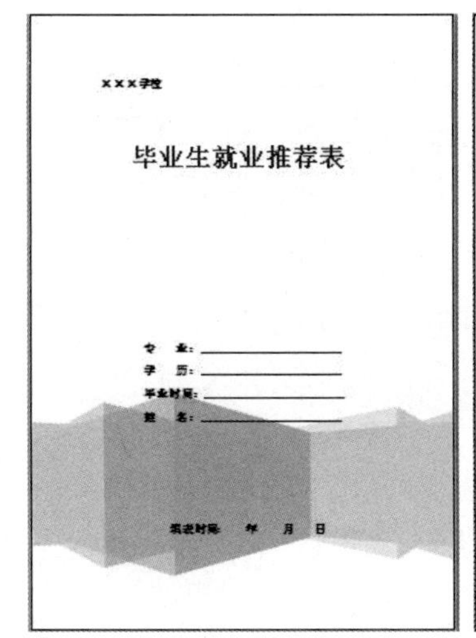

×××学校

毕业生就业推荐表

专 业：

学 历：

毕业时间：

姓 名：

填表时间： 年 月 日

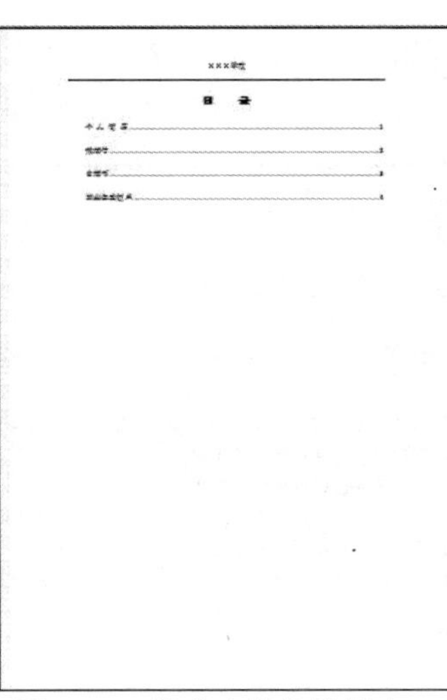

×××学校

目 录

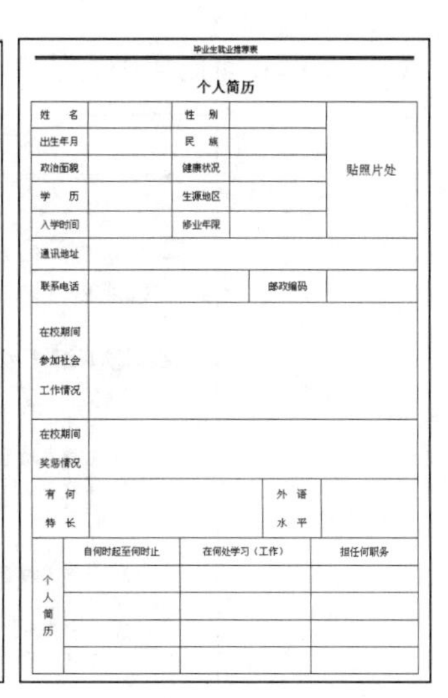

毕业生就业推荐表

个人简历

<table>
<tr><td>姓 名</td><td></td><td>性 别</td><td></td><td rowspan="5">贴照片处</td></tr>
<tr><td>出生年月</td><td></td><td>民 族</td><td></td></tr>
<tr><td>政治面貌</td><td></td><td>健康状况</td><td></td></tr>
<tr><td>学 历</td><td></td><td>生源地区</td><td></td></tr>
<tr><td>入学时间</td><td></td><td>修业年限</td><td></td></tr>
<tr><td>通讯地址</td><td colspan="4"></td></tr>
<tr><td>联系电话</td><td colspan="2"></td><td>邮政编码</td><td></td></tr>
<tr><td>在校期间参加社会工作情况</td><td colspan="4"></td></tr>
<tr><td>在校期间奖惩情况</td><td colspan="4"></td></tr>
<tr><td>有何特长</td><td colspan="2"></td><td>外语水平</td><td></td></tr>
<tr><td rowspan="5">个人简历</td><td>自何时起至何时止</td><td colspan="2">在何处学习（工作）</td><td>担任何职务</td></tr>
<tr><td></td><td colspan="2"></td><td></td></tr>
<tr><td></td><td colspan="2"></td><td></td></tr>
<tr><td></td><td colspan="2"></td><td></td></tr>
<tr><td></td><td colspan="2"></td><td></td></tr>
</table>

图 2-87 毕业生就业推荐表

技能综合训练

训练一 制作书稿

1. 新建一个 Word 文档，以“1 书稿”命名，在此文件中输入如下文字：

打开已有的文档

如果想再次编辑以前的文档，就需要将该文档再次打开，打开的方法有三种，具体操作如下：

上机操作 打开已有的文档

方法一：

单击菜单栏中的“文件”/“打开”命令，弹出“打开”对话框。

在弹出的“打开”对话框中选择需要的文档。

单击对话框中的打开按钮即可将文件打开。

方法二：

单击“常用”工具栏中的“打开”按钮，也可弹出“打开”对话框。

在弹出的“打开”对话框中选择需要的文档，再单击打开按钮将文件打开即可。

方法三：

打开资源管理器窗口。

在“资源管理器”窗口中选择需要打开的文档。

2. 将上面文字排版成如图 2-88 所示格式。

3. 排版设置提示：

（1）页面：纸张大小、页边距。

（2）标题：字体、字号、对齐方式。

（3）正文：字体、字号、字形、首行缩进、行间距、段后间距、项目符号、右缩进、段落底纹。

（4）插入页眉：页眉文字字体、字号、对齐方式、下框线样式、粗细。

（5）页码：页码居中，从5开始。

WORD的使用

2-1-1 打开已有的文档

如果想再次编辑以前的文档，就需要将该文档再次打开，打开的方法有三种，具体操作如下：

◆ 上机操作 打开已有的文档

✧ 方法一：
(1) 单击菜单栏中的【文件】/【打开】命令，弹出【打开】对话框。
(2) 在弹出的【打开】对话框中选择需要的文档。
(3) 单击对话框中的打开按钮即可将文件打开。
✧ 方法二：
(1) 单击【常用】工具栏中的【打开】按钮，也可弹出【打开】对话框。
(2) 在弹出的【打开】对话框中选择需要的文档，再单击打开按钮将文件打开即可。
✧ 方法三：
(1) 打开资源管理器窗口。
(2) 在【资源管理器】窗口中选择需要打开的文档。

图2-88 书稿样式

训练二 制作岗位招聘通知

1. 新建一个Word文档，以“2岗位招聘通知”命名，在此文件中输入如下文字：

关于岗位招聘的通知

所属各部门：

根据本公司创新工程试点二期工作方案和岗位招聘安排，拟在10月下旬集中进行一次创新岗位、项目聘用岗位和职员岗位招聘，现将具体实施意见通知如下：

一、岗位招聘职数

创新研究员：1-2名；项目研究员：2-3名；创新副研究员：1名；创新中初级：3-5名；四级职员：1名；五级职员1名。

二、应聘条件

创新研究员严格按“关于首批创新研究员岗位招聘实施细则”公布的应聘条件。

项目研究员原则上按“关于首批创新研究员岗位招聘实施细则”公布的应聘条件，但年龄放宽到50岁以下，学历放宽到本科及以上。

创新副研究员和中初级研究岗位按“首批创新副研究员以下科研岗位招聘实施细则”公布的应聘条件。科研系统新进项目聘用人员应聘中、初级创新岗位应聘人员必须具有硕士以上学位，且项目聘用1年以上才具备应聘资格。

四级职员应聘条件：

1. 具有大学本科及以上学历；

2. 任五级职员四年以上或副高职务五年以上，目前在职员岗位工作；

3. 主持过某一部门的工作一个届次(4年)以上；

4. 有较高的政策理论水平和文字、语言表达能力和解决问题的能力；

5. 能系统地掌握本部门需要的专门业务知识和方法，能拟定部门工作中、长期计划，并能负责组织实施。

五级职员应聘条件：

1. 具有大学本科及以上学历；

2. 任六级职员三年以上或副高专业职务二年以上，目前在职员岗位；

3. 独立承担过多项管理岗位的工作，或主持过科研课题工作；

4. 具有较好的文字表达、组织管理、协调能力和较强的分析研究综合能力；

5. 能系统地掌握本职管理工作需要的专门业务知识和方法，并能指导下属工作。

三、应聘报告及答辩

应聘报告按个人基本情况、近五年主要工作业绩、申请应聘岗位及现有工作基础、上岗后的工作设想、论文目录六个部分撰写。

所有应聘者必须准备 PPT 报告文档，应聘副研究员以上岗位和职员岗位，每人作报告 15 分钟以内；应聘中初级岗位，每人作报告 10 分钟以内。

四、时间安排

10 月 21 日前上报应聘材料（11 份）；

10 月 24—25 日：应聘者答辩、评审（具体安排另行通知）。

2. 将上面文字排版成如图 2-89 所示版式。

3. 排版设置提示：

（1）页面：纸张大小、页边距、纸张方向。

（2）标题：字体、字号、对齐方式。

（3）正文：分栏、字体、字号、字形、首行缩进、行间距、段后间距、项目符号、右缩进。

关于岗位招聘的通知

所属各部门：

根据本公司创新工程试点二期工作方案和岗位招聘安排，拟在 10 月下旬集中进行一次创新岗位、项目聘用岗位和职员岗位招聘，现将具体实施意见通知如下：

一、岗位招聘职数

创新研究员：1—2 名；项目研究员：2—3 名；创新副研究员：1 名；创新中初级：3—5 名；

四级职员：1 名；五级职员 1 名。

二、应聘条件

- 创新研究员严格按“关于首批创新研究员岗位招聘实施细则”公布的应聘条件。
- 项目研究员原则上按“关于首批创新研究员岗位招聘实施细则”公布的应聘条件，但年龄放宽到 50 岁以下，学历放宽到本科及以上。
- 创新副研究员和中初级研究岗位按“首批创新副研究员以下科研岗位招聘实施细则”公布的应聘条件。科研系统新进项目聘用人员应聘中、初级创新岗位应聘人员必须具有硕士以上学位，且项目聘用 1 年以上才具备应聘资格。
- 四级职员应聘条件：

1、具有大学本科及以上学历；

2、任五级职员四年以上或副高职务五年以上，目前在职员岗位工作；

3、主持过某一部门的工作一个届次(4 年)以上；

4、有较高的政策理论水平和文字、语言表达能力和解决问题的能力；

5、能系统地掌握本部门需要的专门业务知识和方法，能拟定部门工作中、长期计划，并能负责组织实施。

- 五级职员应聘条件：

1、具有大学本科及以上学历；

2、任六级职员三年以上或副高专业职务二年以上，目前在职员岗位；

3、独立承担过多项管理岗位的工作，或主持过科研课题工作；

4、具有较好的文字表达、组织管理、协调能力和较强的分析研究综合能力；

5、能系统地掌握本职管理工作需要的专门业务知识和方法，并能指导下属工作。

三、应聘报告及答辩

应聘报告按个人基本情况、近五年主要工作业绩、申请应聘岗位及现有工作基础、上岗后的工作设想、论文目录六个部分撰写。

所有应聘者必须准备 PPT 报告文档，应聘副研究员以上岗位和职员岗位，每人作报告 15 分钟以内；应聘中初级岗位，每人作报告 10 分钟以内。

四、时间安排

10 月 21 日前上报应聘材料(11 份)；

10 月 24—25 日：应聘者答辩、评审(具体安排另行通知)。

图 2-89 岗位招聘通知版式

训练三 制作人事管理登记表

1. 新建一个 Word 文档，以“3 人事管理登记表”命名，在此文件中制作如图 2-90 所示表格。

2. 排版设置提示：

（1）页面：纸张大小、页边距。

（2）标题：字体、字号、对齐方式。

（3）表格数据：字体、字号、合并单元格、局部调整单元格宽度、照片为一英寸照片尺寸、表格框线、行高、表格对齐方式、单元格对齐方式。

人事管理登记表

<table>
<tr><td>姓　名</td><td></td><td>性　别</td><td></td><td>民　族</td><td></td><td rowspan="3">照
片</td></tr>
<tr><td>出生时间</td><td colspan="3">年　月　日</td><td>婚姻状况</td><td></td></tr>
<tr><td>文化程度</td><td></td><td>健康状况</td><td></td><td>政治面貌</td><td></td></tr>
<tr><td>户口所在地</td><td colspan="3"></td><td>户口性质</td><td colspan="2"></td></tr>
<tr><td>现住址</td><td colspan="3"></td><td>联系电话</td><td colspan="2"></td></tr>
<tr><td>失业证编号</td><td colspan="3"></td><td>身份证号码</td><td colspan="2"></td></tr>
<tr><td rowspan="6">本人简历</td><td>起至年月</td><td colspan="5">在何地何单位学习（何专业）、工作（何岗位）</td></tr>
<tr><td></td><td colspan="5"></td></tr>
<tr><td></td><td colspan="5"></td></tr>
<tr><td></td><td colspan="5"></td></tr>
<tr><td></td><td colspan="5"></td></tr>
<tr><td></td><td colspan="5"></td></tr>
<tr><td>何时何地受过何种专业技术培训</td><td colspan="6"></td></tr>
<tr><td rowspan="5">家庭主要成员情况</td><td>与本人关系</td><td>姓名</td><td colspan="4">在何时何地从事何种职业</td></tr>
<tr><td></td><td></td><td colspan="4"></td></tr>
<tr><td></td><td></td><td colspan="4"></td></tr>
<tr><td></td><td></td><td colspan="4"></td></tr>
<tr><td></td><td></td><td colspan="4"></td></tr>
</table>

图 2-90　人事管理登记表

训练四　制作宣传单

新建一个 Word 文档，以“4 爱眼日宣传单”命名，在此文件中制作如图 2-91 所示宣传单，用一张 A4 纸打印输出，版面自行设定。

图 2-91 爱眼日宣传单

训练五　制作短文

1. 新建一个 Word 文档，以“5 学会修养”命名。在其中以嵌入型插入一个文本框，要求文本框高度 12 cm，宽度 14 cm，填充绿颜色，线条样式为“划线-点”。

2. 在文本框中输入如下文字：

学会修养

修养，指个人在政治、思想、道德品质和知识技能等方面，经过长期锻炼和培养所达到的一种水平。也指逐渐养成的在为人处世方面的正确态度。

中华民族注重修养，修养程度历来是举世著称的。学会修养的意思绝不仅限于外表的修饰，更重要的是内心的修养。

学会修养，要深刻认识进行修养的必要，良好的道德品质不可能与生俱来，只要通过长期的修养才能形成。我们应该按照时代的要求，培养高尚的道德品质。

学会修养，是实现道德规范的关键环节，具有历史的内涵与多层次的结构。在科学昌明的今天，人们的道德观升华到新的境界，但修养却始终是人生的核心内容。谁想成为一个有道德的、有情操的人，谁就必须自觉地进行修养，除此别无他途。

3. 将标题设置为：黑体、三号、居中，段后间距 1.5 行。

4. 将正文中的中文字体设置为小四号仿宋。

5. 将文章正文设置行间距为固定值 20，首行缩进二个字符。

6. 插入艺术字“小品文”，任选一种样式，将此艺术字置于文本框上适当位置，要求不允许遮挡住文本框内文字，不允许超出文本框框线以外。

7. 将正文中“修养”二字设置为“倾斜、加粗”。

8. 将此文件设置为：16 开纸，左右页边距均为 2 cm，上下页边距均为 3 cm。

训练六：制作短文

1. 在桌面上建立一个 Word 文档，以“6 设计原则”命名。打开此文件，在文件中输入如下所示文字：

组织结构设计的原则

组织结构设计应该遵循的原则，可归纳为以下四点：

系统整体原则。主要体现在：

结构完整。组织只有结构完整才能产生必要的功能。要素齐全。管理组织没有要素或要素不全不能构成系统，但并不是越多越好。组织系统一般包括人员、岗位和职务、权力和责任、信息等要素。组织设计时要统筹考虑，做到事事有人管，人人有事干。确保目标。目标是一切管理活动的出发点和落脚点。应按目标要求进行组织设计，即根据目标建立或调整组织结构，按各部门各岗位职务的职能要求确定管理人员的工作量及其应具备的素质，然后选择符合要求的人员。

2. 将标题文字设置为：三号、黑体、蓝色底纹、居中、段后间距 1 行。

3. 将文章正文设置为：宋体、小四、行间距固定值 26 磅、首行缩进 2 字符、段后间距 0.5 行。

4. 将文章第二自然段设置为：楷体、五号、左右缩进 2 字符。

5. 将文章第三自然段首字下沉 2 行，分成二栏、栏间距 2 字符、有分隔线。

6. 将正文中所有“组织”二字设为加粗倾斜。

7. 设置纸张大小为 16 开，上、下、右边距为 2 cm，左边距为 2.5 cm，页眉为 1.75 cm。

8. 为整篇文档加入页眉，页眉内容为“原则”，居中，页眉下框线为双实线。

9. 为文章添加页码，页码底端居中对齐，起始页设为 -3-。

单元三 电子表格设计与制作

基本理论

- 了解 Excel 2010 的操作界面；
- 能够区分工作簿、工作表、单元格；
- 掌握常规数据的输入方式；
- 掌握函数与公式的使用方法；
- 掌握单元格格式的设置方法；
- 掌握基本数据分析方法；
- 掌握图表的使用方法。

基本技能

- 能够创建、打开、保存和打印电子表格；
- 能够对单元格属性进行设置；
- 能够利用自动填充功能填写数据；
- 能够对单元格内数据进行计算；
- 能够对单元格内数据进行排序、筛选和分类汇总；
- 能够根据单元内数据制作图表；
- 能够设计整个电子表格的版面效果。

任务一　制作“学校校历”

任务描述

某校制作 2015 年 2 月至 8 月的校历，其中 4 月 4–6 日清明节放假三天。4 月 30 日–5 月 3 日劳动节放假四天，5 月 4 日正式上课。第 11 周召开学院田径运动会。6 月 20–22 日端午节放假三天。 全程教学 19 周，7 月 18 日学生正式放假，暑假 5 周。学生 8 月 24 日正式开课。

本任务将针对上述时间要求制作校历，对法定假日及特殊事件进行标注，并配备必要的文字说明，具体内容如图 3–1 所示。

××× 学院校历

（2015年2月——2015年8月）

教学周序	星期 日期	一	二	三	四	五	六	日	记　事
	3月					6	7	8	（1）3月6日全体教师正式上班。学生3月9日正式开课。 （2）3月14、15日进行学生的补考工作。 （3）4月4—6日清明节放假三天。 （4）4月30日—5月3日劳动节放假四天，5月4日正式上课。 （5）第11周召开学院田径运动会。 （6）6月20—22日端午节放假三天。 （7）全程教学19周，7月18日学生正式放假，暑假5周。 （8）学生8月24日正式开课。
1		9	10	11	12	13	14	15	
2		16	17	18	19	20	21	22	
3		23	24	25	26	27	28	29	
4	4月	30	31	1	2	3	4	5	
5		6	7	8	9	10	11	12	
6		13	14	15	16	17	18	19	
7		20	21	22	23	24	25	26	
8	5月	27	28	29	30	1	2	3	
9		4	5	6	7	8	9	10	
10		11	12	13	14	15	16	17	
11		18	19	20	21	22	23	24	
12	6月	25	26	27	28	29	30	31	
13		1	2	3	4	5	6	7	
14		8	9	10	11	12	13	14	
15		15	16	17	18	19	20	21	
16		22	23	24	25	26	27	28	
17	7月	29	30	1	2	3	4	5	
18		6	7	8	9	10	11	12	
19		13	14	15	16	17	18	19	
	暑假7月19日-------8月23日								
	8月	24	25	26	27	28	29	30	

图 3-1　校历表

任务分析

校历是学校必备的一种办公文件。由于此类文件需要录入大量有规则的数据，而 Excel 软件具有强大的自动填充数据功能，因此选用 Excel 软件完成该文件省时省力。制作中，要根据具体内容设计好表格所需的行列数量、边框显示形式及单元格合并情况。录入数据后，根据数据具体内容，调整行高与列宽，设置打印整体效果。最后对假期或特殊事件等用特殊颜色标注。

流程设计

- 建立工作簿、工作表；
- 工作表的页面设置；
- 录入数据；
- 工作表格式化设置；
- 打印输出电子表格。

任务实现

一、创建和保存工作簿

1. 启动 Microsoft Excel 2010

工作簿，是指 Excel 中用来处理并存储数据和工作的文件。在默认情况下，一个工作簿文件中包含有 3 个工作表，分别是 Sheet1、Sheet2、Sheet3。在 Excel 中，数据都是以工作表的形式存储在工作簿文件中的，通常一个工作簿最多可以包含 255 个工作表。

在 Excel 2010 中有多种方式创建工作簿。

方法一：其具体操作步骤如图 3-2 所示。

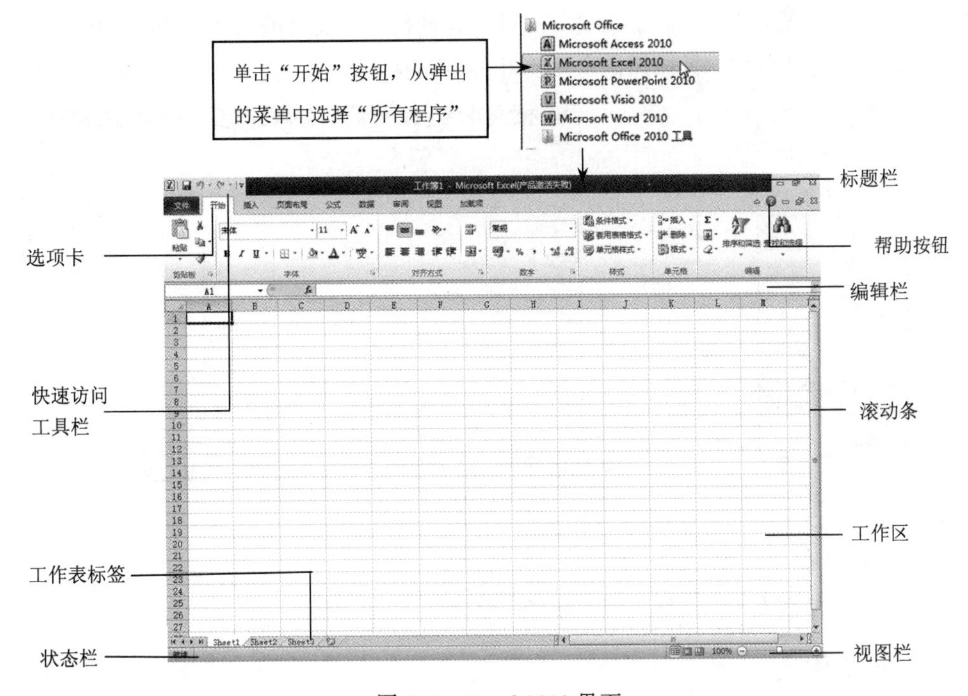

图 3-2 Excel 2010 界面

方法二：双击桌面上的 Excel 2010 快捷方式图标，即可启动 Excel 程序。

方法三：双击已存在的 Excel 工作表，即可启动 Excel 程序，并打开相应的文档内容。

2. 创建工作簿

方法一：启动 Excel 后，系统将自动创建一个空白工作簿，且在标题栏中显示名称“工作簿 1-Microsoft Excel”，若需要另外创建工作簿，其具体操作步骤如图 3-3 所示。

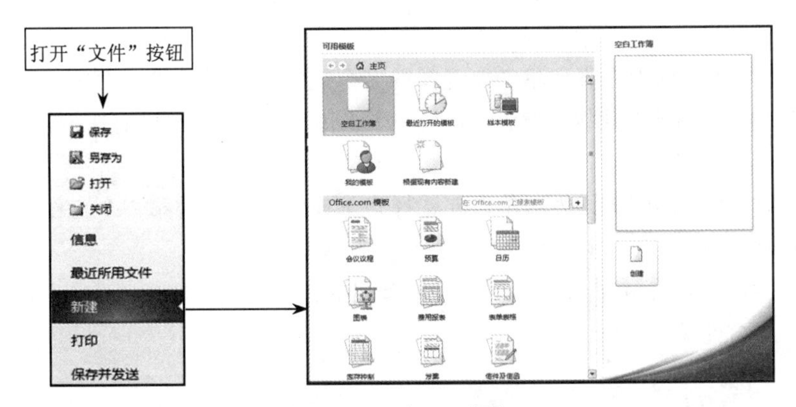

图 3-3 创建新工作簿

方法二：在 Excel 环境下，按“Ctrl+N”组合键可快速创建新的空白工作簿。

3. 保存工作簿

在工作簿设置完成后，需要对其进行保存，便于以后打开和编辑。

方法一：在保存新建工作簿时，要确定文件保存的位置、文件的类型（Microsoft Excel 2010 扩展名为.xlsx）及文件名称，具体操作步骤如图 3-4 所示。

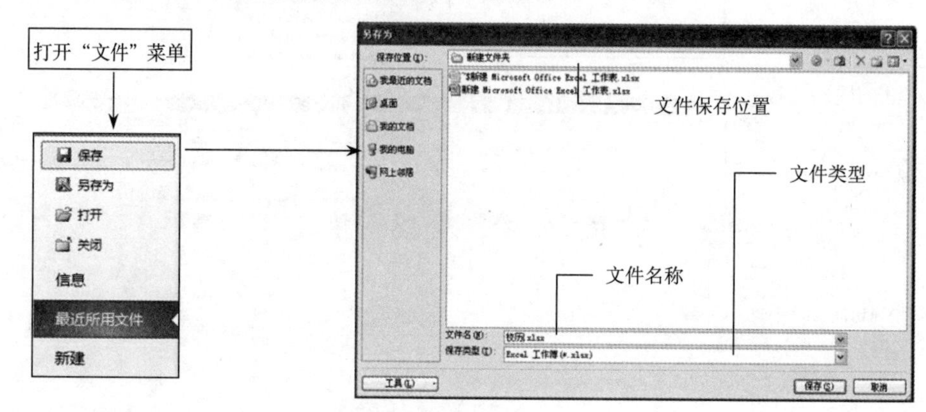

图 3-4　保存文档

方法二：按“Ctrl+S”或“Shift+F12”组合键。

方法三：单击快速访问工具栏中的“保存”按钮。

二、编辑工作表

工作表，又称电子表格，是工作簿的重要组成部分，由 1 048 576 行和 16 384 列构成。每个工作表的行编号用阿拉伯数字标识，即由上而下依次为 1~1 048 576；列编号用英文字母标识，即由左到右依次为 A，…，Z，AA，AB，…，ZZ，AAA，AAB，…，XFD。

1. 选取工作表

在 Excel 2010 中，选取工作表的方法主要有以下几种：

① 选取单个工作表：单击需要选择的工作表标签，如 Sheet1、Sheet2 等，即可选中相应的工作表。

② 选择多个连续的工作表：单击要选择的多个连续工作表的第一个工作表标签，在按住“Shift”键的同时，单击多个连续工作表的最后一个工作表标签，即可同时选中它们之间的所有工作表。

③ 选择多个不连续的工作表：单击要选择多个连续工作表的第一个工作表标签，在按住“Ctrl”键的同时，再分别单击其他要选择的工作表标签即可。

④ 选取所有工作表：右击工作表标签，在弹出的快捷菜单中选择“选定全部工作表”命令即可。

2. 插入工作表

方法一：在默认情况下，一个工作簿包含三张工作表。在实际应用中，可根据需要插入作表，其具体操作步骤如图 3-5 所示。

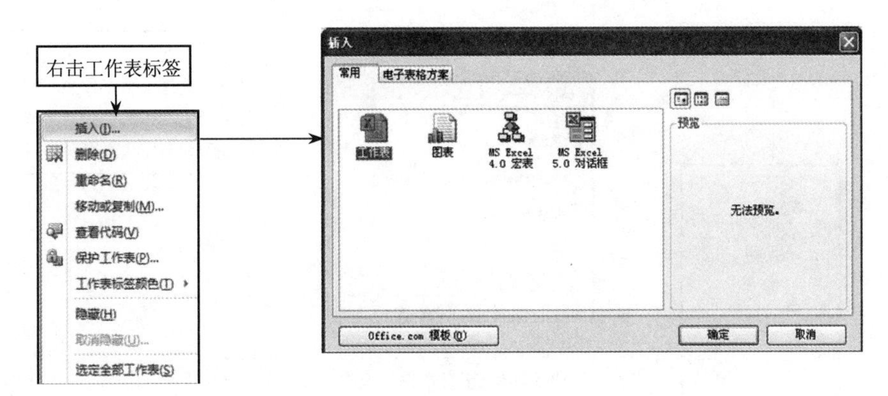

图 3-5　插入工作表

方法二：按“Shift+F11”组合键，也可以快速添加一张空白工作表。

方法三：在“开始”选项卡的“单元格”选项组中单击“插入”按钮，在弹出的下拉菜单中选择“插入工作表”命令。

3．删除工作表

在使用 Excel 2010 制作处理表格的过程中，有时需要删除多余的工作表。

方法一：删除工作表的具体操作步骤如图 3-6 所示。

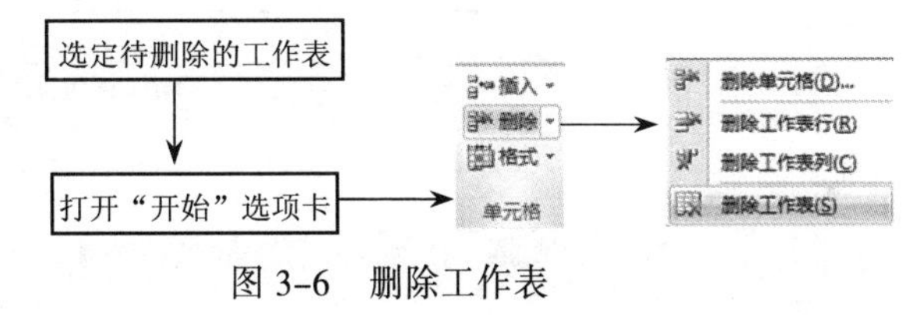

图 3-6　删除工作表

方法二：右击需要删除的工作表标签，在弹出的快捷菜单中选择“删除”命令即可。

4．重命名工作表

工作表默认的标签为 Sheet1、Sheet2 等，有时候为了区分同一个工作簿中的多个工作表，可以对其进行重命名，具体操作步骤如图 3-7 所示。

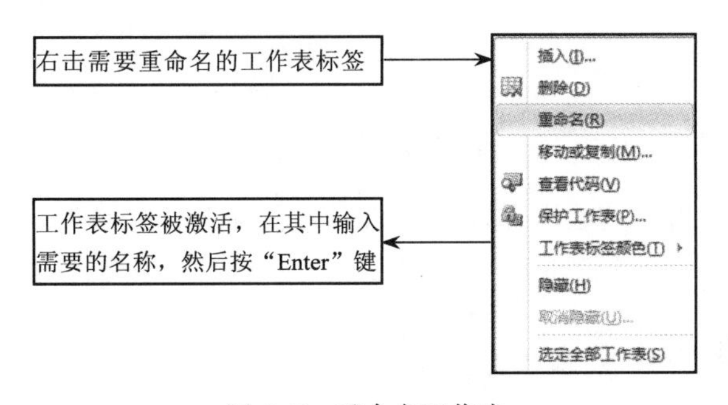

图 3-7　重命名工作表

5．复制或移动工作表

常用的复制或移动工作表操作使用的是菜单法，具体操作步骤如图 3-8 所示。

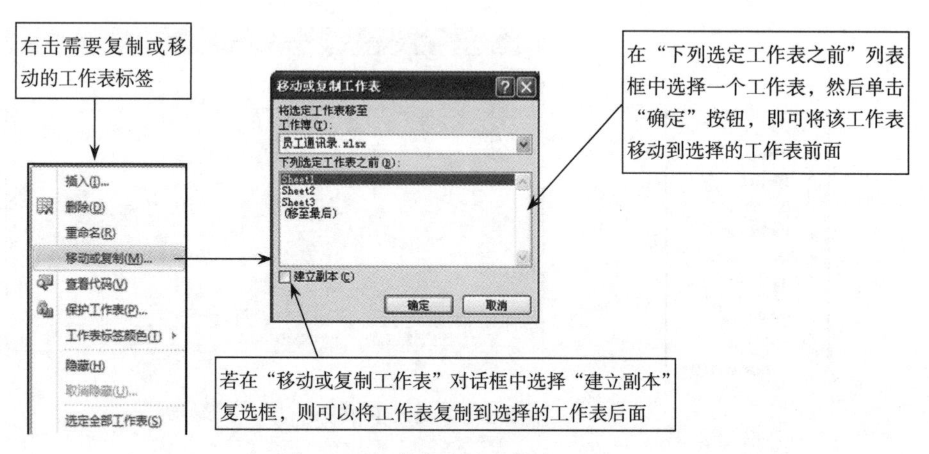

图 3-8 复制或移动工作表

三、工作表页面设置

为了保证文件输出大小不超出纸面范围，需要对工作表进行页面设置。启动 Excel 2010 后设置“校历.xlsx”文档的纸张大小为 A4（21 厘米 × 29.7 厘米），页边距为上、下、右各为 2 厘米，左为 2.5 厘米，具体步骤如图 3-9 所示。

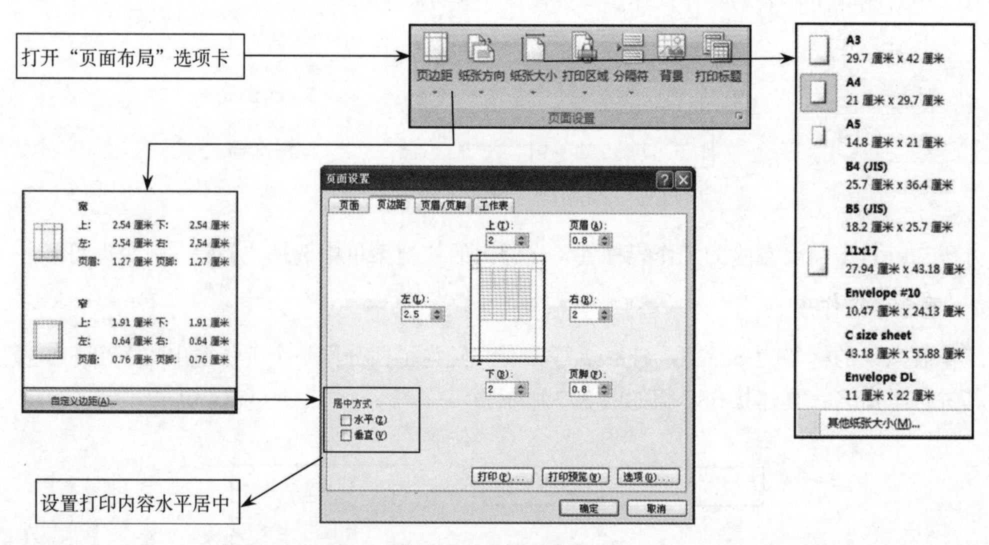

图 3-9 页面设置

页面设置完成后，工作区内会出现纵横交叉的虚线，将整个工作表平分为若干份。每一份由虚线围成的区域即一张 A4 纸的打印范围。在调整表格大小时，尽量将表格控制在同一区域内。

四、工作表数据的输入

1. 选取单元格

单元格，是工作表中最小的存储单位。在单元格中可以输入文本、插入图形图像、插入公式等对象，在单元格中最多可以输入 32 767 个字符。任意一个单元格都有固定的地址，单元格地址由列号与行号组成，如 A 列第 7 个单元格的地址为 A7。

在对单元格进行各种操作前，需要选定单元格。常用的选定单元格的操作方法有以下几种：

① 选定单个单元格：将鼠标指针指向该单元格，然后单击即可。

② 选择连续的多个单元格：选中需要选择的单元格区域左上角的单元格，然后按住鼠标左键拖动到需要选择的单元格区域右下角的单元格后，释放鼠标左键即可。

③ 选择不连续的多个单元格：按住"Ctrl"键，然后分别单击需要选择的单元格即可。

④ 选择整行（列）：单击需要选择的行（列）序号即可。

⑤ 选择多个连续的行（列）：按住鼠标左键，在行（列）序号上拖动，选择完毕后释放鼠标即可。

⑥ 选择多个不连续的行（列）：按住"Ctrl"键，然后分别单击行（列）序号即可。

2. 输入数据

在 Excel 工作表中可以输入文本、数值、日期与时间等不同类型的数据。不同类型的数据具有不同的输入技巧，可以通过以下几种方法确认数据的输入：

① 按"Enter"键，光标将自动下移一个单元格。

② 按"Tab"键，光标将右移一个单元格。

③ 按方向键，光标将会在相应的方向移动一个单元格。

④ 按"Alt+Enter"组合键，则在单元格中另起一行开始数据的输入。该组合键的功能相当于换行符。

⑤ 输入的数据如果是手机号码或身份证号码，在输入前，先在英文状态下输入单引号，然后再输入数字。

3. 使用自动填充功能录入数据

在输入数据的过程中，当某一行或某一列的数据有规律时，例如 1，2，3，…，或者 2，4，6，…，或者是一组固定的序列数据，可以使用自动填充功能快速输入这些数据。

使用 Excel 的填充柄功能可以快速复制单元格数据，具体操作步骤如图 3-10 所示。

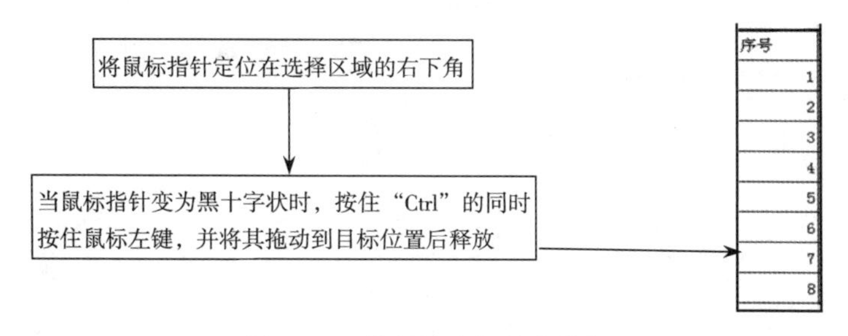

图 3-10　使用填充柄填充数据

4. 单元格中录入多行数据

在一个单元格中，一般情况下只能输入一行文字，若需要录入多行数据，就需要在单元格内定位光标，然后按"Alt+Enter"组合键。其具体操作步骤如图 3-11 所示。

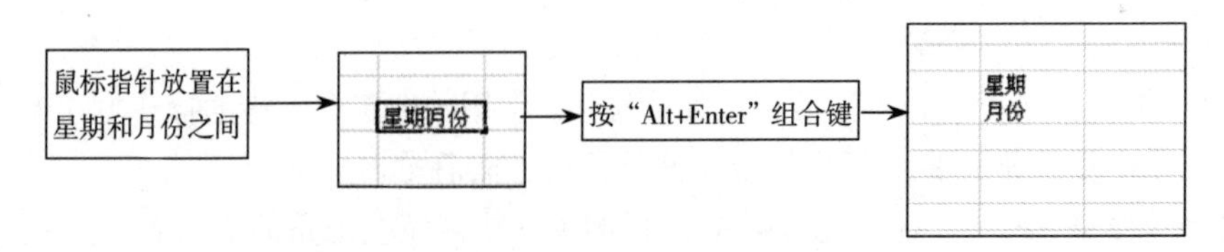

图 3-11　录入多行数据

5．单元格中插入批注

在 Excel 单元格中，除正常数据外，当需要对某个单元格作说明时，这类文字信息一般用“批注”形式插入工作表中。其具体操作步骤如图 3-12 所示。

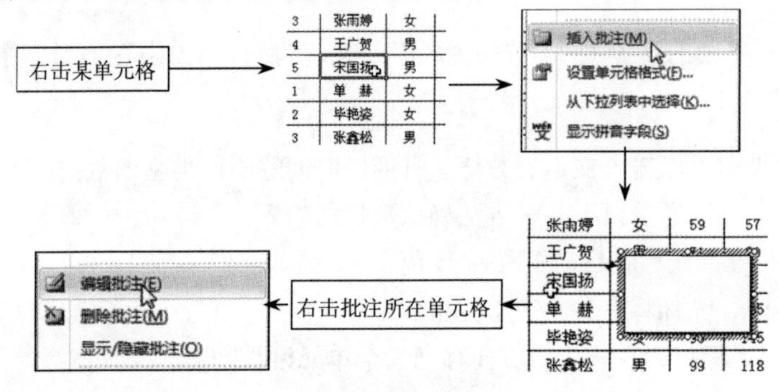

图 3-12　批注操作

五、设置工作表格式

工作表的格式设置并不影响工作表中所存放的内容，必要时设置一些格式，如背景颜色、文本对齐方式、边框等，可以使数据显示更加清晰、直观。

1．数据格式设置

在录入数据时，很多时候需要设置数据格式。例如身份证需设置为“文本”，成绩一般保留二位小数，日期采用年月日格式等。这些均需在录入数据前，对单元格进行数据格式设置，具体操作步骤如图 3-13 所示。

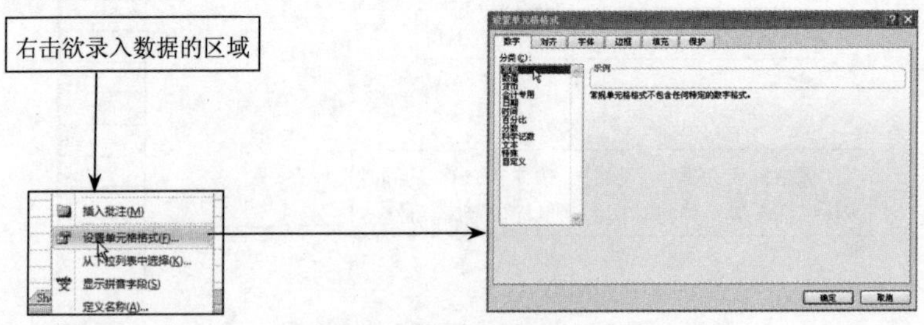

图 3-13　设置数据格式

2．对齐方式设置

设置单元格水平对齐方式为“居中”，垂直对齐方式为“居中”，其具体操作步骤如图 3-14 所示。

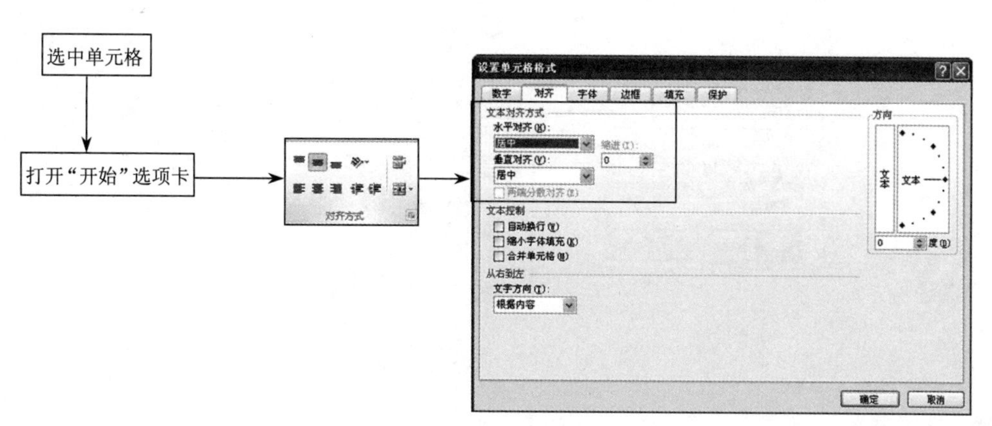

图 3-14　设置对齐方式

3. 单元格边框设置

工作表中单元格的默认状态是没有边框线的，屏幕上显示的网格只是为了便于操作，不能打印出来。如果打印单元格边框，需要对其进行设置。选取满足要求的单元格数量，将单元格的边框设置为实线，具体操作步骤如图 3-15 所示。

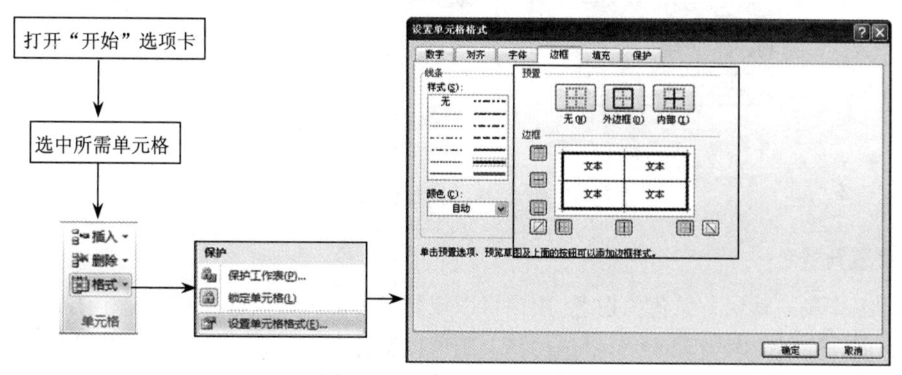

图 3-15　单元格边框设置

4. 单元格合并

在 Excel 工作表中，相邻的任意数量单元格可以进行合并，具体操作步骤如图 3-16 所示。

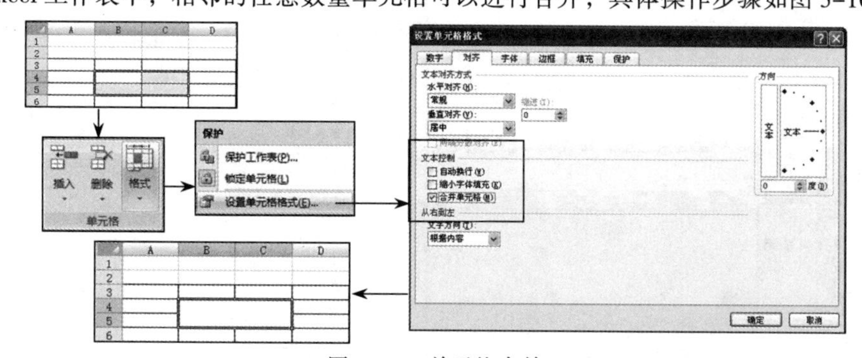

图 3-16　单元格合并

5. 调整行高

常用的调整行高的方法有两种，即通过菜单设置和直接使用鼠标拖动。使用菜单设置行高的具体操作步骤如图 3-17 所示。

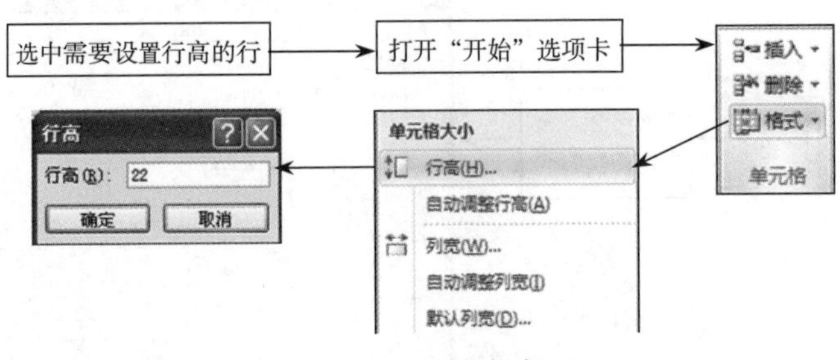

图 3-17　调整行高

6. 调整列宽

列宽的调整与行高的调整类似，主要有菜单设置和拖拉法两种，使用菜单设置列宽的具体操作步骤如图 3-18 所示。

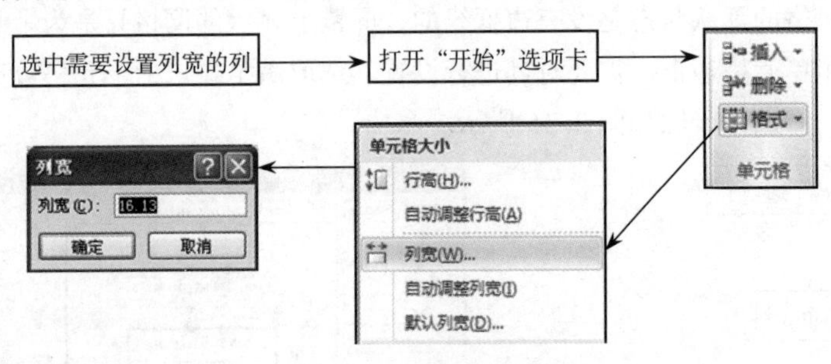

图 3-18　调整列宽

7. 设置背景色

Excel 工作表的默认背景色为白色,用户可以根据实际需要设置单元格或整个工作表的背景效果，以达到美化工作表的目的。背景色选择上既可以选纯色也可以选择渐变颜色或图案，其具体操作步骤如图 3-19 所示。

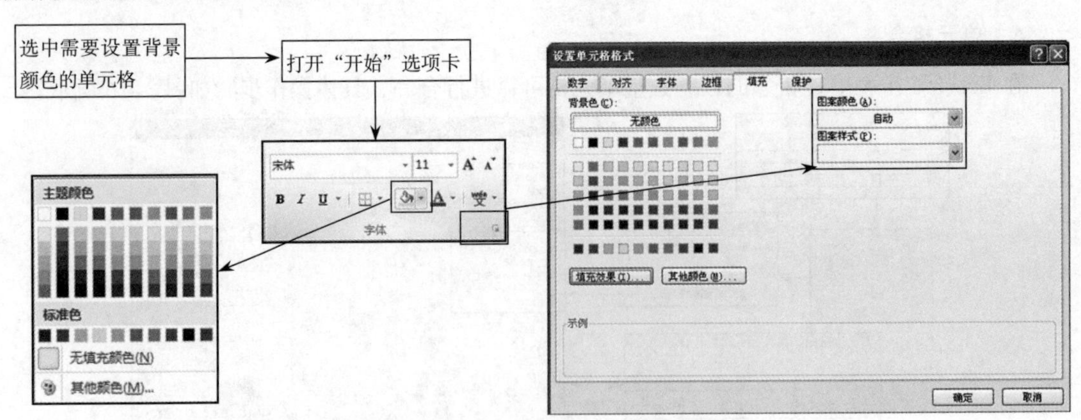

图 3-19　设置单元格或工作表背景色

8. 使用套用样式

Excel 2010 内置了许多现成的表格样式和单元格样式，用户可以套用这些样式，快速设置单元格和表格样式。其具体操作步骤如图 3-20 所示。

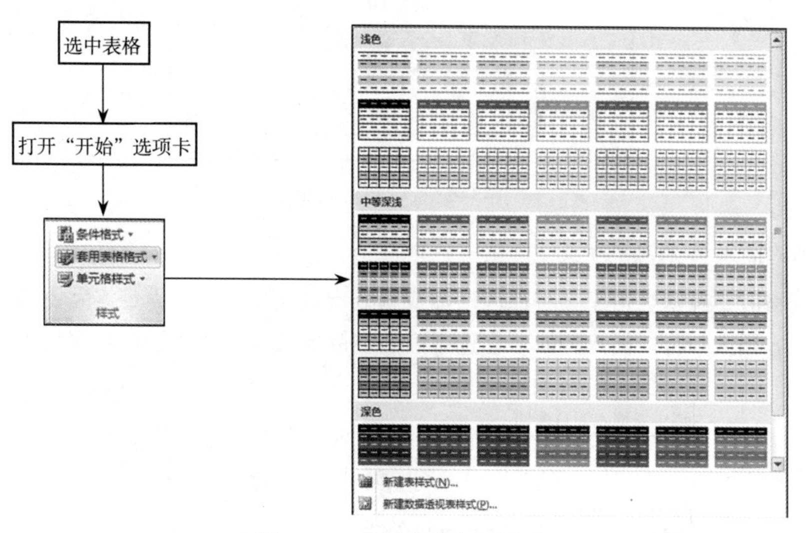

图 3-20 使用表格套用样式

六、电子表格的打印输出

工作表编辑完成后，经过打印预览查看排版效果，如符合要求即可打印文档。其具体操作步骤如图 3-21 所示。

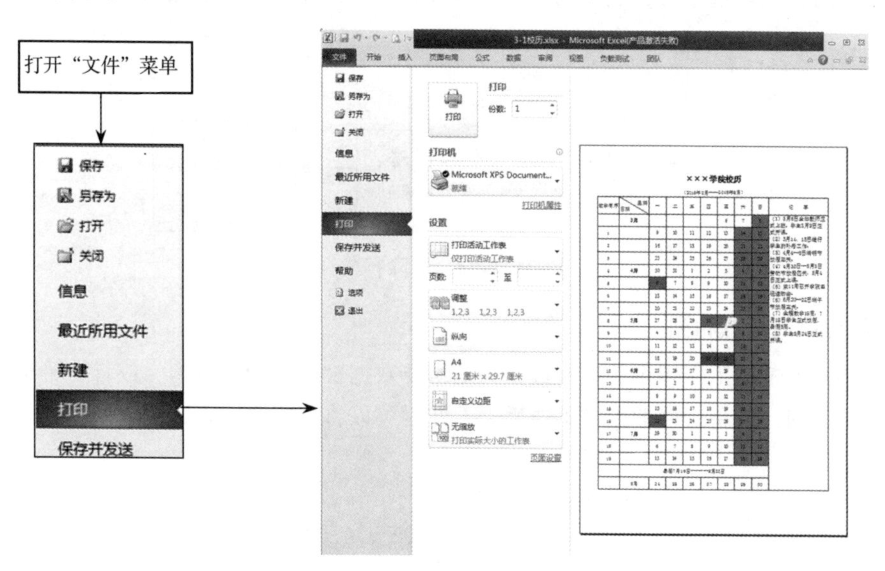

图 3-21 打印输出

任务拓展

1. 单元格区域

单元格区域是指在实际操作中选中的相邻的多个单元格，选中后单元格颜色发生变化，区域用粗线标示。区域名称由区域内左上角单元格地址和右下角单元地址命名。图 3-22 中单元格区域名称为 B2:D4。

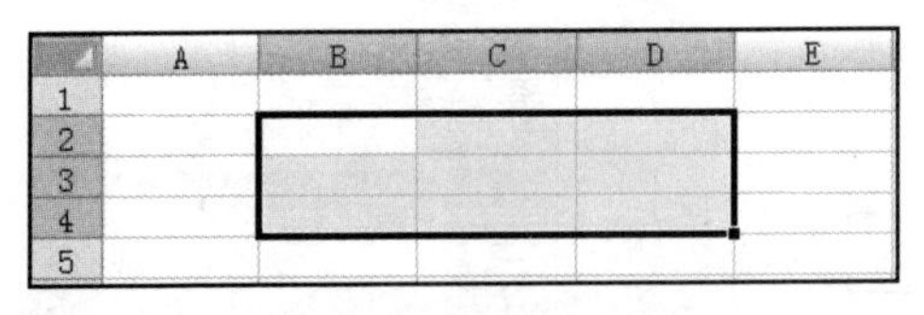

图 3-22　单元格区域

2. 行/列的插入

在制作表格时，经常会由于某种原因增加或删减行数或列数，以满足实际要求。插入行时，在选中行的上方插入一行。插入列时，在选中列的左侧插入列，具体操作步骤如图 3-23 所示。

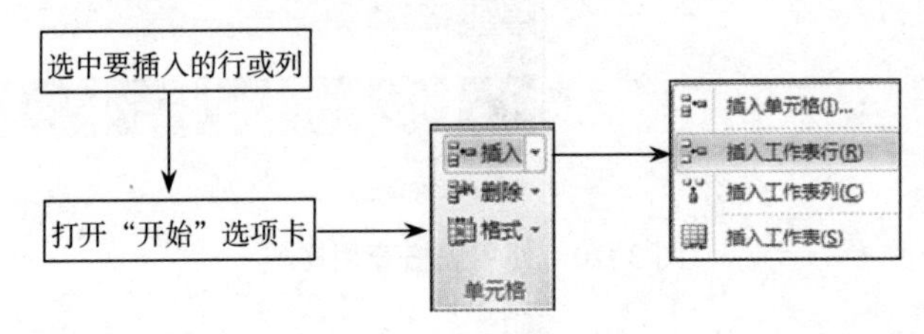

图 3-23　插入行或列

3. 行/列的删除

删除行时，删除选中行，删除列时，删除选中列，具体操作步骤如图 3-24 所示。

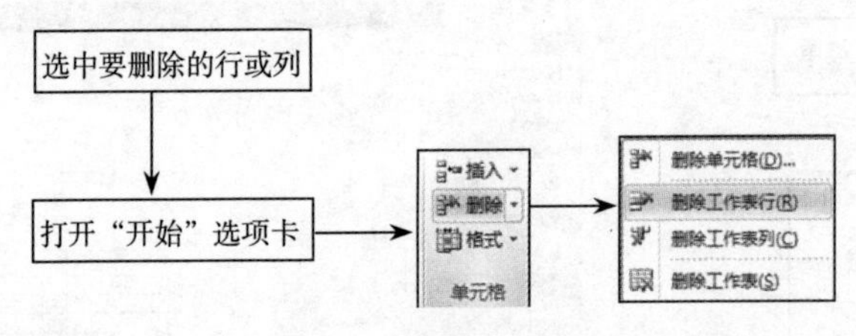

图 3-24　删除行或列

4. 隐藏或显示行和列

如果用户不希望工作表中的某行或某列的重要数据被其他用户看到，或者不希望打印工作表中的某些行或列，但是这些数据又不能丢失，此时可以将其隐藏。隐藏行或列的具体操作步骤如图 3-25 所示。

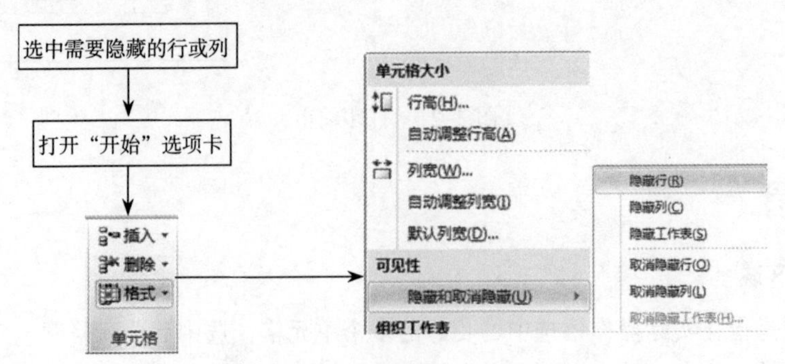

图 3-25　隐藏或显示行或列

技能训练

为某小学学校二年级学生制作“九九乘法表”，要求用 A4 纸横向打印输出。其具体效果如图 3-26 所示。

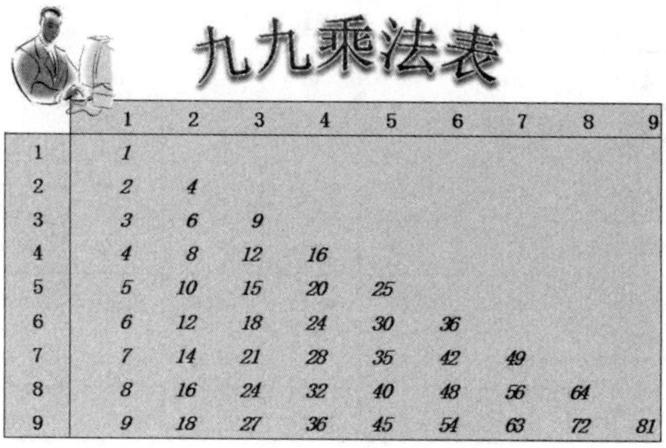

九九乘法表

	1	2	3	4	5	6	7	8	9
1	1								
2	2	4							
3	3	6	9						
4	4	8	12	16					
5	5	10	15	20	25				
6	6	12	18	24	30	36			
7	7	14	21	28	35	42	49		
8	8	16	24	32	40	48	56	64	
9	9	18	27	36	45	54	63	72	81

图 3-26　九九乘法表

任务二　制作成绩统计文件

任务描述

某高中学校在高二学校文科班 259 名学生考试后，学年组长要在全体班级张贴考试成绩大榜，并掌握所有学生考试成绩相关数据。全年级的成绩统计结果如图 3-27 所示。

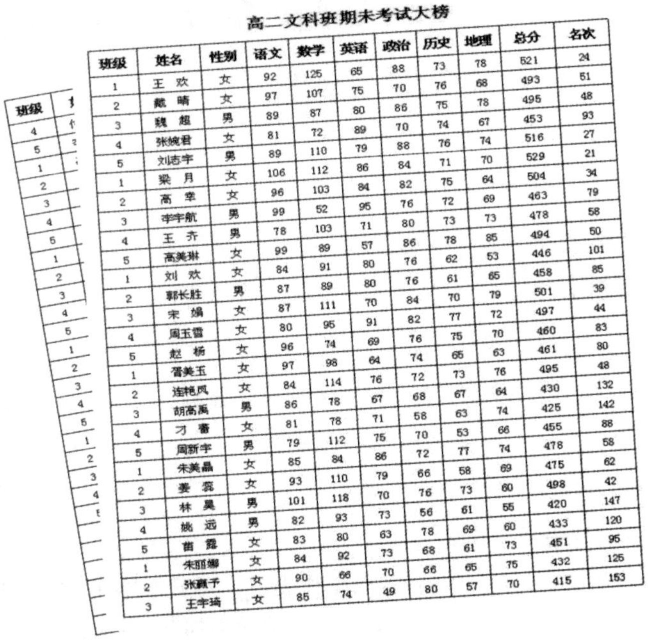

高二文科班期末考试大榜

班级	姓名	性别	语文	数学	英语	政治	历史	地理	总分	名次
1	王 欢	女	92	125	65	88	73	78	521	24
2	戴 晴	女	97	107	75	70	76	68	493	51
3	魏 超	男	89	87	80	86	75	78	495	48
4	张婉君	女	81	72	89	70	74	67	453	93
5	刘志宇	男	89	110	79	88	76	74	516	27
1	梁 月	女	106	112	86	84	71	70	529	21
2	高 幸	女	96	103	84	82	75	64	504	34
3	李宇航	男	99	52	95	76	72	69	463	79
4	王 齐	男	78	103	71	80	73	73	478	58
5	高美琳	女	99	89	57	86	78	85	494	50
1	刘 欢	女	84	91	80	76	62	53	446	101
2	郭长胜	男	87	89	80	76	61	65	458	85
3	宋 娟	女	87	111	70	84	70	79	501	39
4	周玉雪	女	80	95	91	82	77	72	497	44
5	赵 杨	女	96	74	69	76	75	70	460	83
1	晋美玉	女	97	98	64	74	65	63	461	80
2	连艳凤	女	84	114	76	72	73	76	495	48
3	胡高禹	男	86	78	67	68	67	64	430	132
4	才 蕾	女	81	78	71	58	63	74	425	142
5	周新宇	男	79	112	75	70	53	66	455	88
1	朱美晶	女	85	84	86	72	77	74	478	58
2	姜 霖	女	93	110	79	66	58	69	475	62
3	林 昊	男	101	118	70	76	73	60	498	42
4	姚 远	男	82	93	73	56	61	55	420	147
5	苗 露	女	83	80	63	78	69	60	433	120
1	朱丽娜	女	84	92	73	68	61	73	451	95
2	张颖予	女	90	66	70	66	65	75	432	125
3	王宇琦	女	85	74	49	80	57	70	415	153

图 3-27　成绩统计

高二文科班期末考试成绩统计

考试总人数：259　　男生人数：84　　女生人数：175

分析项目	语文	数学	英语	政治	历史	地理
平均分	89.05	72.72	64.97	67.78	61.93	65.08
最高分	117	145	106	92	87	88
最低分	44	10	0	8	18	24

各班各科平均分汇总如下：

2年1班平均分	91.06	77.19	67.08	68.73	63.58	66.00
2年2班平均分	90.02	76.23	66.54	68.06	62.79	66.87
2年3班平均分	88.40	70.00	62.10	66.19	62.58	63.90
2年4班平均分	86.94	69.60	65.92	66.60	59.25	64.02
2年5班平均分	85.40	67.79	60.73	66.69	59.10	62.10

图 3-27　成绩统计（续）

任务分析

成绩统计是每个学校都会涉及的数据，大量的数据统计工作是用 Word 难以实现的，所以，此类任务应选择恰当的软件，对所有学生进行成绩汇总，进而进行成绩统计。Excel 2010 提供了功能强大的数据计算函数，使用公式和函数可以快速、准确完成数据统计工作。

流程设计

- 根据成绩，建立基础数据；
- 公式的使用；
- 函数的使用。

任务实现

一、建立基础数据

1. 建立工作表

启动 Microsoft Excel 2010，建立“高二期末考试成绩分析”工作簿。工作簿中包含两张工作表，一张用于存放所有学生成绩，一张用于进行成绩统计。其具体效果如图 3-28 所示。

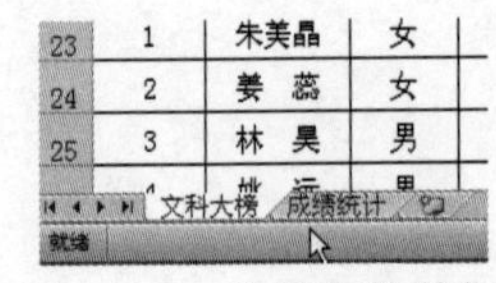

图 3-28　分类存放数据

2. 录入数据与格式化设置工作表

将全体文科学生成绩及数据统计项目录入工作表中，其中“文科大榜”里存放所有学生具体成绩及排名，“成绩统计”里存放成绩统计数据，具体效果如图 3-29 所示。

高二文科班期末考试大榜

班级	姓名	性别	语文	数学	英语	政治	历史	地理	总分	名次
1	王 欢	女	92	125	65	88	73	78		
2	戴 晴	女	97	107	75	70	76	68		
3	魏 超	男	89	87	80	86	75	78		
4	张婉君	女	81	72	89	70	74	67		
5	刘志宇	男	89	110	79	88	76	74		
1	梁 月	女	106	112	86	84	71	70		
2	高 幸	女	96	103	84	82	75	64		
3	李宇航	男	99	52	95	76	72	69		
4	王 齐	男	78	103	71	80	73	73		
5	高美琳	女	99	89	57	86	78	85		
1	刘 欢	女	84	91	80	76	62	53		
2	郭长胜	男	87	89	80	76	61	65		
3	宋 娟	女	87	111	70	84	70	79		

高二文科班期末考试成绩统计

考试总人数：		男生人数：		女生人数：		
分析项目	语文	数学	英语	政治	历史	地理
平均分						
最高分						
最低分						
各班各科平均分汇总如下：						
2年1班平均分						
2年2班平均分						
2年3班平均分						
2年4班平均分						
2年5班平均分						

图 3-29 基础数据

3. 设置重复表头

由于 259 位学生需要多页打印，为更清晰地显示每页纸上数据的具体代表含义，需要每页都显示表头，此项功能在 Excel 中称为“打印标题”。其具体操作方法如图 3-30 所示。

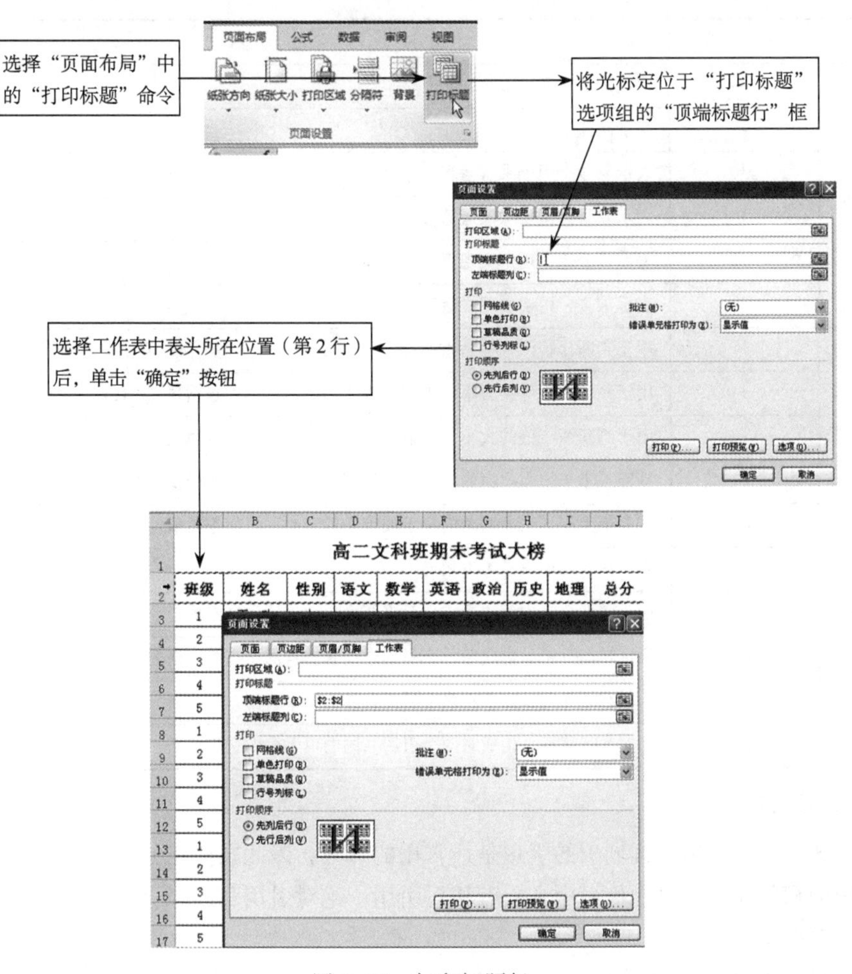

图 3-30 打印标题行

二、公式的使用

公式在 Excel 中是一个十分重要的概念，利用公式可以十分方便地对大型工作表中的数据进行统计与分析。

1．公式和运算符

（1）公式的含义

函数是 Excel 软件内置的一段程序，或者说是一种内置的“公式”，而公式是用户根据数据的统计、处理和分析的需要，以等号“=”开头，利用函数、常量以及引用等参数，通过运算符号连接起来，完成用户实际需求的计算功能的一种表达式。

（2）运算符的种类

运算符用于指定需要对公式中的元素执行的计算类型。在 Excel 中，运算符的类型分为四种，算术运算符、比较运算符、文本运算符和引用运算符。其具体如表 3-1 所示。

表 3-1 运 算 符

运算符类型	种　类	用　法
算术运算符	+	实现加法运算
	-	实现减法运算
	*	表示乘号，用于乘法运算
	/	表示除号，用于除法运算
	%	表示百分比，用于实现百分比转换
	^	表示乘方，用于实现幂运算
比较运算符	=	用于判断比较两个值是否相等
	>	用于判断两个值的大小，当前者大于后者时，返回逻辑值“TRUE”，否则返回“FALSE”
	<	用于判断两个值的大小，当前者小于后者时，返回逻辑值“TRUE”，否则返回“FALSE”
	>=	判断不小于，当前面的值大于或等于后者时，返回逻辑值“TRUE”，否则返回“FALSE”
	<=	判断不大于，当前面的值小于或等于后者时，返回逻辑值“TRUE”，否则返回“FALSE”
	<>	判断比较两个值是否不相等
文本运算符	&	用于将两个文本值连接或串起来产生一个连续的文本值
引用运算符	:	为区域运算符，生成对两个引用之间和本身的所有单元格的引用
	,	为联合运算行，用于将多个引用合并为一个引用
	空格	为交叉运算符，生成对两个引用共同的单元格的引用

2．单元格引用

在函数式中，单元格（区域）的引用是最常用的参数，因此在使用公式和函数前有必要了解单元格引用的相关知识。单元格引用主要有相对引用、绝对引用和混合引用。

（1）相对引用

“相对引用”是指直接使用单元格地址或单元格区域地址作为函数式的参数。当复制使用了含有相对引用的函数式到其他单元格中时，引用的单元格地址会随着函数式单元格位置的变化而自动发生变化。相对引用格式以 A1 为例，代表第 A 列第 1 行单元格中的数据。

（2）绝对引用

在引用的单元格地址的行和列的标号前加上符号“$”（需要在英文状态下输入），这样的引用称为“绝对引用”，如“$A$1”。当复制使用了含有绝对引用的函数式到其他单元格中时，引用的单元格地址不会随着函数式单元格位置的变化而自动发生变化。绝对引用格式以$A$1 为例，代表无论在什么位置复制数据，所引用的数据始终是 A1 单元格中的数据。

（3）混合引用

引用的单元格地址既有相对引用也有绝对引用，这样的应用称为“混合引用”。复制使用了混合引用的函数式到其他单元格中时，相对引用的单元格地址会随着函数式单元格位置的变化而自动相对发生变化，而绝对引用的单元格地址则不会发生变化。“混合引用”的格式样式为$A1 或 A$1。

3．创建简单公式

在“文科大榜”工作表中，总分=语文+数学+英语+政治+历史+地理，使用公式进行计算，具体操作步骤如图 3-31 所示。

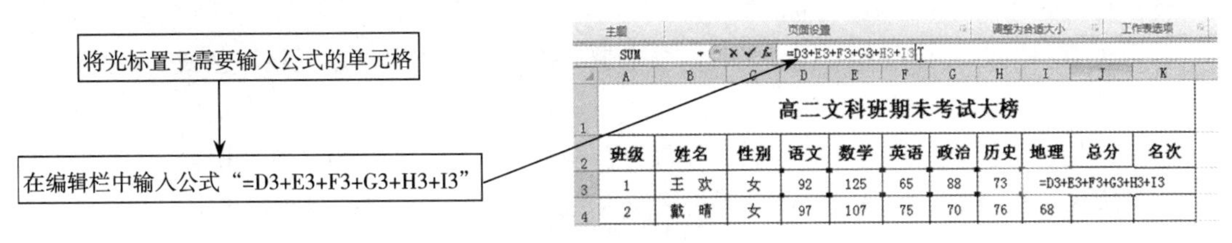

图 3-31 创建简单公式

4．复制公式

通过复制公式可以不用重复输入相同公式，而计算出其他单元格位置的运算结果。在复制公式时，单元格引用会根据所引用的类型而变化。复制公式的具体操作步骤如图 3-32 所示。

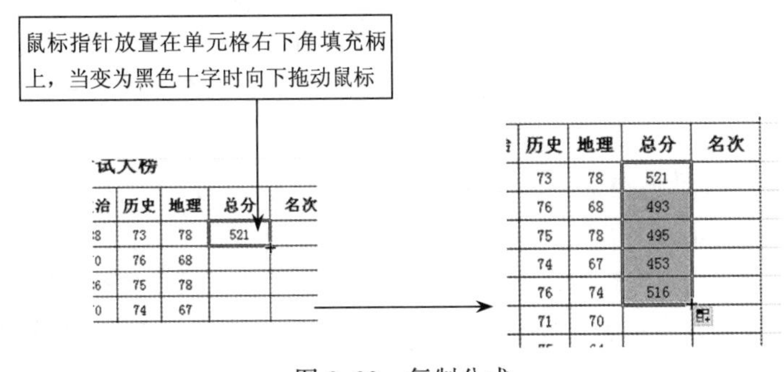

图 3-32 复制公式

三、函数的使用

1．常用函数

（1）SUM 函数

主要功能：计算所有参数数值的和。

使用格式：SUM(Number1,Number2,…)

参数说明：Number1,Number2,…代表需要计算的值，可以是具体的数值、引用的单元格（区域）、逻辑值等。

应用举例：计算第 3 行学生各科总分。函数格式为“=SUM(D3:I3)”，表示计算 D3:I3 单元格区域内共六个单元格中数值的和。

（2）AVERAGE 函数

主要功能：计算所有参数数值的平均分。

使用格式：AVERAGE(Number1,Number2,…)

参数说明：Number1,Number2,…代表需要求平均值的数值或引用单元格（区域），参数不超过 30 个。

应用举例：计算文科学生语文科目总平均分。函数格式为“=AVERAGE(文科大榜!D3:D261)”，表示计算“文科大榜”工作表中 D3:D261 单元格区域中所有数值的平均值。

（3）MAX 函数

主要功能：求出一组数中的最大值。

使用格式：MAX(Number1,Number2,…)

参数说明：Number1,Number2, …代表需要求最大值的数值或引用单元格（区域），参数不超过 30 个。

应用举例：统计全体学生中语文科目最高分。函数格式为“=MAX(文科大榜!D3:D261)”，表示在文科大榜工作表中，将 D3:D261 单元格区域内的最大值作为函数结果显示出来。

（4）MIN 函数

主要功能：求出一组数中的最小值。

使用格式：MIN(Number1,Number2,…)

参数说明：Number1,Number2,…代表需要求最小值的数值或引用单元格（区域），参数不超过 30 个。

应用举例：统计全体学生中语文科目最低分。函数格式为“=MIN(文科大榜!D3:D261)”，表示在文科大榜工作表中，将 D3:D261 单元格区域内的最小值作为函数结果显示出来。

（5）RANK 函数

主要功能：求某一个数值在某一区域内的排名，而且可以去除重名次。

使用格式：RANK(Number,Ref,Order)

参数说明：Number 是要查找排名的数字；Ref 是一组数或对一个数据列表的引用，非数字值将被忽略；Order 是在列表中排名的数字，如果为 0 或忽略代表降序排名（即谁多谁第一），非零值代表升序排名（即谁少谁第一，一般可用于竞赛成绩统计）。

应用举例：根据每名学生的总成绩统计其名次。函数格式为“=RANK(J3,J$3:J$261)”，表示统计 J3 单元格中的数在 J$3:J$261 单元格区域内排第几，Order 参数被省略，代表是按降序排名，J3 单元格的数越大，排名越靠前。注意，因同时要统计所有学生的排名，为保证排名区域在复制函数时，不发生改变，因此采用“J$3:J$261”混合引用形式。

（6）SUMIF 函数

主要功能：根据指定条件对若干单元格、区域或引用求和。

使用格式：SUMIF(Range,Criteria,Sum_range)

参数说明：Range 为用于条件判断的单元格区域；Criteria 是由数字、逻辑表达式等组成的判定条件；Sum_range 为需要求和的单元格、单元格区域或引用。

应用举例：统计 1 班全体学生语文总分。函数格式为“=SUMIF(文科大榜!$A$3:$A$261,1,文科大榜!D3:D261)”，表示在文科大榜工作表中，累加计算$A$3:$A$261 单元格区域中数据等于 1 所对应的 D3:D261 单元格区域内的值。

（7）COUNT 函数

主要功能：返回数字参数的个数。它可以统计数组或单元格区域中含有数字的单元格个数。

使用格式：COUNT(Value1,Value2,…)

参数说明：Value1,Value2,…是包含或引用各种类型数据的参数（1～30 个），其中只有数字类型的数据才能被统计。

应用举例：统计 1 班全体学生人数。函数格式为“=COUNT(文科大榜!A3:A261)”，表示统计“文科大榜”工作表中 A3:A261 单元格区域中，含有数字的单元格个数。

（8）COUNTIF 函数

主要功能：统计某个单元格区域中符合指定条件的单元格数目。

使用格式：COUNTIF(Range,Criteria)

参数说明：Range 代表要统计的单元格区域；Criteria 表示指定的条件表达式。

应用举例：统计文科班中男生人数。函数格式为“=COUNTIF(文科大榜!C3:C261,"男")”，表示统计“文科大榜”工作表中 C3:C261 单元格区域内值为“男”的个数。

（9）IF 函数

主要功能：根据对指定条件的逻辑判断的真假结果，返回相对应的内容。

使用格式：=IF(Logical,Value_if_true,Value_if_false)

参数说明：Logical 代表逻辑判断表达式；Value_if_true 表示当判断条件为逻辑“真（TRUE）”时的显示内容，如果忽略返回 “TRUE”；Value_if_false 表 示当判断条件为逻辑“假（FALSE）”时的显示内容，如果忽略返回“FALSE”。

应用举例：判断 A1 单元格中数据是奇数还是偶数。函数格式为“IF(A1/2=0,"偶数","奇数")”，表示判断 A1 单元格中的数除以 2 后是否等于 0，如果等于 0，则显示“偶数”，如果不等于 0，则显示“奇数”。

2. 用“自动求和”命令插入常用函数

在 Excel 的“公式”选项卡下，常用的函数集合在“自动求和”命令下，常用的函数可以通过此命令来计算数据。其具体操作步骤如图 3-33 所示。

3. 使用“插入函数”命令插入函数

在 Excel 中，可以通过单击“公式“选项卡中的“插入函数”命令，也可以在编辑栏左侧单击“插入函数”按钮，在“插入函数”对话框中查找所需用到的函数。其具体操作步骤如图 3-34 所示。

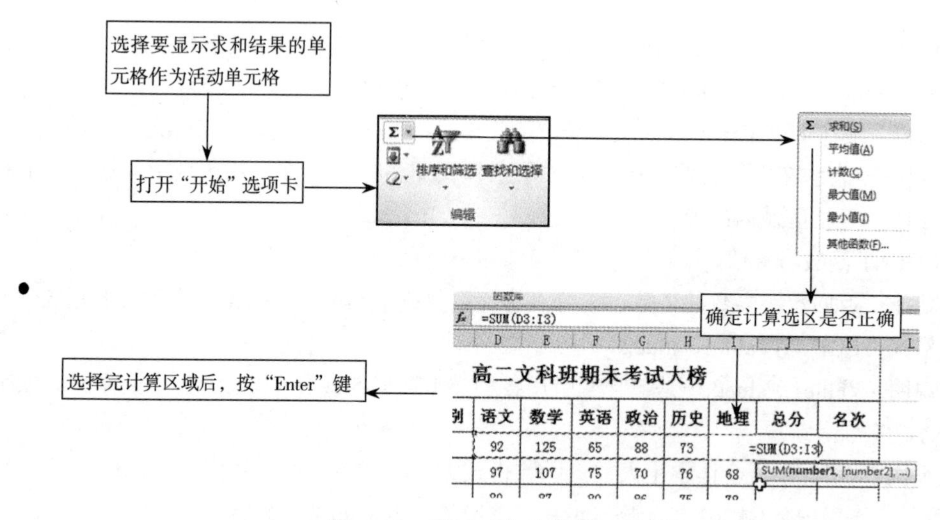

图 3-33　使用“自动求和”命令

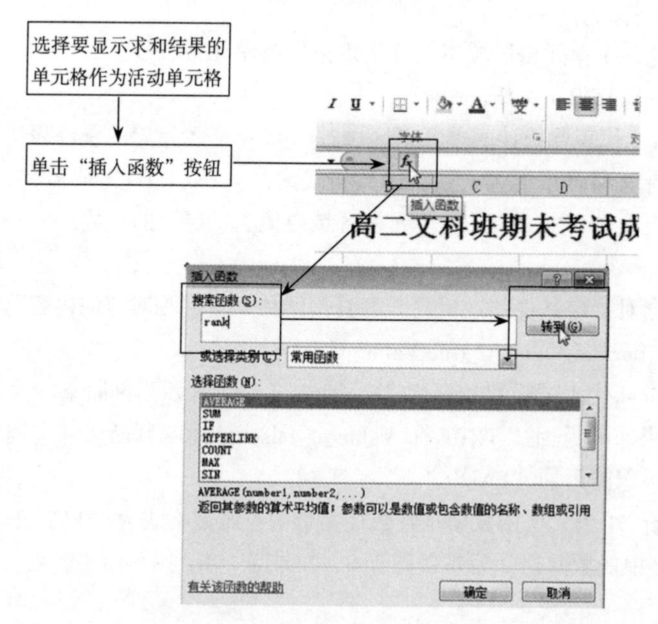

图 3-34　使用“插入函数”命令

4．手动录入函数

在 Excel 中，如果对函数的结构很熟悉，则可以直接在单元格或编辑栏中输入函数。其具体操作步骤如图 3-35 所示。

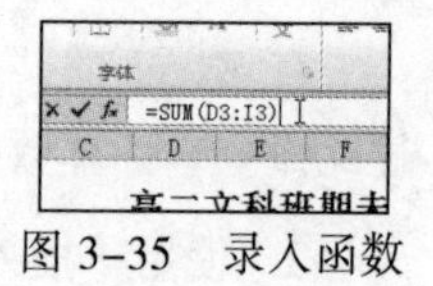

图 3-35　录入函数

任务拓展

1．函数的组成

在 Excel 中，一个完整的函数式，主要由标识符、函数名称和函数参数组成，具体功能如下：

① 标识符：在 Excel 表格中输入函数式时，必须先输入“=”号，这个“=”号通常称为函数式的标识符。若在输入函数式时不输入“=”号，程序会将输入的函数式作为文本处理，而不返

回运算结果。

② 函数名称：紧跟在函数标识符后面的一个英文单词就是函数名称，用来表明函数要执行的运算。大多数函数名称使用对应的英文单词缩写，如最大值函数为 MAX，其英文单词为 maximum；某些函数名称由多个英文单词或缩写组合而成，如条件求和函数 SUNIF 即是由求和函数 SUM 和条件函数 IF 组成。

③ 函数参数：在函数名称后面，紧跟着一对半角圆括号“()”，被括起来的内容就是函数的处理对象，即所谓的函数参数。

2. 函数参数

函数的参数既可以是常量或公式，也可以是其他函数。函数参数主要有常量参数、逻辑值、单元格引用、函数式、数组参数名称等。各种函数参数的功能解释如下：

① 常量参数主要包括文本、数值以及日期等内容。

② 逻辑值参数主要包括逻辑真（TRUE）、逻辑假（FALSE）以及逻辑判断表达式等。

③ 单元格引用参数主要包括引用单个单元格和引用单元格区域等。

④ 在 Excel 中可以使用一个函数式的返回结果作为另外一个函数式的参数，这种方式称为函数嵌套。

⑤ 函数参数既可以是一组常量，也可以是单元格区域的引用。当一个函数式中有多个参数时，需要用英文状态的逗号将其隔开。

⑥ 在工作簿文档中的各个工作表中自定义的名称，可以作为本工作簿内的函数参数直接引用。

3. 常见的错误提示及含义

① #####!：表示该单元格中输入数据或计算结果的长度超出列宽显示范围，或将日期、时间做减法运算时出现负值。

② #NAME? ：表示在公式中使用了 Excel 不能识别的文本，或删除了公式中正在使用的数据名称，或使用了不存在的数据以及出现拼写错误。

③ #N/A：表示在函数或公式中用到的数值不存在。如果用到的单元格内暂时没有数值，则显示#N/A。

④ #NULL!：表示指定并不交叉的两个区域的交点。

⑤ #VALUE!：使用参数或操作数类型错误，通常是因为在需要数字或逻辑值时输入了文本数据，导致数据类型不匹配；或是在需要赋单一数据的运算符或函数时赋给了一个数值区域。

⑥ #REF!：单元格引用无效，通常是因为删除了有其他公式引用的单元格，或者把移动单元格粘贴到了其他公式引用的单元格中。

⑦ #DIV/0!：除法公式错误，通常是因为除数为 0 或除数指向了一个空单元格。

技能训练

某单位三年采购的笔记本式计算机设备清单如图 3-36 所示，请统计相关数据。

某单位笔记本购入清单（2013－2015）

购入年份	购入部门	品牌	购入数量	单价	金额	备注
2013	测试部	联想	45	4527		
2013	研发部	方正	32	4678		
2014	总务部	华硕	7	3800		
2014	市场部	联想	15	4500		
2014	人事部	惠普	4	4390		
2015	安防部	联想	28	3500		

笔记本总数：　　　　笔记本总支出：
其中　　　　平均每台支出：
联想台数：　　　　单价最高：
方正台数：　　　　单价最低：
华硕台数：
惠普台数：

图 3-36　笔记本式计算机购入清单

任务三　分析学生成绩数据

任务描述

某高中学校在高二文科班 259 名学生考试后，学年组长组织多名教师将所有学生成绩录入计算机，原始数据如图 3-37 所示。由于数据很乱，现需根据需要打印所需数据。学年组长需掌握名单如下：

① 全体学生按名次排名大榜。
② 名次在前 50 名学生成绩单。
③ 各科均不及格学生名单。
④ 单科不及格学生名单。
⑤ 各班级各科成绩平均分对比图。

高二文科班期末考试大榜

班级	姓名	性别	语文	数学	英语	政治	历史	地理	总分	名次
1	王 欢	女	92	125	65	88	73	78	521	24
2	戴 晴	女	97	107	75	70	76	68	493	51
3	魏 超	男	89	87	80	86	75	78	495	48
4	张婉君	女	81	72	89	70	74	67	453	93
5	刘志宇	男	89	110	79	88	76	74	516	27
1	梁 月	女	106	112	86	84	71	70	529	21
2	高 莘	女	96	103	84	82	75	64	504	34
3	李宇航	男	99	52	95	76	72	69	463	79
4	王 齐	男	78	103	71	80	73	73	478	58
5	高美琳	女	99	89	57	86	78	85	494	50
1	刘 欢	女	84	91	80	76	62	53	446	101
2	郭长胜	男	87	89	80	76	61	65	458	85
3	宋 娟	女	87	111	70	84	70	79	501	39
4	周玉雪	女	80	95	91	82	77	72	497	44
5	赵 楠	女	96	74	69	76	75	70	460	83
1	潘美玉	女	97	98	64	74	65	63	461	80
2	连艳凤	女	84	114	76	72	73	76	495	48
3	胡高威	男	86	78	67	68	67	64	430	132
4	刁 蕾	女	81	78	71	58	63	74	425	142
5	周新宇	男	79	112	75	70	53	66	455	88
1	朱美晶	女	85	84	86	72	77	74	478	58
2	龚 翡	女	93	110	79	66	58	69	475	62
3	林 晨	男	101	118	70	76	73	60	498	42
4	姚 远	男	82	93	73	56	61	55	420	147
5	苗 露	女	83	80	63	78	69	60	433	120
1	朱丽娜	女	84	92	73	68	61	73	451	95
2	张颖予	女	90	66	70	66	65	75	432	125
3	王宇琦	女	85	74	49	80	57	70	415	153

图 3-37　成绩单原始数据

任务分析

学生成绩单是反映学生学习水平的一个重要数据。通过对学生成绩单进行分析，可以得到大量的基础数据，从而根据数据来改进教学内容、教学方法等等。Excel 2010 提供了专业的数据分析命令，能够准确、快速完成较复杂的数据分析工作。

流程设计

- 备份工作表；
- 数据排序；
- 数据筛选；
- 数据分类汇总；
- 制作图表。

任务实现

一、备份工作表

为防止原始数据被破坏，在所有分析手段进行前，均需要对原始数据进行备份，然后在备份的工作表上进行数据分析。一般情况下，需要分析几次数据，就备份（复制）几次工作表。

对于已经格式化完毕的工作表，备份时要保证表格的行高、列宽、纸张信息等与原始文件一致，以减少后续的排版工作。备份时可采取前文任务一中所述方法进行，也可以采取键盘+鼠标操作方法，快速备份工作表，具体操作步骤如图 3-38 所示。

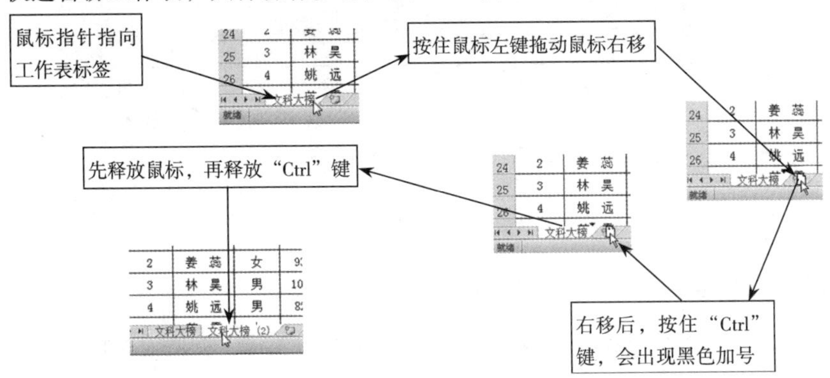

图 3-38 备份工作表

二、数据的排序

对数据进行排序，可以更直观地显示数据并帮助用户更好地理解数据。数据的排序包括对文本进行排序、按日期或时间进行排序等。

在 Excel 中对数据进行排序主要有两种方式，即按字母排序和按笔画排序。在“成绩单”中，按照名次排序，如果名次相同，按学生姓名笔画顺序排序，其具体操作步骤如图 3-39 所示，排序结果如图 3-40 所示。

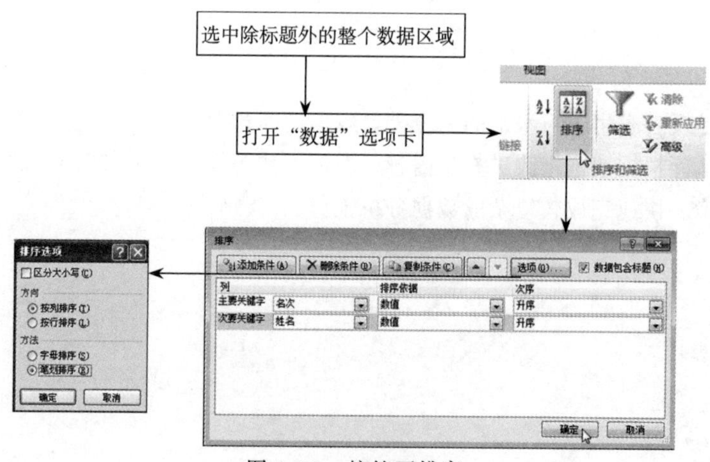

图 3-39　按笔画排序

高二文科班期未考试大榜

班级	姓名	性别	语文	数学	英语	政治	历史	地理	总分	名次
1	单　赫	女	101	135	98	86	85	88	593	1
2	毕艳姿	女	96	145	95	88	77	79	580	2
5	张世宇	女	104	133	84	84	87	82	574	3
2	韩晓莹	女	106	121	94	87	75	85	568	4
4	韩　雪	女	97	125	95	84	85	77	563	5
2	李雪松	女	115	113	90	86	82	74	560	6
4	胡春晓	女	106	128	97	82	75	72	560	6
2	庄　淼	女	91	128	91	76	83	83	552	8
3	张鑫松	男	99	118	99	86	74	75	551	9
1	李　倩	女	92	117	96	80	75	88	548	10
1	王　庆	男	105	126	87	80	76	73	547	11
1	于　洋	女	109	111	100	78	70	74	542	12
1	李孝聪	女	105	118	83	76	73	85	540	13
5	张　颖	女	107	116	83	82	75	76	539	14
3	吴　萌	女	113	96	82	92	78	77	538	15
4	任唯	男	97	120	86	80	75	79	537	16
4	赵鹏飞	男	100	95	95	90	78	77	535	17
1	程伟建	男	117	104	86	74	79	75	535	17
1	梁　爽	女	92	101	96	86	81	78	534	19
3	董雪松	男	100	114	87	82	72	79	534	19
1	梁　月	女	106	112	86	84	71	70	529	21
2	刘　奇	女	101	121	74	78	76	77	527	22

按名次排序

名次相同时，按姓名排序

图 3-40　排序结果

三、数据的筛选

在 Excel 中，使用软件的数据筛选功能，可以帮助用户快速、方便地查找和使用工作表中的数据。数据筛选的方法主要有自动筛选和高级筛选两种。

1．自动筛选

使用自动筛选可以完成多种格式的数据筛选，包括单条件筛选、多条件筛选、筛选顶部或底部数据等。

筛选“名次在前 50 名”学生成绩单，采用单条件自动筛选，具体操作步骤如图 3-41 所示。

筛选“各科均不及格”学生名单，采用多条件自动筛选（筛选条件为：语文小于 72 分，数学小于 90 分，英语小于 60 分，政治小于 60 分，历史和地理小于 54 分）。其具体操作步骤如图 3-42 所示。

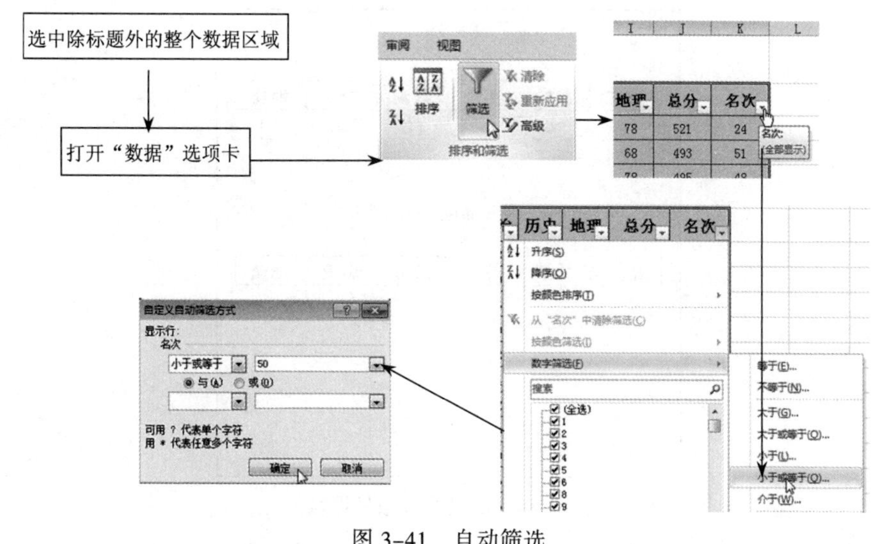

图 3-41　自动筛选

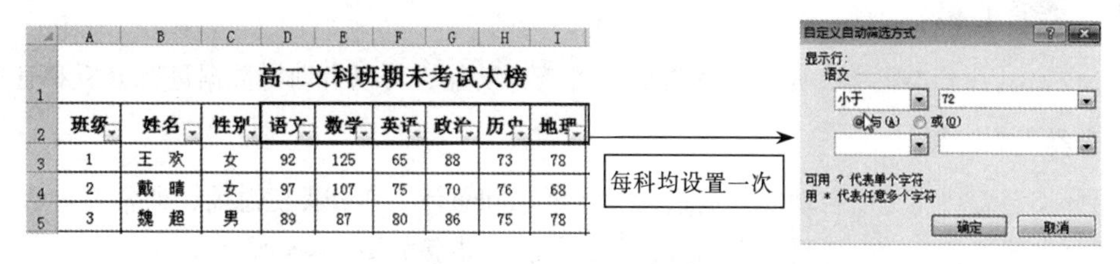

图 3-42　多条件自动筛选

2. 高级筛选

自动筛选功能主要用来筛选出某一列的数据，当需要筛选较多数据或筛选条件较多时，可以使用高级筛选功能。在使用高级筛选功能时，首先应建立一个条件区域，条件区域的第一行是筛选条件的标题名，并且该标题名应与工作表数据区域中的标题名相同，其他行则可以输入筛选条件。

高级筛选的具体操作步骤如图 3-43 所示。其中，当有多个筛选条件时，筛选条件之间的关系有“与”和“或”两种。筛选全不及格学生名单时，筛选条件之间就是“与”的关系；筛选单科不及格学生名单时，筛选条件之间就是“或”的关系。两类条件区域的格式如图 3-44 所示。

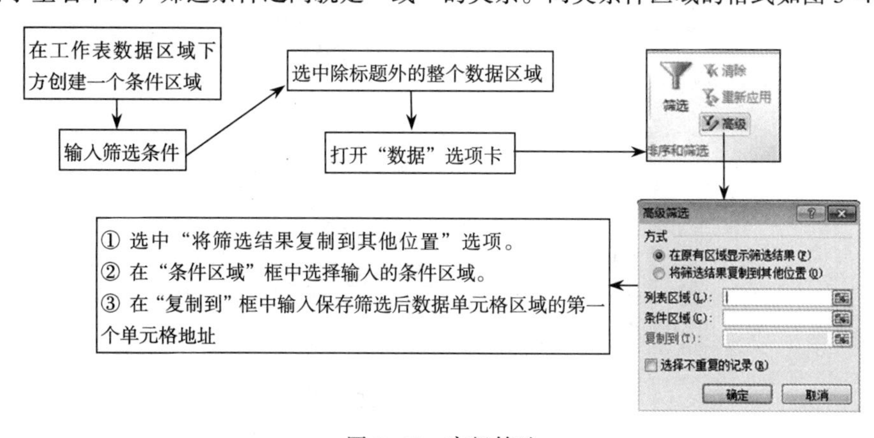

图 3-43　高级筛选

多条件"与"关系

语文	数学	英语	政治	历史	地理
<72	<90	<60	<60	<54	<54

多条件"或"关系，条件之间分行书写

语文	数学	英语	政治	历史	地理
<72					
	<90				
		<60			
			<60		
				<54	
					<54

图 3-44　高级筛选条件区域

四、分类汇总

在 Excel 中，"分类汇总"是软件内置的一种统计功能，可以自动对数据进行分析和管理。

1．分类汇总计算

使用分类汇总功能可以自动对数据进行分类汇总和总计。在分类汇总前，通常要对数据进行排序。现要求统计各班学生各科的平均分，其具体操作步骤如图 3-45 所示。

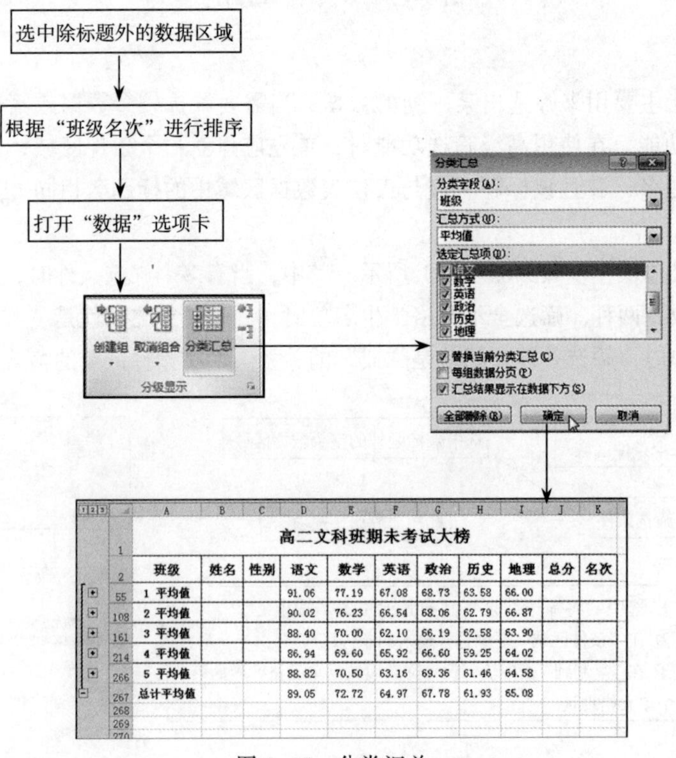

图 3-45　分类汇总

2. 清除分类汇总

使用分类汇总功能可以帮助用户对数据进行统计和分析。当需要清除当前的分类汇总时，只需要再次打开“分类汇总”对话框，单击“全部删除”按钮即可，如图 3-46 所示。

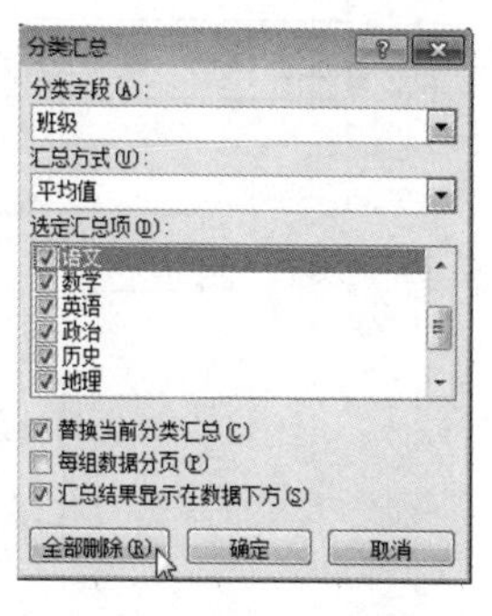

图 3-46 清除分类汇总

五、使用图表分析数据

Excel 为用户提供了条形图、柱状图、折线图和饼图等非常丰富的图表类型，在对数据进行分析处理时，可以运用这些图表，使数据分析处理更清晰、直观。

1. 创建图表

在 Excel 2010 中，创建图表的方法主要有两种，一是使用工具栏创建图表，二是通过向导创建图表。

（1）使用工具栏创建图表

通过工具栏创建图表的具体操作步骤如图 3-47 所示。

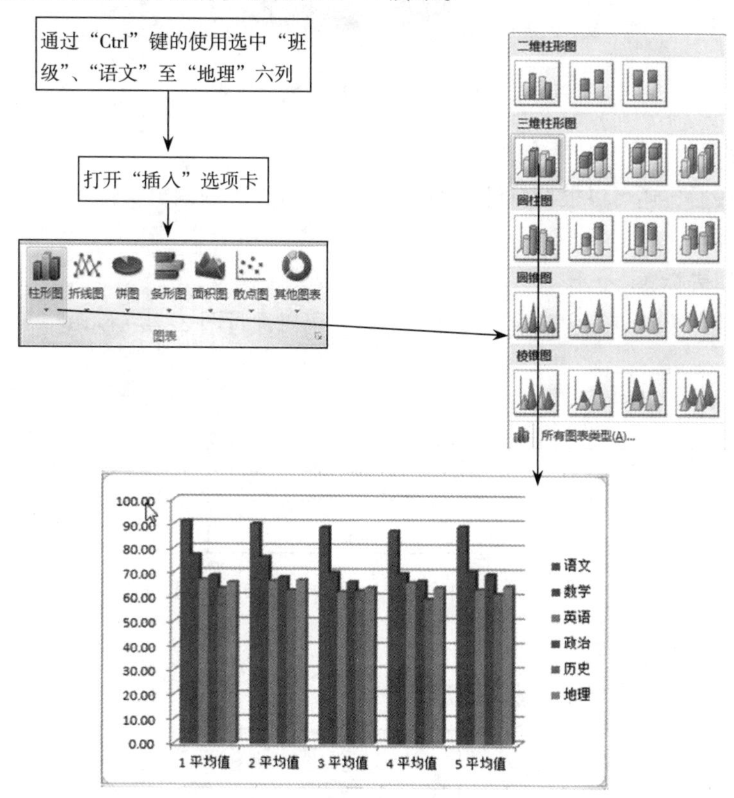

图 3-47 使用工具栏创建图表

（2）通过向导创建图表

在 Excel 2010 中，不仅可以使用“图表”工具栏创建图表，还可以使用“图表向导”创建图表，具体操作方法如图 3-48 所示。

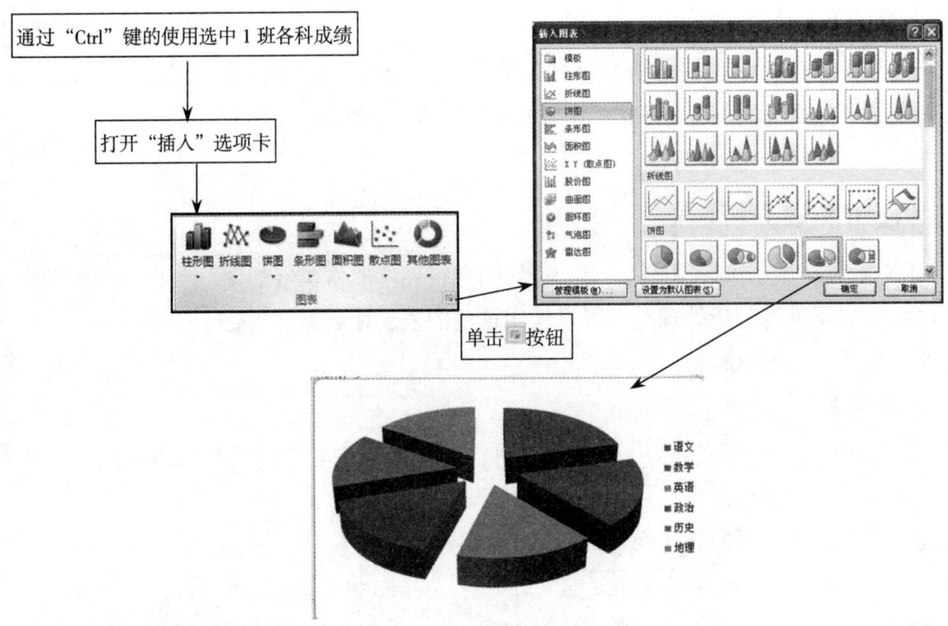

图 3-48 通过向导创建图表

2. 编辑图表

创建好图表后，还可以根据自己的需要对图表进行相应的编辑操作，从而使图表中的数据表现得更加清晰。

（1）添加图表标题

如果在创建图表的过程中没有添加图表标题，可以通过图 3-49 所示的方法进行添加。

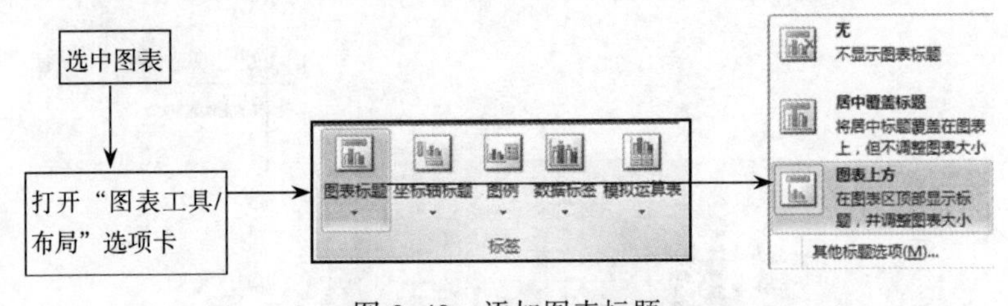

图 3-49 添加图表标题

（2）添加坐标轴标题

若创建的图表中没有横轴、纵轴标题，可以通过图 3-50 所示的方法进行添加。

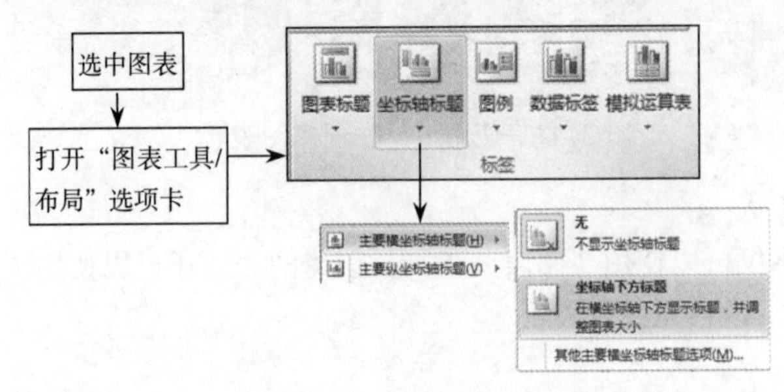

图 3-50 添加坐标轴标题

（3）设置图表坐标轴刻度

图表中的另一主要元素——刻度主要体现在坐标轴上。在创建图表时，Excel 会自动选用合适的坐标轴，应用默认的刻度方案。通过编辑坐标轴刻度，可以更改坐标轴的刻度单位值。其具体操作步骤如图 3-51 所示。

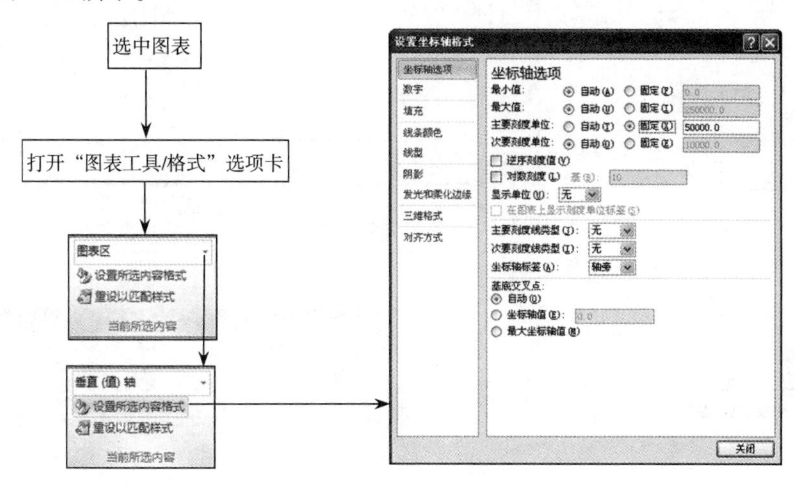

图 3-51　设置图表坐标轴刻度

（4）设置图表样式

对于图表的外观，可以通过将预定义的样式应用到图表，快速更改图表的形状、颜色等特性，而无须手动添加或更改图表元素或设置图表样式，如图 3-52 所示。

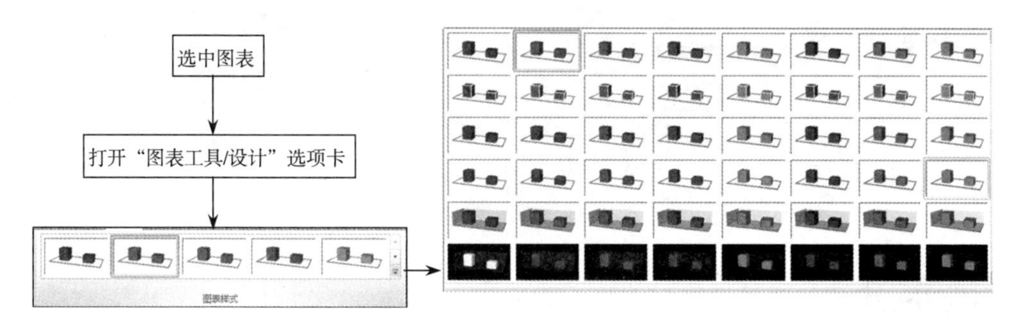

图 3-52　设置图表样式

（5）重新选择图表数据

若发现图表数据有误，可能是选择数据区域时失误造成的，需要重新选择图表数据进行纠正。其具体操作步骤如图 3-53 所示。

（6）更改图表类型

如果正在使用的图表类型的信息表达效果不好，可将当前图表更换为其他图表类型。将“各班各科平均”簇状柱形图表更换为折线图，其具体操作步骤如图 3-54 所示。

（7）更改图表位置

如果要将生成的图表作为新的工作表插入工作簿中，就需要改变图表的位置。其具体操作步骤如图 3-55 所示。

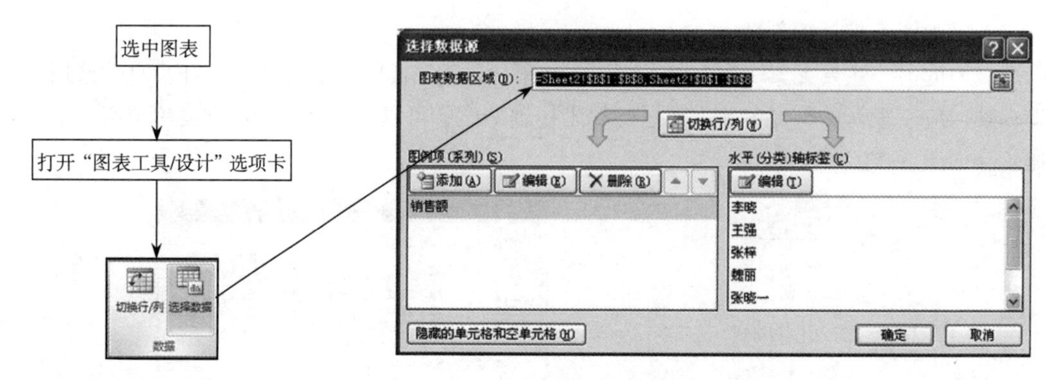

图 3-53　重新选择图表数据

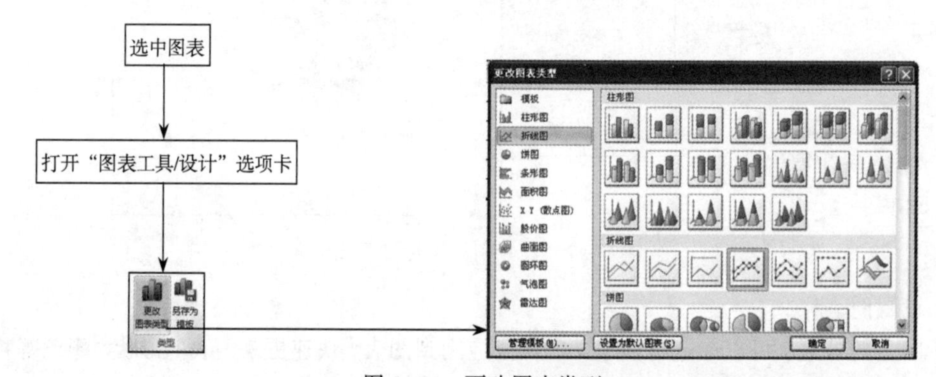

图 3-54　更改图表类型

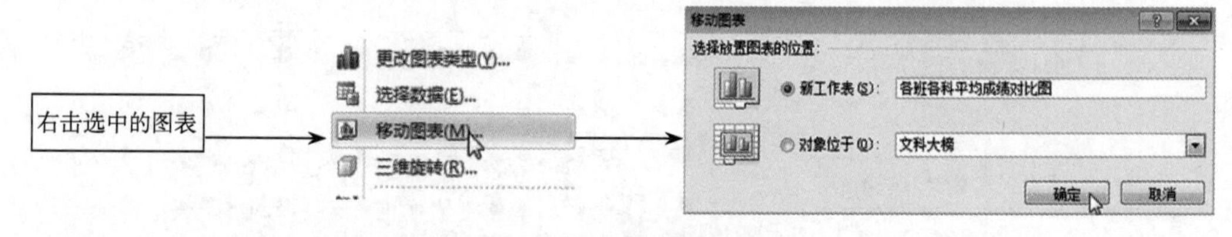

图 3-55　更改图表位置

任务拓展

1. 分级显示数据

在对数据表进行分类汇总操作后，汇总表的左上角会出现图 3-56 所示的分级显示符，用于分级显示数据（最多可创建 8 级）。其中“1”表示第一层，仅显示总的汇总结果范围；“2”表示第二层，显示第一层、第二层汇总结果，依此类推。下面的“+”表示隐藏分类数据明细，“-”表示显示分类数据明细。此外还可以通过组合行或列实现组合行列的显示与隐藏。

2. 图表类型选取原则

图表的作用是将数据转换为直观的可视化图形，需要针对所分析数据的特点选择准确的图表类型进行表达。Excel 2010 共有 11 种类型模板、73 种图形可供选择，常见的数据比较类型与图表类型的关系如图 3-57 所示。

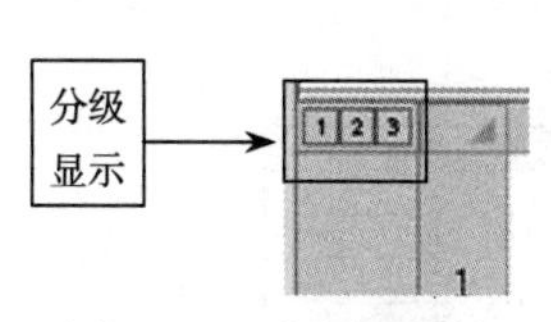

图 3-56　分级显示符

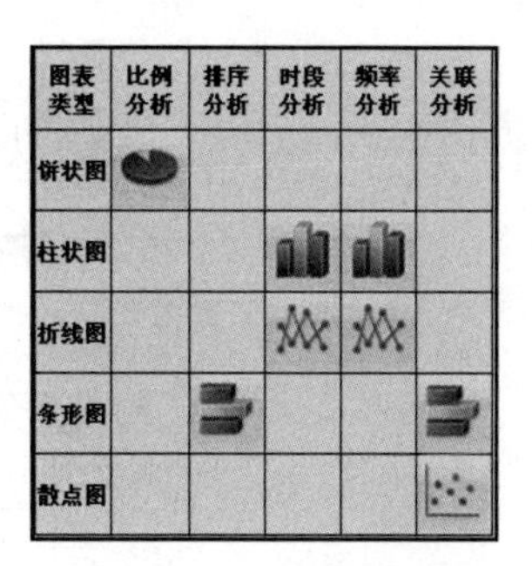

图表类型	比例分析	排序分析	时段分析	频率分析	关联分析
饼状图					
柱状图					
折线图					
条形图					
散点图					

图 3-57　图表类型选择

技能训练

根据图 3-37 所示某高中高二文科班 259 名学生期末考试成绩单，分析打印各班名次排行榜、各科成绩均为优秀学生名单、男女生各科平均分对比图。

技能综合训练

训练一　制作市内交通费报销单

1. 新建一个 Excel 文件，以“1 市内交通报销单”命名，在此文件中制作如图 3-58 所示报销单。

市内交通费报销单

报销单位：　　　　　　报销日期　　　年　　　月　　　日

出差日期		事　　　由	起止车站名	车票张数	金　　额			
月	日				车　费		误膳补贴	
合　　　　计								
人民币（大写）					¥........................			

负责人　　　　　　　　　　　　报销人

图 3-58　市内交通费报销单

2. 排版设置提示：

（1）页面：纸张大小、页边距。

（2）文字：字体、字号、文字方向、下画线，特殊符号。

（3）单元格：合并单元格（拆分单元格）、设置框线、行高、列宽、单元格对齐方式。

训练二　制作报价单

1. 新建一个 Excel 文件，以“2 讯通快递公司报价单”命名，在此文件中制作如图 3-59 所示报销单。

迅通快递公司

报价单

报价日期：
报价单号：
报价有效期至：

客户信息
客户姓名：
客户公司名称：
客户公司地址：

项目	目的地	重量	价格	备注

图 3-59　报价单

2. 排版设置提示：

（1）页面：纸张大小、页边距。

（2）自选图形、艺术字、文本框、剪贴画：格式设置。

（3）文字：字体、字号、文字方向、下画线，特殊符号。

（4）单元格：合并单元格（拆分单元格）、设置框线、行高、列宽、单元格对齐方式，

训练三

1. 创建一个 Excel 工作簿，命名为“3 畅销书网店一周售书详单”。在此文件中复制如下数据：

3 畅销书网店一周售书详单

产 品 名 称	售 货 日 期	单　价	数　量	销 售 额
人生不设限	2012-11-6	19.10	220	
心态决定命运	2012-10-2	16.30	140	
对生命说是	2012-9-13	20.86	80	
心态决定命运	2012-9-13	16.30	120	
人生不设限	2012-9-13	19.10	160	
人生不设限	2012-10-2	19.10	90	
心态决定命运	2012-11-6	16.30	110	
对生命说是	2012-10-2	20.86	70	
对生命说是	2012-11-6	20.86	30	
心态决定命运 总金额				

2. 将 A1:E1 单元格区域合并居中，加上蓝色底纹。设置表格标题为黑体，18 号字。除标题行外，表格行高 20，自动调整列宽。

3. 设置“售货日期”列为日期型，销售额保留 2 位小数。使用公式分别求出各个产品的销售

额，并在 B12 单元格中用函数计算出“心态决定命运”销售的总金额。

4. 为 A2:E12 单元格区域添加蓝色双线外边框，内部黑色细实线，表内数据中部居中。将此工作表命名为“原始记录”。

5. 复制“原始记录”表，将复制的工作表更名为“销售情况”。在“销售情况”工作表中根据“销售额”列从高到低排序，销售额相同时，则按产品名称降序排序。

6. 复制“原始记录”表，将复制的工作表更名为“销售调查”。在“销售调查”工作表中，筛选出数量大于 100 或者销售额大于 3 000 的产品记录，筛选的结果存储在 A15 单元格。

7. 在“原始记录”表中，根据 2012-11-6 日的产品名称和数量创建一个簇状柱形图，图表标题为“11 月 6 日销售量对比”，图例显示在右上角，数据标签显示值。将此图表作为对象插入 A15:E28 单元格区域中。

训练四

1. 创建一个 Excel 工作簿，命名为“4 畅销书网店一周售书详单”。在此文件中复制如下数据：

4 畅销书网店一周售书详单

产品名称	售货日期	单价	数量	销售额	销售名次
人生不设限	2012-11-6	19.10	220		
心态决定命运	2012-10-2	16.30	140		
对生命说是	2012-9-13	20.86	80		
心态决定命运	2012-9-13	16.30	120		
人生不设限	2012-9-13	19.10	160		
人生不设限	2012-10-2	19.10	90		
心态决定命运	2012-11-6	16.30	110		
对生命说是	2012-10-2	20.86	70		
对生命说是	2012-11-6	20.86	30		

2. 将 A1:F1 单元格区域合并居中，加上蓝色底纹。设表格标题为黑体，18 号字。除标题行外，表格行高 20，自动调整列宽。

3. 设置“售货日期”列为日期型，销售额保留 2 位小数。使用公式分别求出各个产品的销售额，及销售额名次。

4. 为 A2:F11 单元格区域添加蓝色双线外边框，内部黑色细实线。表内数据中部居中。将此工作表命名为“原始记录”。

5. 复制“原始记录”表，将复制的工作表更名为“售货统计”。用分类汇总方法，在“售货统计”工作表中按照售货日期统计销售额总数。

6. 在“原始记录”表中，根据 2012-10-2 日的产品名称和销售额创建一个簇状柱形图，图表标题为“10 月 2 日销售额对比”，在底部显示图例，数据标签显示值。将此图表作为新表插入“原始记录”工作表之后。

单元四 演示文稿设计与制作

基本理论

- 掌握演示文稿的基本操作方法;
- 掌握幻灯片的制作方法;
- 掌握幻灯片设计的方法及其原则;
- 掌握幻灯片中插入对象及设计动画效果的方法;
- 掌握幻灯片放映设置及页面布局的设置方法。

基本技能

- 会利用 Word 文稿内容要点生成演示文稿，保存、打包或发布到 Internet 上;
- 搜索并组织幻灯片素材，并将各种对象添加到幻灯片中;
- 能够熟练编辑幻灯片及各插入对象;
- 熟练设置幻灯片的动画效果并美化外观;
- 使用超链接技术及动作按钮创建交互式演示文稿。

任务一　制作“关于大学生消费情况的调查报告”

任务描述

某高校学生团队，为了解当代大学生在校期间的消费情况，开展了一次关于大学生消费情况的调查，调查结束后，欲用幻灯片的形式报告其调查基本情况，其效果如图 4-1 所示。

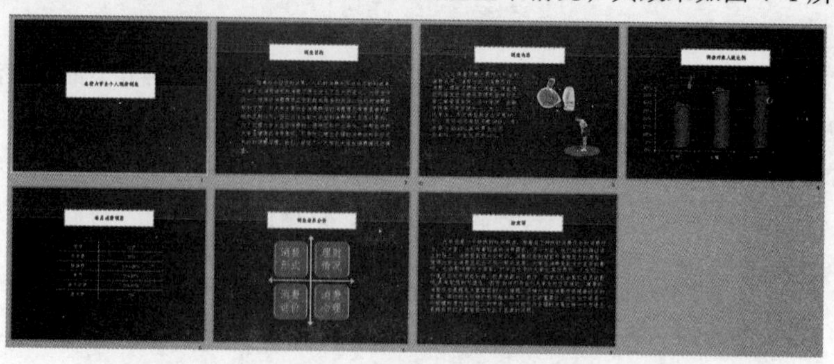

图 4-1　“调查报告”演示文稿

任务分析

电子演示文稿广泛运用于各种会议、产品演示、学校教学以及电视节目制作等。在制作幻灯片时，应会创建、编辑、保存幻灯片等基本操作。在添加幻灯片时，应根据具体内容，选择合理的幻灯片版式。应用设计模版美化幻灯片的外观。设置幻灯片的放映方式，最后在播放幻灯片时对幻灯片进行操作和控制。

流程设计

- 创建演示文稿；
- 设计与制作幻灯片；
- 放映幻灯片；
- 保存演示文稿。

任务实现

一、创建演示文稿

1. PowerPoint 2010 的启动

启动 PowerPoint 2010 的方法有很多种，用户可根据自己的操作习惯，选择一种简单方便的方法。一般情况下，PowerPoint 2010 最基本的启动方法有以下两种，用户可以任选其一。

方法一：其具体操作步骤如图 4-2 所示。

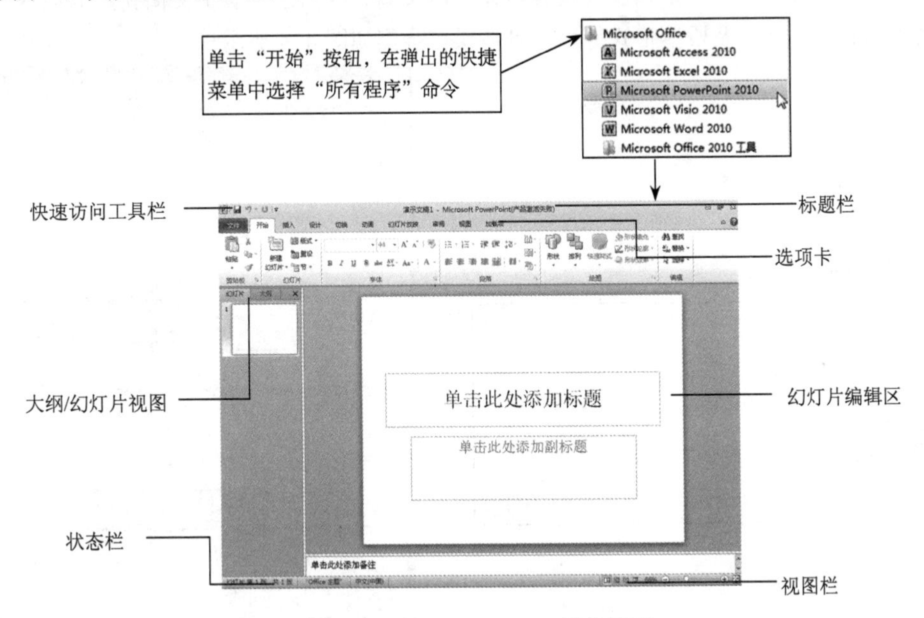

图 4-2　PowerPoint 2010 操作界面

方法二：打开“文件”选项卡，选择“新建”命令，在“新建演示文稿”对话框中选择“空白演示文稿”，单击“创建”按钮。

方法三：使用快捷键“Ctrl+N”。

2．根据设计模板新建演示文稿

设计模板就是带有各种幻灯片版式以及配色方案的幻灯片模板，新建演示文稿是应用这些设计模板创建的。打开一个模板后，只需根据自己的需要输入内容，这样就省去了设计文稿格式的时间，提高了工作效率。PowerPoint 2010 提供了多种设计模板的样式供用户选择，用户可在具有设计概念、字体和颜色方案的 PowerPoint 模板的基础上创建演示文稿。除了使用 PowerPoint 提供的模板外，还可以使用自己创建的模板。利用模板新建演示文稿的具体操作步骤如图 4-3 所示。

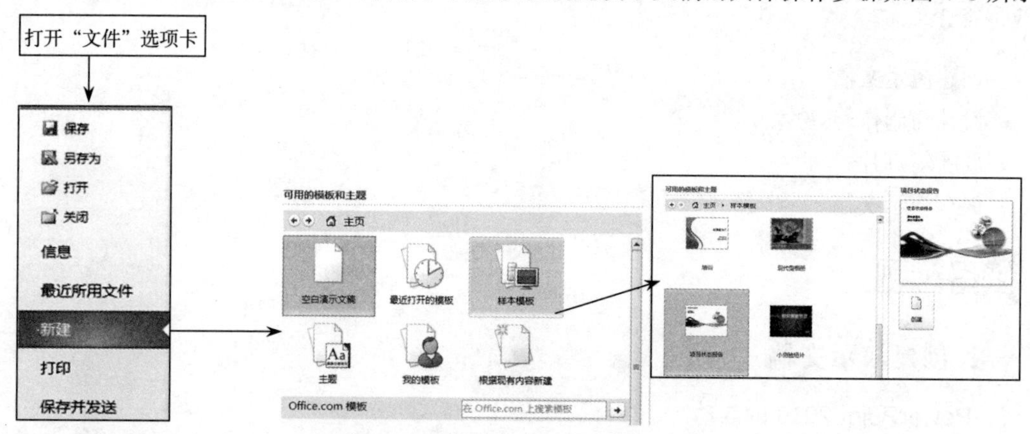

图 4-3　根据设计模板新建演示文稿

3．根据现有演示文稿新建演示文稿

除了以上方法外，还可以根据现有内容新建演示文稿。根据已有演示文稿新建的演示文稿自动应用其中的背景、文本及段落格式等，其具体操作步骤如图 4-4 所示。

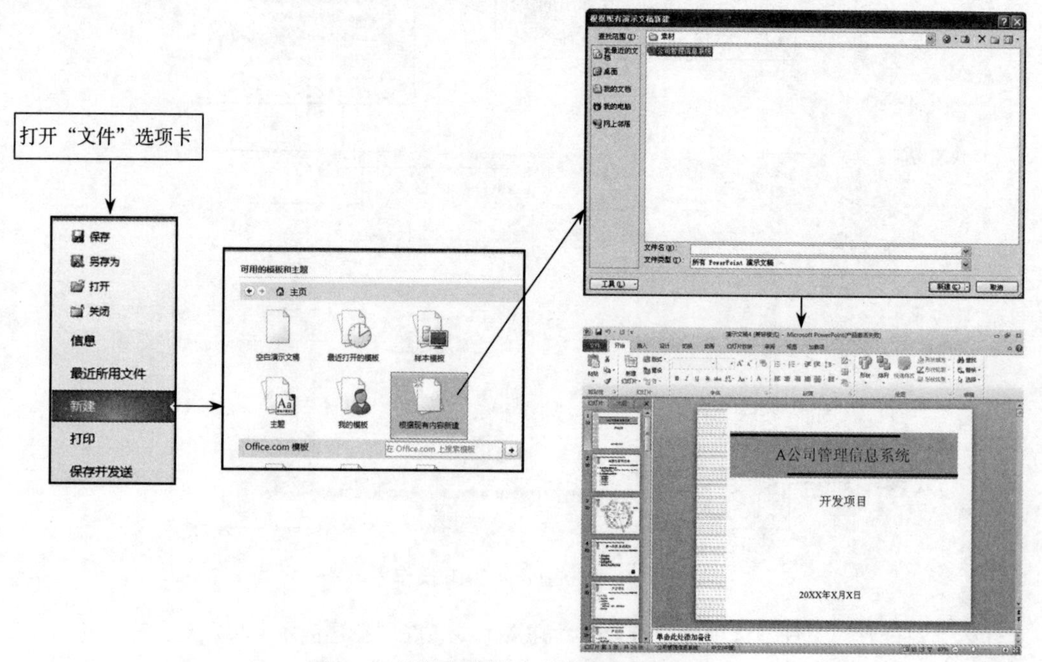

图 4-4　根据现有演示文稿新建演示文稿

4．添加新幻灯片

当演示文稿中幻灯片的数量不够时，就需要添加新幻灯片。其具体操作步骤如图 4–5 所示。

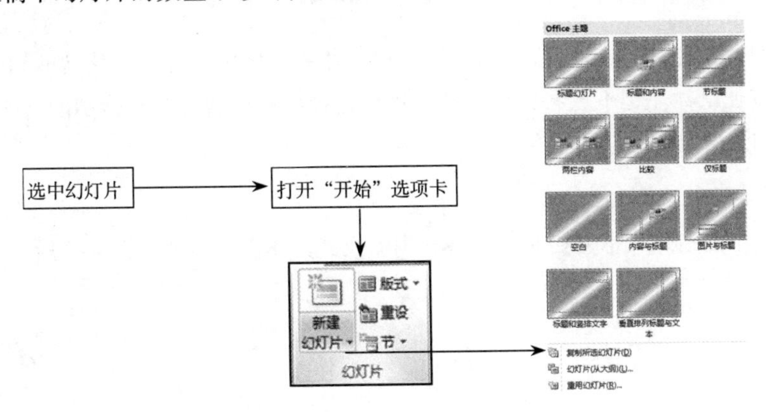

图 4–5 添加幻灯片

5．修改幻灯片版式

用户可以自由地在新建的演示文稿中进行创作，展现个人的思想和风格，可以对原有的版式进行修改，其具体操作步骤如图 4–6 所示。

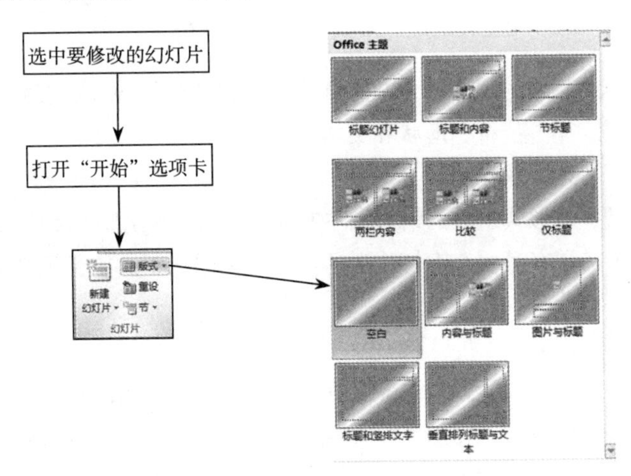

图 4–6 修改幻灯片版式

6．移动和复制幻灯片

如果想调整幻灯片的顺序或者想要插入一张与已有幻灯片相同的幻灯片，就可以通过移动和复制幻灯片来节约大量的时间和精力。移动和复制幻灯片的常用方法如下：

① 在普通视图的“幻灯片”任务窗格中，选择要移动的幻灯片图标，按住鼠标左键不放将其拖动到目标位置释放鼠标便可移动该幻灯片，在拖动的同时按住“Ctrl”键不放则可复制该幻灯片。

② 在普通视图的“幻灯片”任务窗格中，选择要移动的幻灯片图标，然后右击，在弹出的快捷菜单中选择“剪切”或“复制”命令，然后将鼠标指针定位到目标位置处，右击后，在弹出的快菜单中选择“粘贴”命令。

③ 在普通视图的“幻灯片”任务窗格中，选择要移动的幻灯片缩略图，在“开始”选项卡的“剪贴板”栏中单击“剪切”按钮或“复制”按钮，将鼠标指针定位到目标位置处单击“粘贴”按钮。

④ 在幻灯片浏览视图或普通视图的“幻灯片”任务窗格中，选择要移动的幻灯片或幻灯片缩略图，然后按住鼠标左键不放将其拖动到目标位置释放鼠标即可，在拖动的同时按住“Ctrl”键不放则可复制选中的幻灯片。

7. 删除幻灯片

当演示文稿中的幻灯片不需要时，可将其删除，其具体操作步骤如图 4-7 所示。

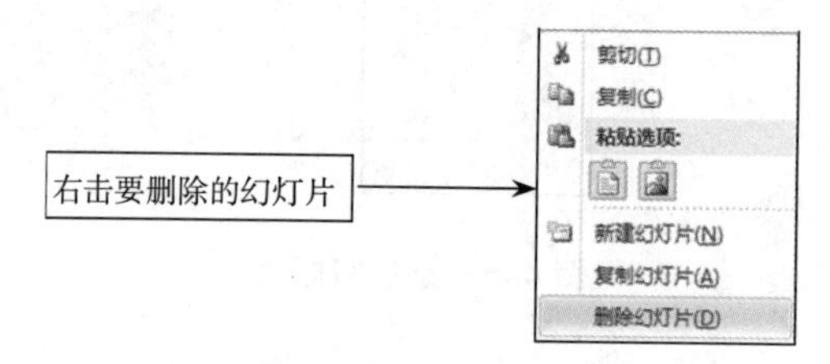

图 4-7　删除幻灯片

二、设计与制作幻灯片

1. 输入文本

文本是幻灯片内容的基本组成部分。在幻灯片中，文本不像 Word 那样可以随意输入，用户只可以将文本添加到幻灯片占位符、形状和文本框中。

（1）在占位符中添加正文或标题

幻灯片版式包含以各种形式组成的语言文本和对象占位符。用户可以在文本和对象占位符中键入标题、副标题和正文文本。要在幻灯片上的占位符中添加正文或标识文本，可以在文本占位符中单击，然后键入或粘贴文本。

（2）将文本添加到形状中

正方形、圆形、标注批注和箭头总汇等形状中也可以添加文本。在形状中输入文本时，文本会附加到形状并随形状一起移动和旋转。将文本添加到形状中的操作步骤如图 4-8 所示。

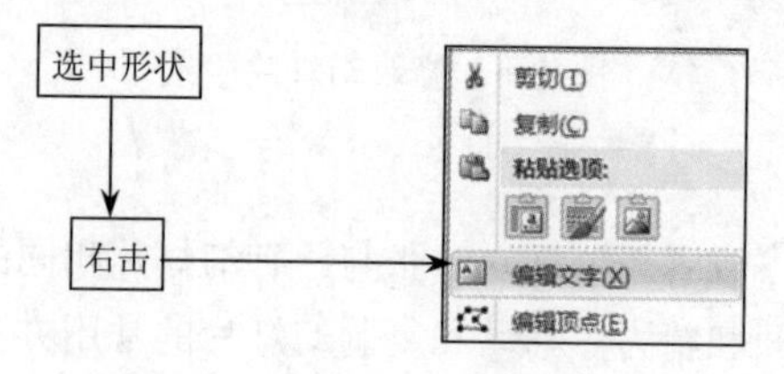

图 4-8　在形状中添加文本

2. 插入对象

在制作幻灯片时，经常要加入与内容相关的图片，或者插入剪贴画以搭配幻灯片的内容。在幻灯片中插入图片、形状、SmartArt 图形等对象的操作步骤与 Word 一致，如图 4-9 所示。

图 4-9　插入对象

3. 插入图表

幻灯片的制作更需要注重将重要的内容量化显示，这时，使用图表就比使用单纯的数字列表效果更好。插入图表的具体操作步骤如图 4-10 所示。

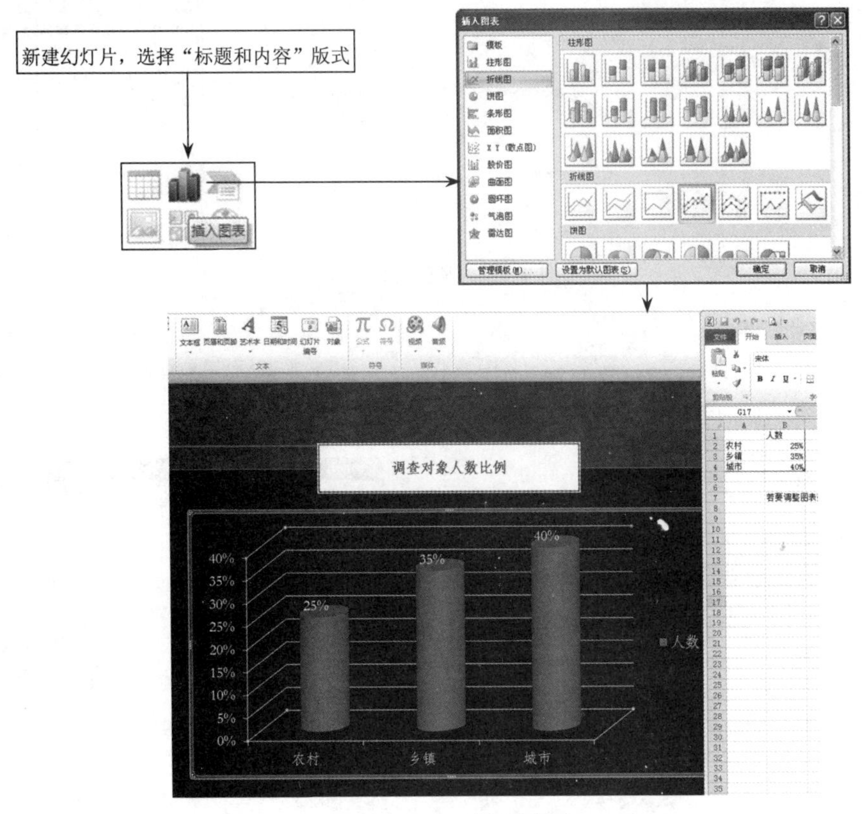

图 4-10　插入图表

4. 插入编辑表格

为了增强幻灯片的效果，可在幻灯片中插入表格并进行编辑。在幻灯片中插入表格具体操作步骤如图 4-11 所示，编辑表格的具体操作步骤如图 4-12 所示。

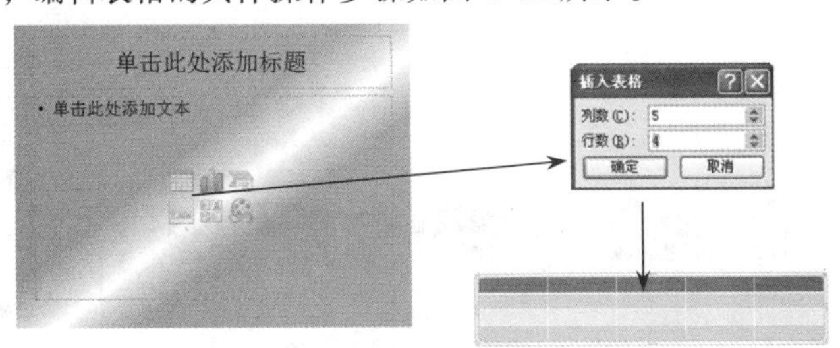

图 4-11　在幻灯片中插入表格

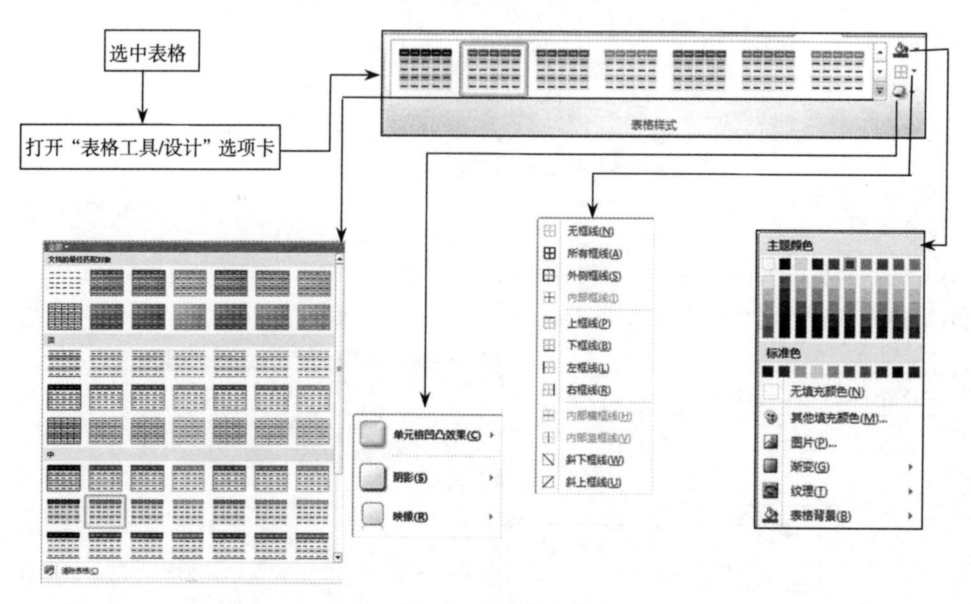

图 4-12　编辑表格

5．设置幻灯片背景

幻灯片背景是指作为每张幻灯片的背景图案和图形，通过设置幻灯片背景可使演示文稿的所有幻灯片采用统一的背景图。其具体操作步骤如图 4-13 所示。

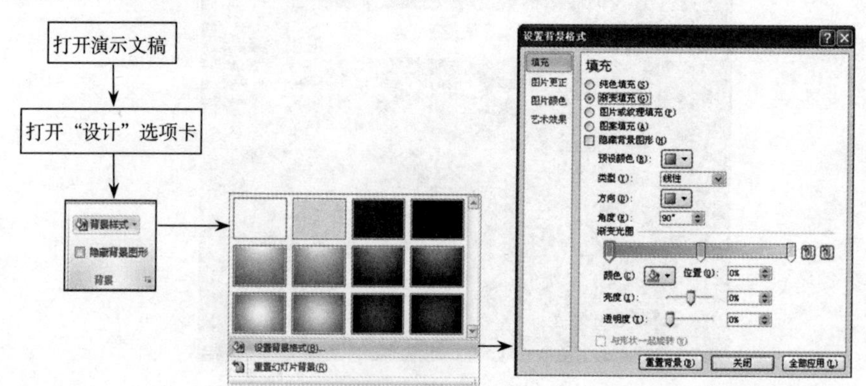

图 4-13　设置幻灯片背景

6．使用和修改幻灯片主题

利用幻灯片的设计“主题”功能，能快速为整套幻灯片改变风格。其具体操作步骤如图 4-14 所示。

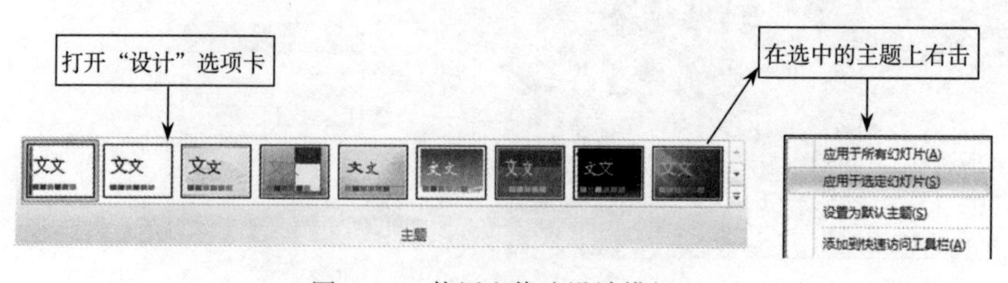

图 4-14　使用和修改设计模板

三、演示文稿的放映

1. 设置放映方式

一般情况下，系统默认的幻灯片放映方式为演讲者放映方式。但是在不同场合下演讲者可能会对放映（全屏幕）方式有不同的需求，这时就可以通过“设置放映方式”对话框对幻灯片的放映方式进行设置，其具体操作步骤如图 4–15 所示。

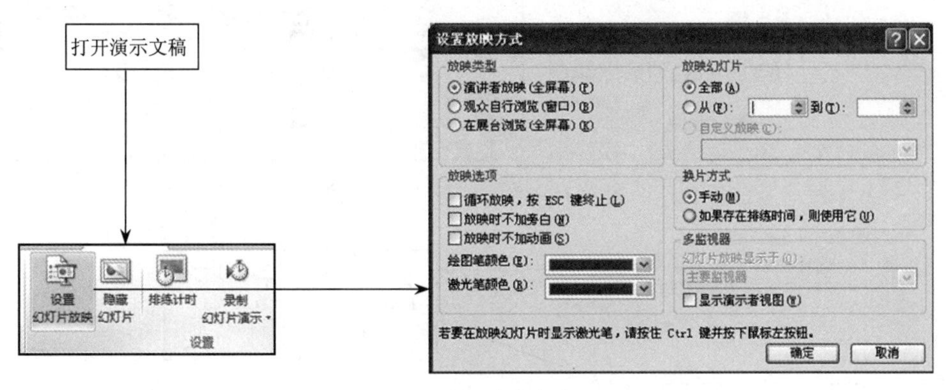

图 4–15　设置放映方式

放映类型包括三种方式，演讲者放映、观众自行浏览、在展台浏览，其具体功能如下：

① 演讲者放映（全屏幕）：在演示文稿的播放过程中，演讲者具有完整的控制权，可以根据设置采用人工或自动方式放映，也可以暂停演示文稿的放映，对幻灯片中的内容做标记还可以在放映过程中录下旁白。这种方式较为灵活，又称手动放映方式。

② 观众自行浏览（窗口）：在其播放过程中，不能通过单击进行放映，但是可以通过拖动滚动条或单击滚动条两端的“向上”按钮和“向下”按钮浏览放映的幻灯片，该方式又称交互式放映方式。

③ 在展台浏览（全屏幕）：在放映过程中，除了保留鼠标指针用于选择对象进行放映外，其他功能全部失效，终止放映只能使用“Esc”键，如果放映完毕 5 min 后没得到用户指令，将循环放映演示文稿，因此又称自动放映方式。

2. 设置幻灯片的切换效果

切换效果即从一个幻灯片切换到另一个幻灯片时所采用的各种显示方式，是一种加在幻灯片之间的特殊效果。使用幻灯片切换效果后，幻灯片会变得更加生动，同时还可以为其设置 PowerPoint 自带的多种声音来陪衬切换效果，也可以调整切换速度。幻灯片切换效果最好是在幻灯片浏览视图中进行设置，其具体操作步骤如图 4–16 所示。

3. 放映演示文稿

制作演示文稿的最终目的就是要在计算机屏幕或者投影仪上播放，具体操作方法如下：

① 选择“幻灯片放映”选项卡“开始放映幻灯片”组中的相应放映方式，具体操作步骤如图 4–17 所示。

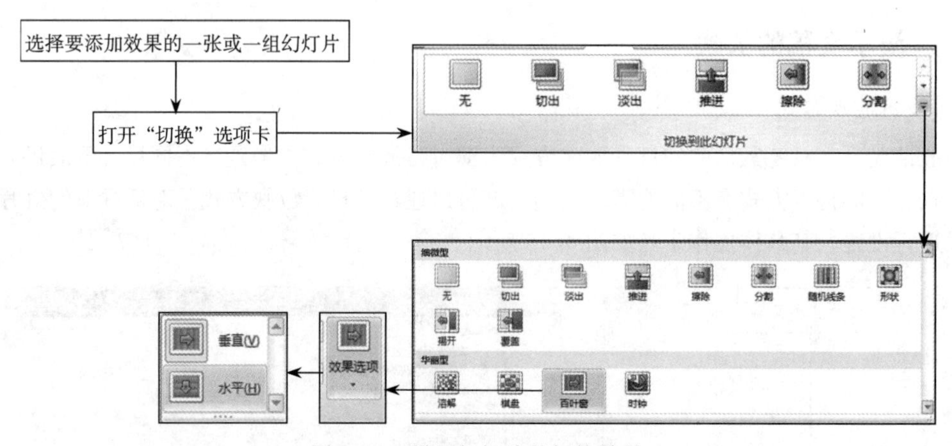

图 4-16 设置幻灯片的切换效果

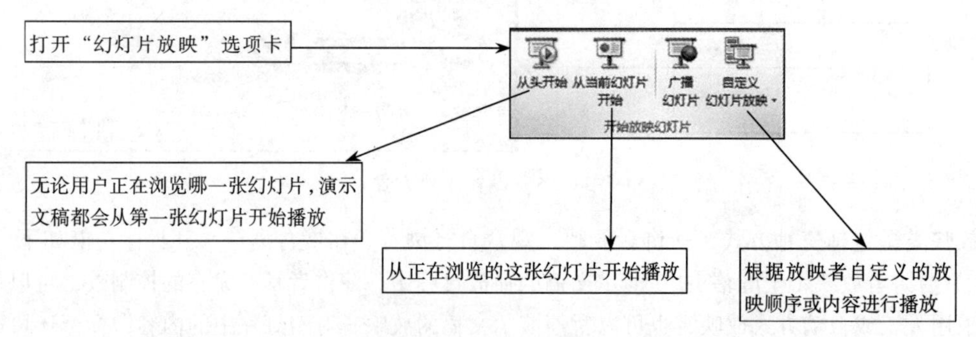

图 4-17 放映演示文稿

② 选择“视图”选项卡“演示文稿视图”组中的“幻灯片放映”命令。

③ 按“F5”键。

④ 单击视图栏的“幻灯片放映”按钮。

任务拓展

1. 视图切换

PowerPoint 提供有四种不同的视图，每一种视图都有自己的特点，用户可以根据需要在各种视图之间切换。最常用的视图方式是普通视图和幻灯片放映视图，视图方式如图 4-18 所示。

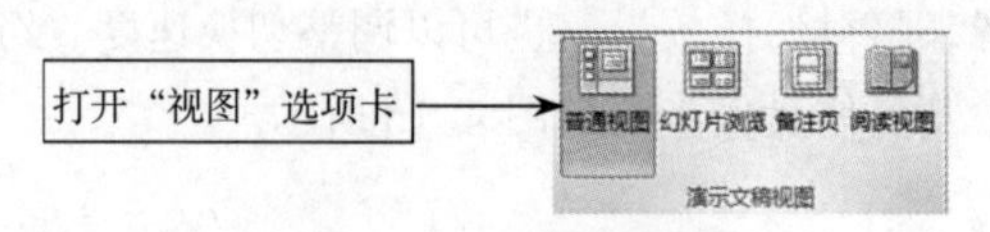

图 4-18 视图切换

① 普通视图：包含“大纲”视图和“幻灯片”视图两种。其中“幻灯片”视图是使用率最高的视图方式 ，所有的幻灯片编辑都可以在该视图方式下进行；而“大纲”视图则是为了方便组织幻灯片结构和编辑文本而设计的。

② 幻灯片浏览视图：是以缩略图形式显示的幻灯片的专有视图。在这种视图中用户可以整

体浏览所有幻灯片的效果，并能方便地进行幻灯片的复制、移动和删除等操作。

③ 幻灯片放映视图：是把幻灯片中的幻灯片以全屏幕的方式显示出来，在这种屏幕视图中用户所看到的就是将来观众所看到的。

④ 备注页视图：用来供用户添加幻灯片的备注，供幻灯片的演示者参考，并且还可以打印出来。

2. 控制幻灯片的放映

在播放幻灯片时，演讲者对幻灯片的控制也是十分关键的。因为演讲者在进行讲解时，为了突出演讲内容的重点与难点，演讲者需要上下切换幻灯片或在幻灯片上添加批注性的语言来方便读者理解。

（1）幻灯片之间的切换

启动幻灯片放映后，可以用以下方法实现各幻灯片之间的切换：

- 利用“PageUp”键和“PageDown”键；
- 利用“↑”“↓”“←”“→”键；
- 利用“Space”键和“Enter”键；
- 在幻灯片的任意位置右击，在弹出的快捷菜单中选择“上一张”“下一张”命令来进行切换。

（2）为幻灯片添加注释

在幻灯片放映时，除了可以用鼠标切换幻灯片外，还可以用鼠标在幻灯片上进行批注、勾画等操作，以吸引观众的注意力和增强幻灯片的表现力。其具体操作步骤如图 4-19 所示。

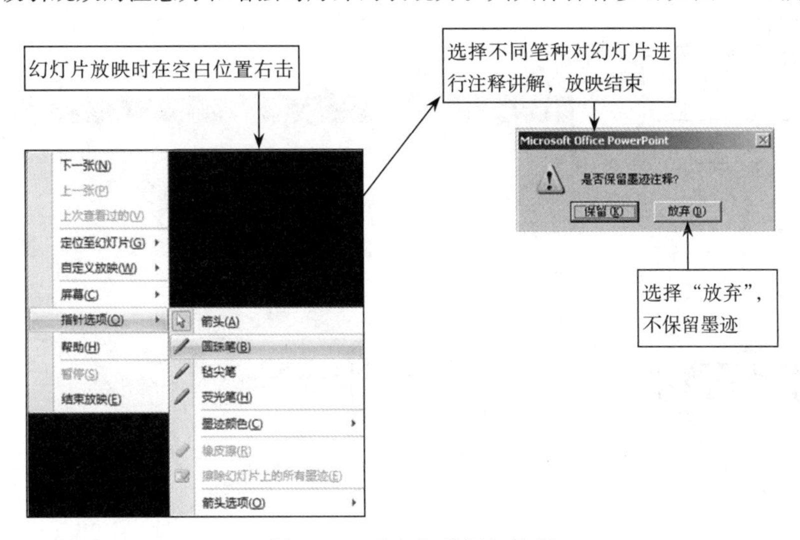

图 4-19 为幻灯片添加注释

3. 实现幻灯片的循环播放

用户可以设置幻灯片的播放方式，使得幻灯片在播放到结尾以后，自动回到开头，开始下一次的播放。这种情况适用于展台介绍等场合。其具体操作方法如图 4-20 所示。

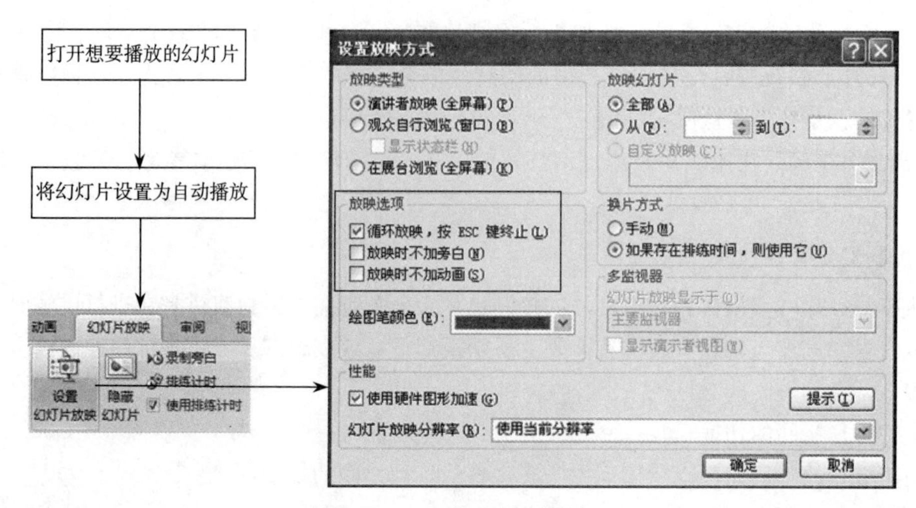

图 4-20 幻灯片循环播放

4. 将幻灯片保存为直接播放形式

幻灯片除默认的.pptx 格式外，还有一种常用的保存类型.ppsx 格式。

① .pptx 格式：主要用于对幻灯片的重新编辑和修改，双击该类型的文件直接启动 PowerPoint 软件；

② .ppsx 格式：是演播格式，双击该格式的文件时不启动 PowerPoint 软件，而是直接进入幻灯片的播放状态，希望编辑该格式的幻灯片时，只要启动 PowerPoint 软件，在“文件”选项卡中打开.ppsx 格式的文件即可。

其具体操作步骤如图 4-21 所示。

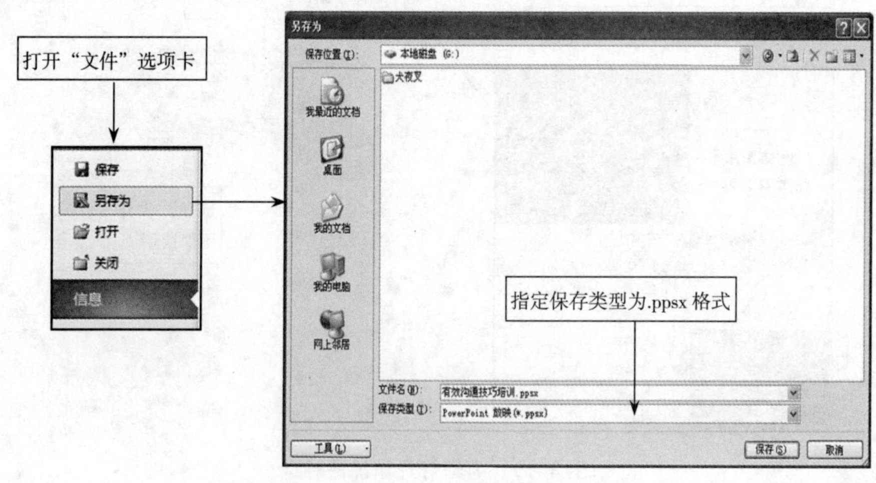

图 4-21 保存为直接播放的幻灯片

技能训练

某房地产公司新开发了一个楼盘，公司要对销售人员进行与客户有效沟通技巧的培训，采用幻灯片来进行讲解，主要内容包括沟通的定义、有效沟通的原则、沟通的特点等。

针对上述内容要求制作有效沟通技巧培训的幻灯片，要突出主题、文字简练、版式灵活多样、背景风格统一、方便控制放映。其效果如图 4–22 所示。

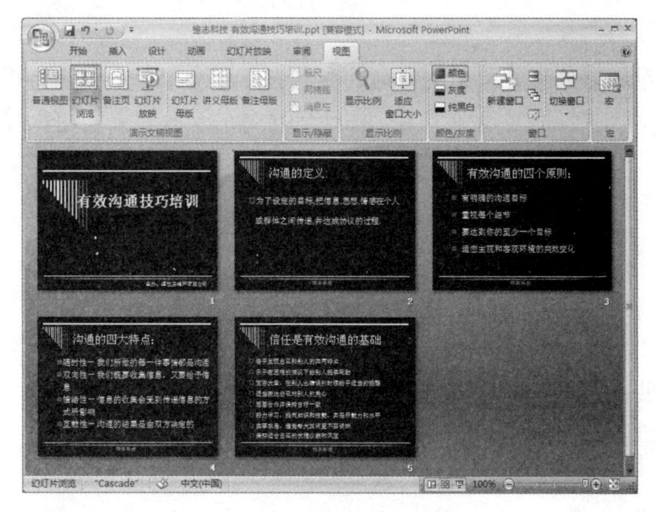

图 4–22 有效沟通技巧培训

任务二 制作“报表与标签设计”课件

任务描述

某校教师为辅助教学，现根据教材内容，制作了“报表与标签设计”教学课件。课件内容能随时根据教学进展，跳转放映相应幻灯片。其效果如图 4–23 所示。

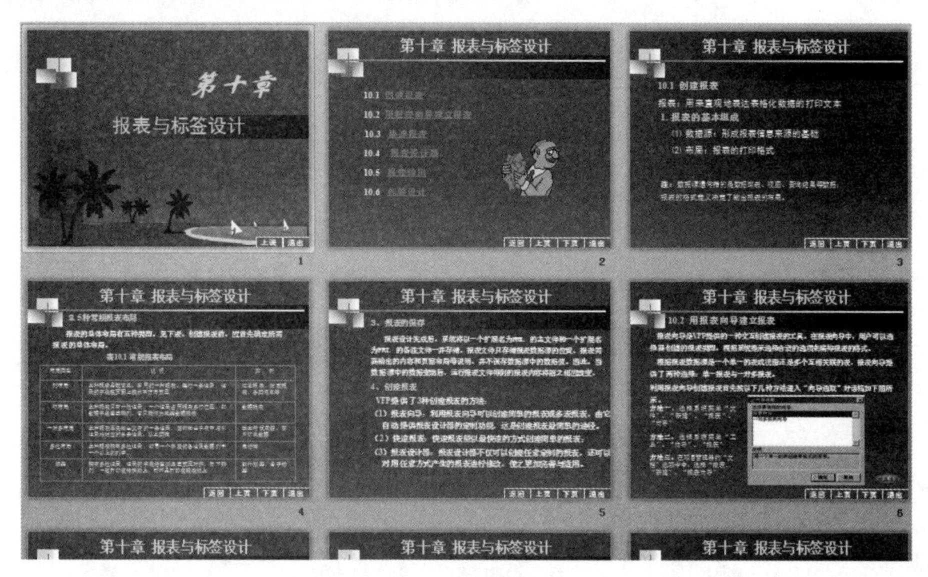

图 4–23 课件演示文稿

任务分析

在制作图文并茂的幻灯片时，要根据具体内容在幻灯片中添加图片、视频等对象并进行编辑。根据幻灯片中对象的色彩，调整幻灯片的配色方案。利用图示创建组织结构图、调整位置及形状。为增强视觉效果，适当设置文本、图形等对象的动画效果、超链接、动作按钮、幻灯片的切换等。

流程设计

- 创建演示文稿并应用设计模板；
- 添加、编辑音频对象、超链接及动作按钮；
- 设置动画效果；
- 设置幻灯片切换效果；
- 放映幻灯片；
- 保存演示文稿。

任务实现

一、创建课件

1. 在幻灯片中插入视频

在幻灯片中，可以插入.avi、.wmv、.flash 等格式的视频文件，以便在放映过程中播放。插入视频文件的具体操作步骤如图 4-24 所示。

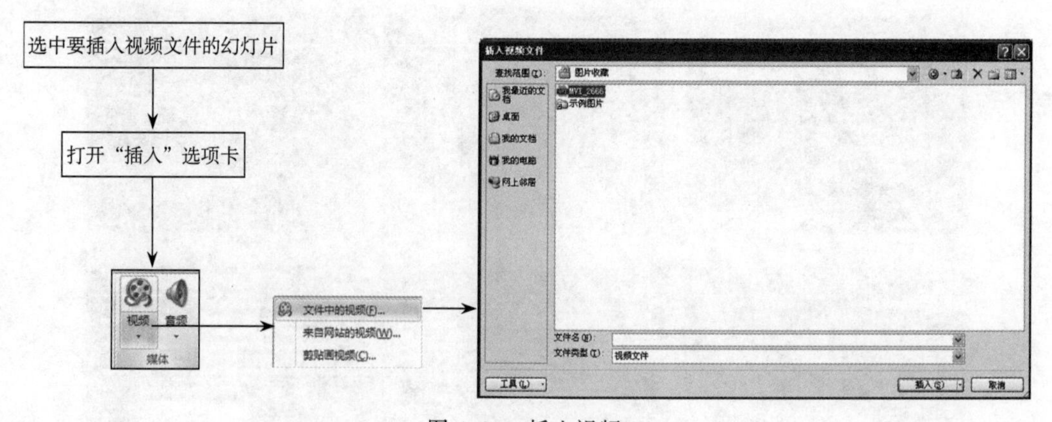

图 4-24　插入视频

2. 在幻灯片中插入声音

为了丰富幻灯片的表达效果，除了可以插入影片外，还可以插入声音文件，具体操作步骤如图 4-25 所示。

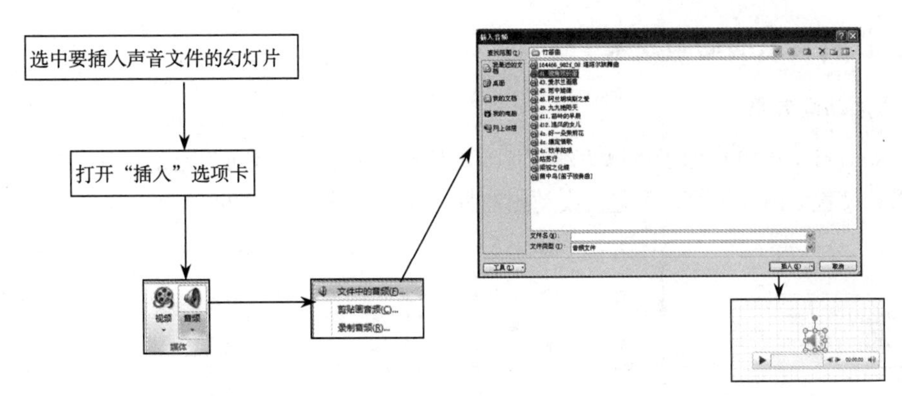

图 4-25 插入声音文件

3．插入超链接

在放映演示文稿的过程中，如果要从一张幻灯片跳转到另一张幻灯片，除了可以通过播放流程控制实现外，还可以通过超链接实现。其具体操作步骤如图 4-26 所示。

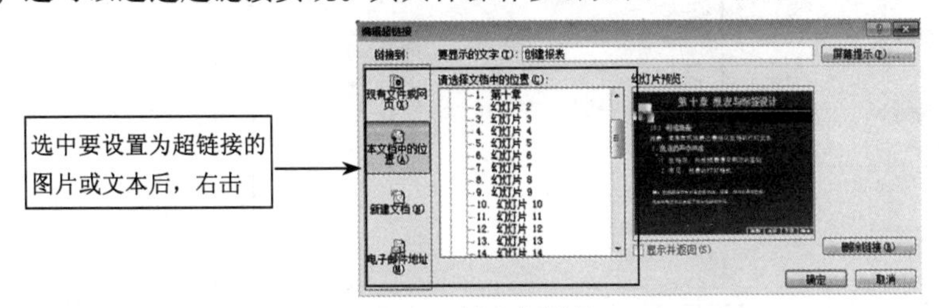

图 4-26 插入超链接

4．添加动作按钮

PowerPoint 2010 提供了一组动作按钮，用户可以任意添加，以便在放映过程中跳转到其他幻灯片，或者激活声音文件、影片等。添加动作按钮具体操作步骤如图 4-27 所示。

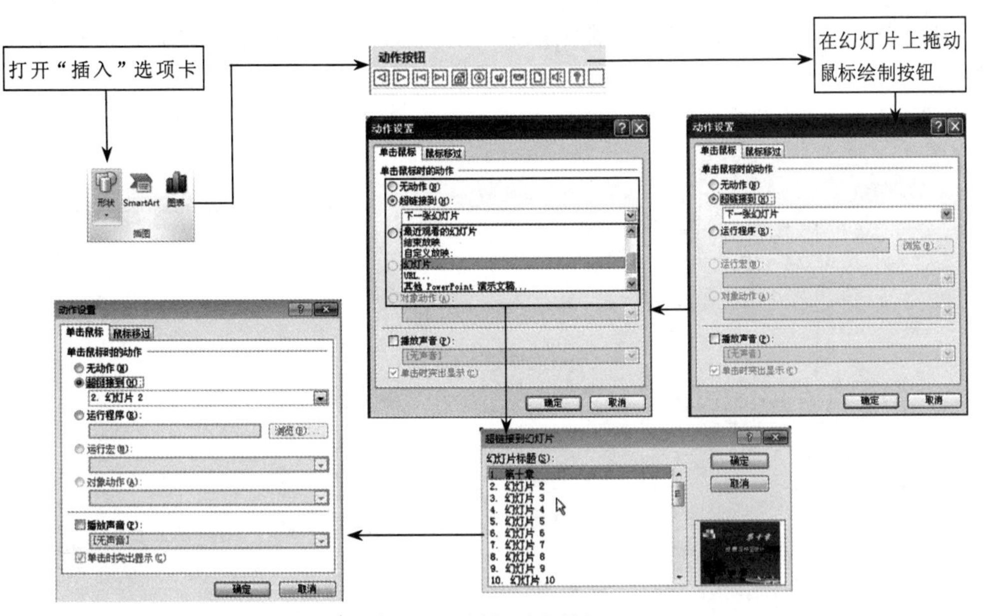

图 4-27 添加动作按钮

二、设置对象的动画效果

1．添加动画效果

在 PowerPoint 2010 中除了可以为幻灯片添加切换效果之外，还可以给幻灯片的各个对象设置动画效果。设置动画效果时，设置预设动画的具体操作步骤如图 4-28 所示。

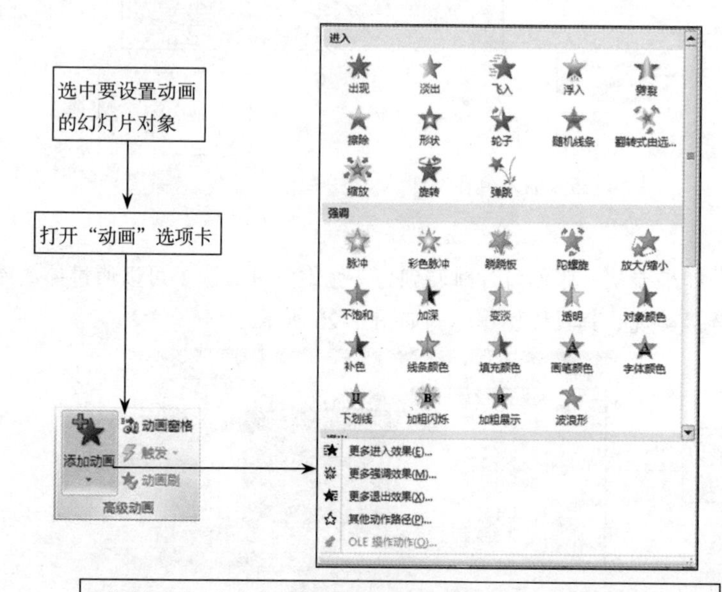

图 4-28　添加动画效果

2．更改动画效果

添加动画效果之后，用户还可以继续编辑，如更改效果、调整动画效果播放顺序及设置动画参数等。

设置动画效果后，若对某个对象的动画效果不满意，可以进行更改，其具体操作步骤如图 4-29 所示。

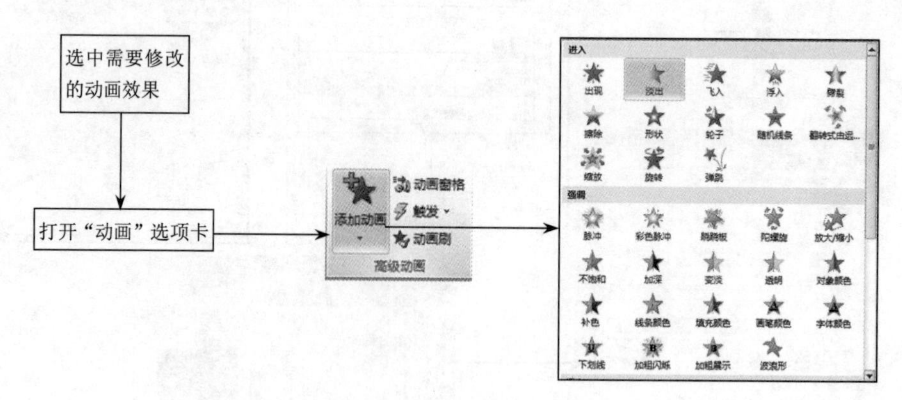

图 4-29　更改动画效果

3. 调整动画效果播放顺序

每张幻灯片的动画效果播放顺序都是按照添加动画效果的顺序进行的，用户也可根据需要调整动画效果的播放顺序，其具体操作步骤如图 4-30 所示。

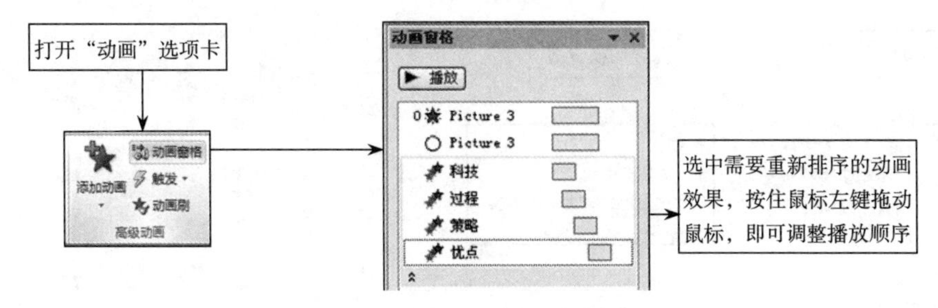

图 4-30 调整播放动画顺序

4. 设置动画参数

每个动画效果都有相应的参数，如开始方式、速度等。设置动画参数的具体操作步骤如图 4-31 所示。

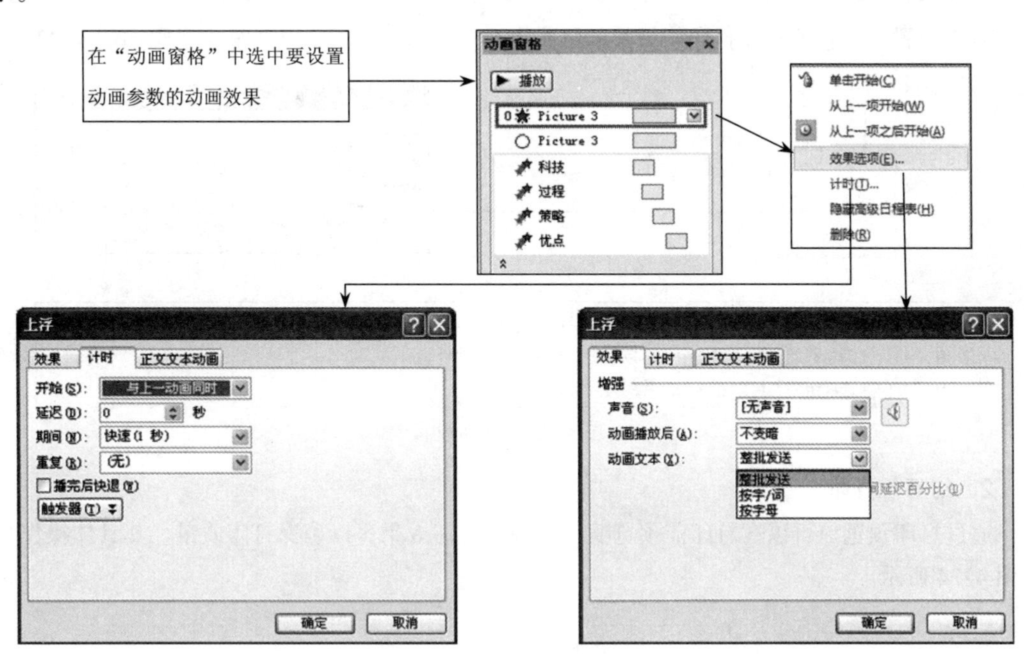

图 4-31 设置动画参数

三、幻灯片切换效果

所谓幻灯片切换是加在幻灯片之间的特殊效果。在幻灯片放映过程中，由一张幻灯片切换到另一张幻灯片时，切换效果可以用多种不同的技巧将下一张幻灯片显示到屏幕上。其具体操作步骤如图 4-32 所示。

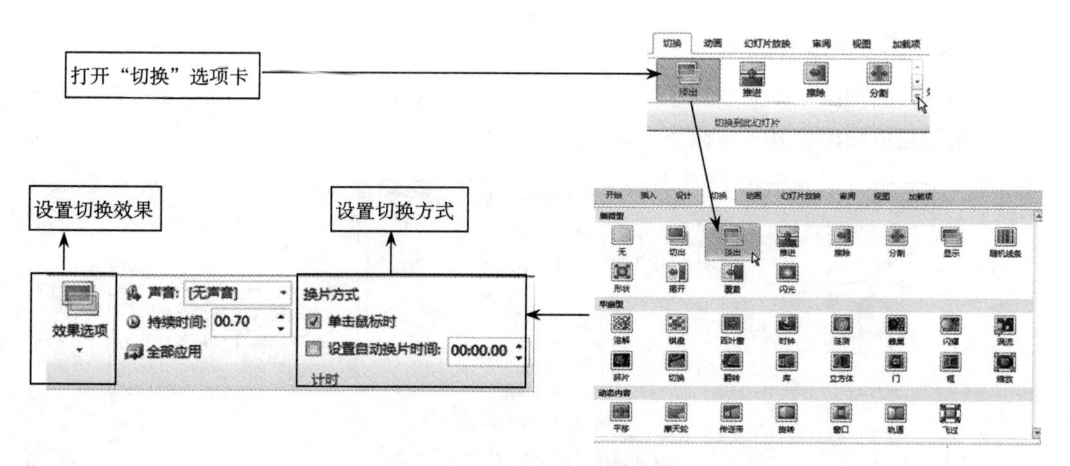

图 4-32　设置幻灯片切换效果

四、页面布局与打印

1. 页面设置

页面设置主要包括选择打印幻灯片的纸张大小、打印方向等，具体操作步骤如图 4-33 所示。

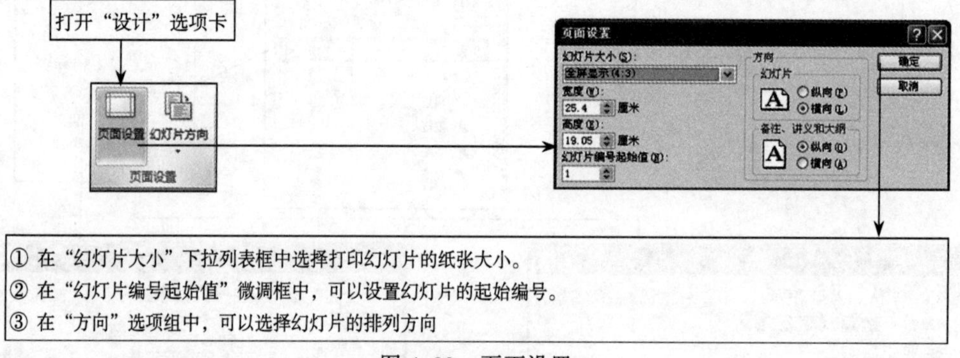

打开“设计”选项卡
① 在“幻灯片大小”下拉列表框中选择打印幻灯片的纸张大小。
② 在“幻灯片编号起始值”微调框中，可以设置幻灯片的起始编号。
③ 在“方向”选项组中，可以选择幻灯片的排列方向

图 4-33　页面设置

2. 幻灯片打印

通过打印预览，可以在打印前预览演示文稿的打印效果，以确保打印质量。其具体操作步骤如图 4-34 所示。

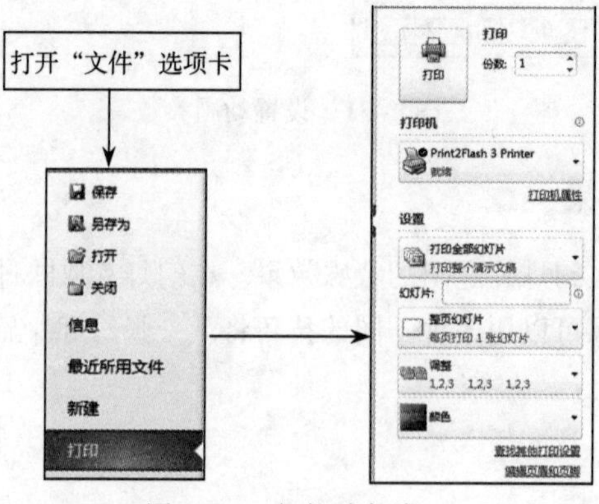

图 4-34　幻灯片打印

任务拓展

1. 修改幻灯片母版

幻灯片中的模板是控制了某些文本格式、背景颜色和一些效果的特殊幻灯片，我们称之为母版。它包括幻灯片母版、讲义母版与备注母版。

（1）母版的特点

不同的母版针对性不同，其特点如下：

① 幻灯片母版：影响所有幻灯片，包括标题区、对象区、日期区、页眉/页脚区和数字区。

② 讲义母版：可以将多张幻灯片制作在同一张幻灯片中，方便用户打印。包括虚线占位符、页眉区、页脚区、日期区和数字区。

③ 备注母版：是设置备注页视图的母版，作为演示者的提示和参考，可以单独打印出来。包括幻灯片缩略图区、备注文本区、页眉区、页脚区、日期区和数字区。

在对母版进行修改时，可以按用户要求添加新的背景、公司的 Logo、作者的名称，设置日期、幻灯片编号、页眉与页脚等很多内容。

（2）在母版中插入图片

可以在母版中插入图片作为幻灯片的背景或 Logo，具体操作步骤如图 4-35 所示。

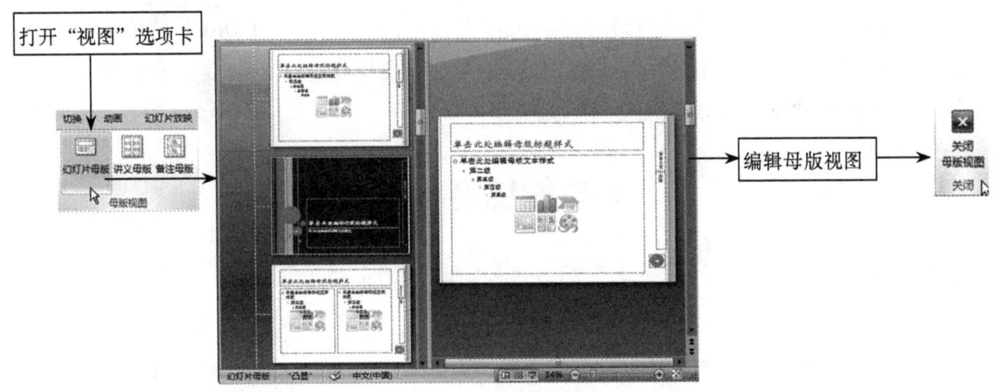

图 4-35　编辑母版

（3）设置日期、编号、页眉与页脚

用户还可以根据需要在幻灯片母版中插入页眉、页脚、日期和编号等文本对象。其具体操作步骤如图 4-36 所示。

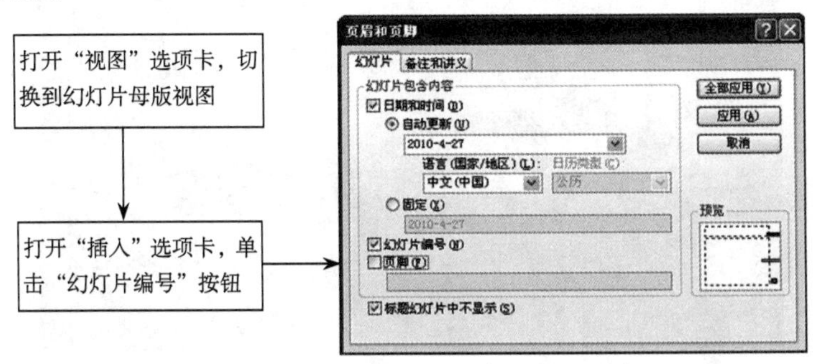

图 4-36　设置日期、编号与页眉、页脚

2. 修改超链接文本颜色

幻灯片中选用主题再设置超链接时，可能会发生超链接文本的颜色与背景色相近，对比不明显，因此需要调整超链接的主题颜色。其具体操作步骤如图 4-37 所示。

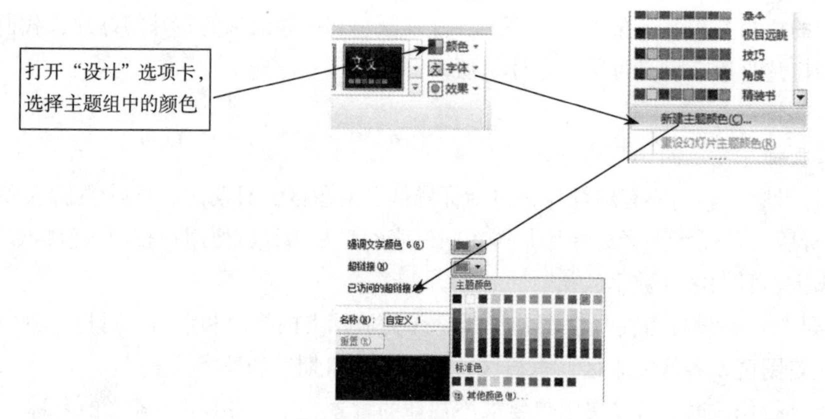

图 4-37　更改主题颜色

技能训练

制作一份用于汇报学习成果的幻灯片。汇报主题是展示个人学习 Office 软件的学习成果，幻灯片包括学习 Word、Excel、PPT 时所完成的所有电子文档作品。内容要求有汇报目录，作品展示，播放时能根据观众要求跳转幻灯片。

技能综合训练

训练一　制作“天秤座的第三季”幻灯片

1. 新建一个 PPT 文件，以“1 天秤座的第三季”命名，在此文件中制作如图 4-38 所示的幻灯片。

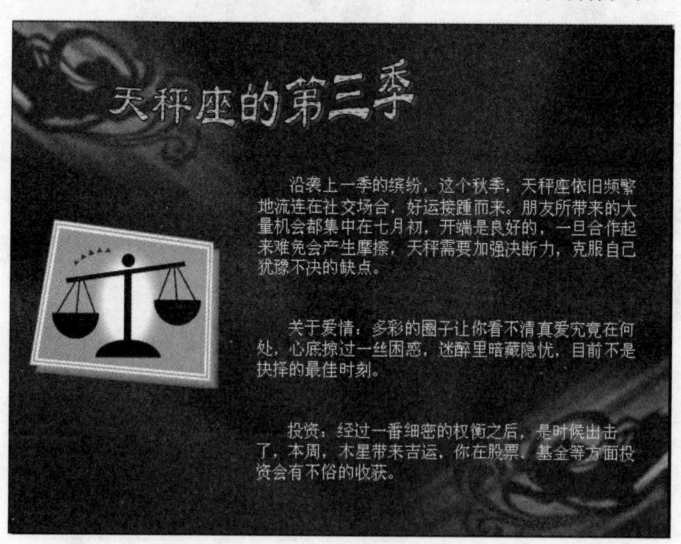

图 4-38　“天秤座的第三季”幻灯片

2. 排版设置提示：

（1）页面：版式、模板、显示标尺。

（2）艺术字：样式、编辑文字、更改形状、颜色填充、文字环绕方式、叠放次序、方向、阴影。

（3）图片：插入图片、图片大小、文字环绕方式、叠放次序、阴影。

（4）文本框及框内文字段落：横排文本框、竖排文字框、框线、填充色、项目符号、字体、字形、字号、首行缩进、段后间距。

训练二 制作“关于海报”课件

1. 新建一个 PPT 文件，以“2 关于海报”命名，在此文件中制作如图 4-39 所示幻灯片。

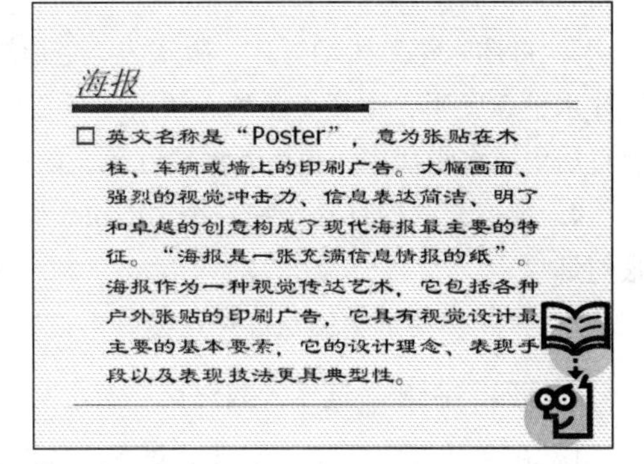

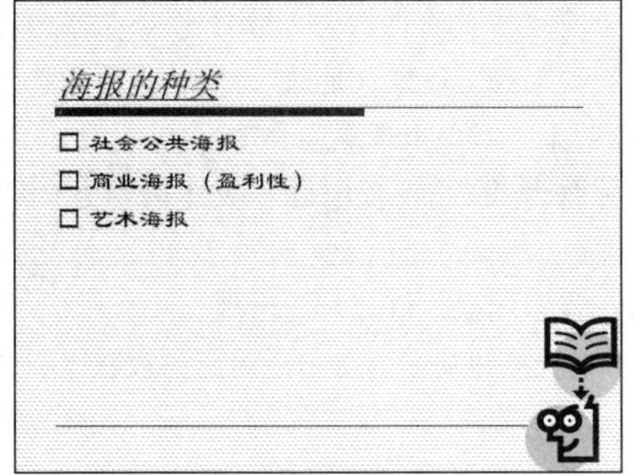

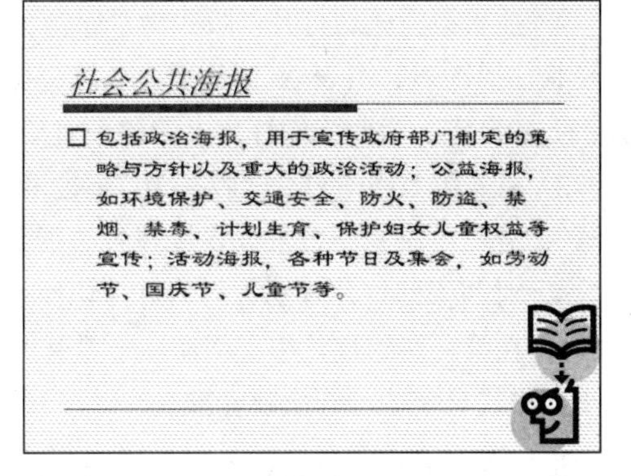

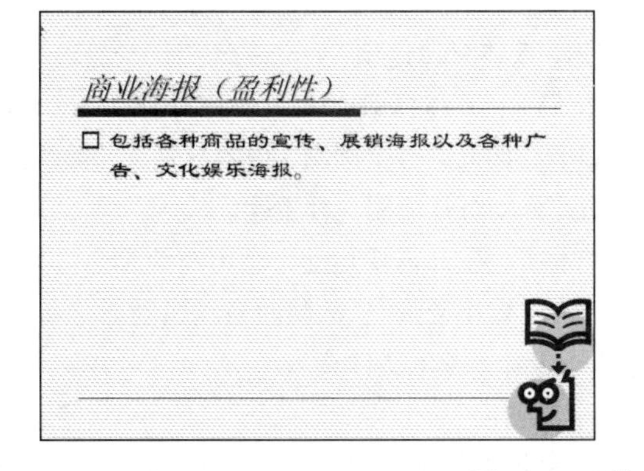

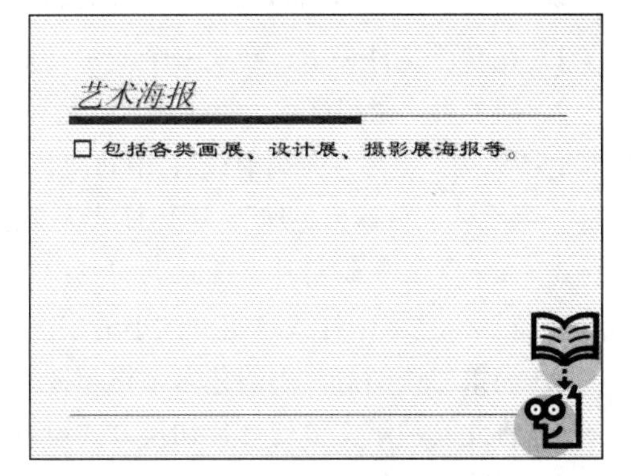

图 4-39 “关于海报”课件

2. 排版设置提示：

（1）页面：版式、主题。

（2）母板：插入剪贴画、图片大小与位置。

（3）文字段落：字体、字形、字号、项目符号。

训练三　制作“考试项目”演示文稿

1. 在文件夹中新建一个演示文稿，名称为“3 考试项目”。

2. 插入第一张幻灯片，版式为“标题和内容”。标题为“考试项目”，内容为：“文件与文件夹、Word、Excel、PPT”，每个项目自成一段。此张幻灯片背景色为“碧海青天”，类型为矩形，方向为“从右上角”。

3. 再插入第二张幻灯片，版式为“空白”，标题为艺术字“练习项目分值表”，艺术字位于幻灯片水平 3 厘米，垂直 1 厘米。插入 4 行 2 列表格，根据试卷实际内容填写表格数据，表格内容垂直居中、水平居中，表格外框线红色，内框线绿色。表格动画效果为“形状”，效果为“缩小”。

4. 为第二张幻灯片添加一个“Replay”按钮，按钮样式自定，功能为单击此按钮后返回第一张幻灯片。

5. 将此套演示文稿幻灯片切换效果设置为“飞过”，效果为“弹跳切入”。

训练四　制作“选修人数对比”演示文稿

1. 在文件夹中新建一个演示文稿，名称为“4 选修人数对比”。

2. 插入第一张幻灯片，版式为“标题和内容”。标题为“体育课选修人数对比”，文本内容插入簇状柱形图表，图表 X 轴分别为“健身操、游泳、羽毛球、篮球、足球”，Y 轴坐标为选课人数，人数自定。为此张幻灯片上的各个对象设置动画效果，对象出现顺序合理。

3. 插入第二张幻灯片，版式为“标题和内容”，标题为“新增课程项目”，文本内容为“滑冰，排球”，分二行书写，背景设置纹理为“纸莎草纸”。

4. 对两张幻灯片分别进行幻灯片切换效果设置，设置第二幻灯片自动出现。

5. 在第二张幻灯片中，添加一个“退出”按钮，设置按钮功能为单击后退出播放状态，按钮大小、样式自定，符合放映标准。

训练五　制作“体育课选项”演示文稿

1. 在自己文件夹中，新建一个演示文稿，名称为“5 体育课选项”。

2. 插入第一张幻灯片，版式为“标题和内容”。标题为“6 体育课选项”，文本处插入 SmartArt 图形，图示为“循环 – 分离射线”，中间内容为“可选项”，四周共 5 个圆圈，内容分别为“健身操、游泳、羽毛球、篮球、足球”，字体样式大小适当。为此张幻灯片应用一种主题。

3. 插入第二张幻灯片，版式为“空白”，插入艺术字“生命需要运动，学习需要勤奋，人生贵在坚持!”，艺术字样式自定，大小适中。动画效果为“缩小菱形”，放映时自动出现。

4. 为第二张幻灯片中的艺术字作超链接，链接至桌面上考生文件夹。

5. 将此套演示文稿幻灯片切换方式设置为“从全黑切出”。

6. 修改此套幻灯片母板，使每张幻灯片左上角自动添加文字“制作人：学生姓名”，文字大小适当，不能遮挡幻灯片内容。

单元五 计算机网络

基本理论

- 计算机网络和局域网的定义、功能、网络协议；
- 计算机网络的软/硬件组成元素；
- 小型局域网的组建方法及组建过程；
- 互联网的基本应用；
- 计算机安全与风险防范。

基本技能

- 能够识别局域网的软/硬件组成元素并组建小型局域网；
- 能够共享局域网网络资源并访问局域网共享资源；
- 能够使用互联网网络资源；
- 能够利用防火墙、杀毒软件保护计算机的安全。

任务一　组建小型局域网

任务描述

某高职院校准备组建一个计算机网络实训室，以满足计算机网络技术专业相关课程教学任务。实训室硬件设备如下：二层交换机 2 台、教师机 1 台、学生机 40 台，现要求计算机管理员组建一个小型局域网，以满足教学需要。

任务分析

组建小型局域网首先要求管理员具备一定的网络理论知识；其次，要具备一定的网络规划与设计、网络的组建与实施、网络的测试与维护相关技能；再次，要掌握一定的网络施工规范及施工工艺标准。

流程设计

- 小型局域网组成；

- 规划与设计小型局域网；
- 组建与实施小型局域网；
- 测试与维护小型局域网。

任务实现

一、小型局域网的组成

小型局域网是由网络硬件设备和网络软件系统两大部分组成的。

1. 网络硬件设备

网络硬件设备包括计算机设备、网络连接设备和网络传输介质三部分。

（1）计算机设备

根据计算机的作用和地位不同，局域网中的计算机设备分为服务器和工作站两种类型。

① 服务器是由一台专用计算机或高档个人计算机担任，服务器运行网络操作系统，存储和管理网络中的共享资源。服务器如图 5-1 所示。

② 工作站由个人计算机担任，网络用户通过工作站请求网络服务、访问网络共享资源。工作站如图 5-2 所示。

图 5-1　服务器

图 5-2　工作站

（2）网络连接设备

网络连接设备是通过网络传输介质将网络中的计算机设备及其附属设备连接起来构成网络的专用设备，除了连接作用，网络连接设备还有转换、控制网上信息的作用。

小型局域网中常用的网络连接设备有网卡、中继器、交换机、路由器、网关等。

① 网卡（NIC）。网卡是网络接口卡 NIC（network interface card）的简称，又称网络适配器，它是计算机网络必不可少的连接设备，是局域网最基本的组成元素之一。网卡通常插在计算机的主板扩展槽中，通过网络传输介质（双绞线）把计算机和局域网连接起来，为计算机和局域网间的数据交换提供一条通路。网卡如图 5-3 所示。

网卡主要完成两大功能：一是读入由网络设备传输过来的数据包，经过拆包，将其转换成计算机可以识别的数据，并将数据传输到所需设备（CPU、内存或硬盘）中；另一个功能是将计算机设备发送的数据，经打包后输送至其他网络设备中。

② 交换机（Switch）。交换机又称交换式集线器，它是工作在数据链路层上的设备。其主要功能是通过地址学习生成 MAC 地址表，并利用 MAC 地址表为经过交换机的每一个数据帧寻找一条传输路径，并将该数据有效地传送到目的站点。交换机如图 5-4 所示。

图 5-3　网卡

③ 路由器(Router)。路由器是工作在网络层上的核心设备。其主要功能是通过路由算法生成路由表，并利用路由表为经过路由器的每个数据包寻找一条最佳传输路径，并将该数据有效地传送到目的站点。路由器如图 5-5 所示。

④ 网关（Gateway）。网关又称网间连接器、协议转换器，是最复杂的网络互连设备，通常用于两个高层协议不同的网络互连。在使用不同的通信协议、数据格式或语言，甚至体系结构完全不同的两种系统之间，网关是一个翻译器。与网桥只是简单地传达信息不同，网关对收到的信息要重新打包，以适应目的系统的需求。同时，网关也可以提供过滤和安全功能。网关既可以用于广域网互连，也可以用于局域网互连。网关是一种充当转换重任的计算机系统或设备。

比如，从一个房间走到另一个房间，要经过一扇门。同样，从一个网络向另一个网络发送信息，也必须经过一道“关口”，这道关口就是网关。顾名思义，网关（Gateway）就是一个网络连接到另一个网络的“关口”。网关如图 5-6 所示。

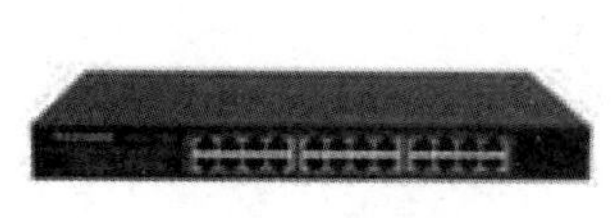

图 5-4　交换机

图 5-5　路由器

图 5-6　网关

（3）网络传输介质

所有计算机之间通过计算机网络的通信都涉及由传输介质传输某种形式的数据编码信号。传输介质在计算机、计算机网络设备间起互连和通信作用，为数据信号提供从一个结点传送到另一个结点的物理通路。常用的传输介质分为有线传输介质和无线传输介质两大类。

① 有线传输介质。有线传输介质是指在两个通信设备之间实现物理连接的通信线路，小型局域网中常用的有线传输介质主要有双绞线、同轴电缆和光纤。双绞线（Twisted Pair）是把两条互相绝缘的铜导线纽绞起来组成一条通信线路，它是小型局域网中主流的网络传输介质。传输介质如图 5-7 所示。

（a）双绞线

（b）光纤

（c）同轴电缆

图 5-7　传输介质

② 无线传输介质。在信号的传输中，若使用的介质不是人为架设的介质，而是自然界所存在的介质，那么这种介质就是广义的无线介质。如可传输声波信号的气体（大气）、固体和液体，能传输光波的真空、空气、透明固体、透明液体，以及能传输电波的真空、空气、固体和液体等，这些媒体都可以称为无线传输介质。在这些无线介质中完成通信称为无线通信。

2. 网络软件系统

（1）网络操作系统

网络操作系统（NOS）是网络的心脏和灵魂，是向网络计算机提供服务的特殊的操作系统。网络操作系统是一种具有单机操作和网络管理双重功能的系统软件。

网络操作系统首先需要具备通用操作系统的五大功能（处理器管理、存储管理、设备管理、文件管理、作业管理），同时，还需要具备以下网络通信和服务功能：

① 网络通信：通过网络协议进行高效、可靠的数据传输。

② 网络资源管理：协调各用户使用。

③ 网络服务：文件和设备共享，信息发布。

④ 网络管理：安全管理、故障管理、性能管理等。

⑤ 网络互操作：在不同的网络操作系统之间进行连接和操作。

（2）网络通信协议

组建网络时，必须选择一种网络通信协议，使得计算机之间能够相互“交流”。协议是网络设备用来通信的一套规则，这套规则可以理解为一种彼此都能懂的公用语言。

TCP/IP（transmission control protocol/Internet protocol，传输控制协议/网际协议）已成为计算机网络的一套工业标准协议。Internet之所以能将全球范围内各种各样的计算机互联起来，主要是因为应用了TCP/IP协议。在应用TCP/IP协议的网络环境中，为了唯一地确定一台主机的位置，必须为TCP/IP协议指定三个参数，即IP地址、子网掩码和网关地址。

① IP地址。IP地址是32位二进制地址，相当于网络上主机的身份证号码，全球具有唯一性。通常采用“点分十进制数形式”表示，每个十进制数的范围为0~255，例如125.211.213.133就是一个合法的IP地址。

② 子网掩码。子网掩码（subnet mask）又称网络掩码、地址掩码，也是32位地址。它用来区分IP地址中的网络ID和主机ID。子网掩码不能单独存在，它必须结合IP地址一起使用。

对于A类地址来说，默认的子网掩码是255.0.0.0；对于B类地址来说，默认的子网掩码是255.255.0.0；对于C类地址来说，默认的子网掩码是255.255.255.0。利用子网掩码可以把大的网络划分成子网，也可以把小的网络归并成大的网络。

③ 网关地址。网关地址实质上是一个网络通向其他网络的某个边缘设备的IP地址。

二、规划与设计小型局域网

规划与设计小型局域网是组建小型局域网的第一阶段。它主要完成需求分析、网络设备选型、网络拓扑结构设计、交换机端口功能规划、网络地址规划等前期规划和设计任务。

1. 网络设备选型

本网络是一个由41台计算机组成的小型局域网，采用100 Mbit/s以太网技术即可，需要选择两台数据链路层 24 口快速以太网交换机和两箱非屏蔽 5 类双绞线即可，所有计算机均安装 Windows 7 操作系统。

2. 拓扑结构设计

本网络的拓扑结构设计成树状拓扑结构，将两台交换机通过 F0/24 物理端口进行级联。具体连接见表 5-1 所示的交换机端口功能规划表。

本网络的拓扑结构如图 5-8 所示。

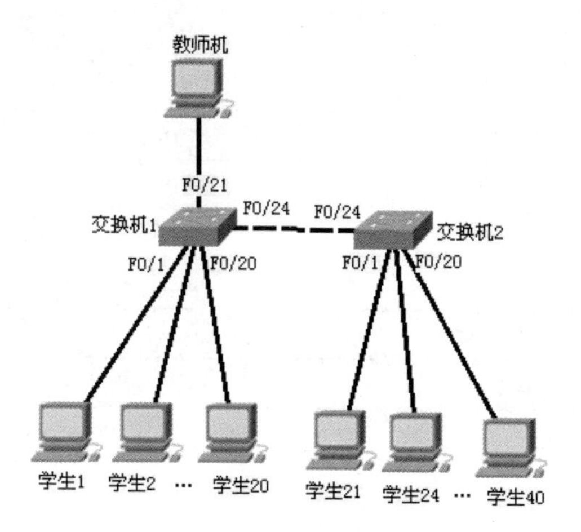

图 5-8　实训室网络拓扑结构

3. 交换机端口功能规划

交换机的端口要通过双绞线或光纤连接到不同的网络设备上，以实现交换机与其他网络设备的物理连接，那么交换机的哪个端口连接到计算机上，哪个端口用于级联口（级联口主要用于连接其他网络设备），要做好细致的规划，以便于日后的使用和管理员的维护。

本网络中交换机端口功能规划如表 5-1 所示。

表 5-1　交换机端口功能规划表

交换机 1		交换机 2	
F0/1	学生 1	F0/1	学生 21
F0/2	学生 2	F0/2	学生 22
F0/3	学生 3	F0/3	学生 23
F0/4	学生 4	F0/4	学生 24
F0/5	学生 5	F0/5	学生 25
F0/6	学生 6	F0/6	学生 26
F0/7	学生 7	F0/7	学生 27
F0/8	学生 8	F0/8	学生 28
F0/9	学生 9	F0/9	学生 29
F0/10	学生 10	F0/10	学生 30
F0/11	学生 11	F0/11	学生 31

续表

交换机 1		交换机 2	
F0/12	学生 12	F0/12	学生 32
F0/13	学生 13	F0/13	学生 33
F0/14	学生 14	F0/14	学生 34
F0/15	学生 15	F0/15	学生 35
F0/16	学生 16	F0/16	学生 36
F0/17	学生 17	F0/17	学生 37
F0/18	学生 18	F0/18	学生 38
F0/19	学生 19	F0/19	学生 39
F0/20	学生 20	F0/20	学生 40
F0/21	教师机	F0/21	备用
F0/22	连接校园网	F0/22	备用
F0/23	备用	F0/23	备用
F0/24	级联口（交换机 2）	F0/24	级联口（交换机 1）

4. IP 地址规划

IP 地址的合理规划是网络设计的重要环节，网络必须对 IP 地址进行统一规划并得到有效实施。IP 地址规划将影响网络的性能和网络扩展，也将直接影响网络应用的进一步发展。

本网络使用 C 类私有 IP 地址 192.168.10.0 网段，子网掩码均为 255.255.255.0。

具体 IP 地址规划表如表 5-2 所示。

表 5-2　IP 地址规划表

设备名称	计算机名	IP 地址	设备名称	计算机名	IP 地址
学生 1	207-01	192.168.10.1	学生 4	207-04	192.168.10.4
学生 2	207-02	192.168.10.2	学生 5	207-05	192.168.10.5
学生 3	207-03	192.168.10.3	学生 6	207-06	192.168.10.6
学生 7	207-07	192.168.10.7	学生 24	207-24	192.168.10.24
学生 8	207-08	192.168.10.8	学生 25	207-25	192.168.10.25
学生 9	207-09	192.168.10.9	学生 26	207-26	192.168.10.26
学生 10	207-10	192.168.10.10	学生 27	207-27	192.168.10.27
学生 11	207-11	192.168.10.11	学生 28	207-28	192.168.10.28
学生 12	207-12	192.168.10.12	学生 29	207-29	192.168.10.29
学生 13	207-13	192.168.10.13	学生 30	207-30	192.168.10.30
学生 14	207-14	192.168.10.14	学生 31	207-31	192.168.10.31
学生 15	207-15	192.168.10.15	学生 32	207-32	192.168.10.32
学生 16	207-16	192.168.10.16	学生 33	207-33	192.168.10.33
学生 17	207-17	192.168.10.17	学生 34	207-34	192.168.10.34

续表

设备名称	计算机名	IP 地址	设备名称	计算机名	IP 地址
学生 18	207-18	192.168.10.18	学生 35	207-35	192.168.10.35
学生 19	207-19	192.168.10.19	学生 36	207-36	192.168.10.36
学生 20	207-20	192.168.10.20	学生 37	207-37	192.168.10.37
学生 21	207-21	192.168.10.21	学生 38	207-38	192.168.10.38
学生 22	207-22	192.168.10.22	学生 39	207-39	192.168.10.39
学生 23	207-23	192.168.10.23	学生 40	207-40	192.168.10.40
教师机	207-Teacher	192.168.10.100			

三、组建与实施小型局域网

组建与实施小型局域网是局域网组建的第二个阶段，是网络组建的施工阶段，主要完成双绞线线缆布放与成端、网络设备安装与连接、网络设备配置与调试等工作任务。

1. 网络布线

网络线缆布放施工是网络工程施工的重要环节，主要就是依据网络设计方案及相关施工工艺标准将线缆布放到指定的位置，并做好标识以便使用。本网络布放双绞线线缆施工如图 5-9 所示。

图 5-9　双绞线线缆布放施工

2. 双绞线跳线的制作

双线绞线缆布放完成之后，就要在双绞线线缆的端接，即在双绞线两端打上 RJ45 水晶头，使其成为能够真正使用的双绞线跳线。

根据双绞线的制作标准及双绞线的应用场合，需要在本网络中制作 41 条直通跳线和 1 条交叉跳线，直通跳线就是将所布放的每一根双绞线两端都进行 T568B 标准的水晶头端接；交叉跳线用于级联，一端 T568B 标准另一端则用 T568A 标准完成水晶头端接。

具体制作过程如下 ：

（1）施工准备阶段

施工材料、工具明细如表 5-3 所示。

表 5-3　双绞线线缆施工材料、工具明细表

序　号	名　称	用　途	图　例
1	网线钳	切线、压线	
2	剥线器	剥线	
3	水晶头	材料	
4	测通仪	测试连通性	

（2）剥线

使用剥线器将双绞线的一端剥去约 2 ~ 3 cm 外层护套。剥线如图 5-10 所示。

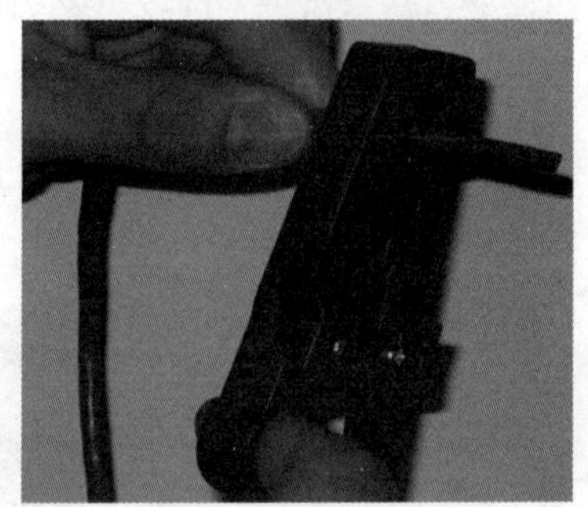

图 5-10　剥线

（3）分线

将双绞线的四对线按颜色分开，以便下一步排线。分线如图 5-11 所示。

（4）排线

把每对相互缠绕在一起的线缆逐一解开。解开后根据 T568B 标准把八根线依次排列并理顺，排列的时候应该注意尽量避免线路的缠绕和重叠，还要把线缆尽量扯直。排线如图 5-12 所示。

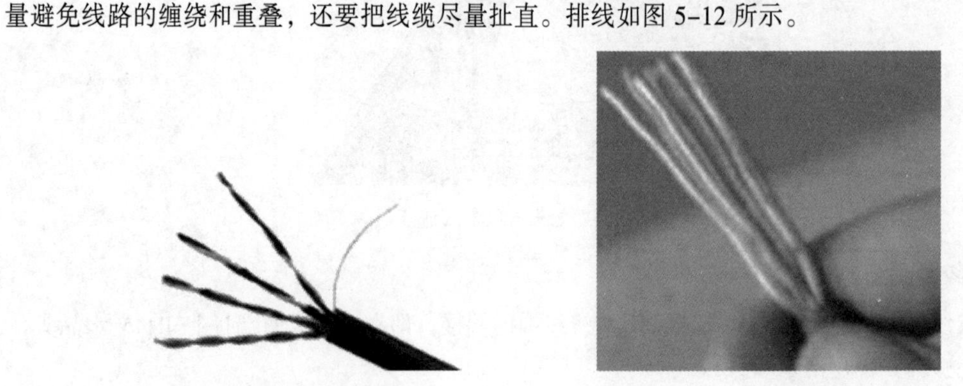

图 5-11　分线

图 5-12　排线

（5）切线

保持电缆的线序和平整性，用压线钳上的剪刀将线头剪齐，保证不绞合电缆的长度最大为 1.2 cm。切线如图 5-13 所示。

（6）插线

将上一步的线缆整齐地插入水晶头中，插入时一定要插到底，让双绞线与水晶头接触严密。

插线如图 5–14 所示。

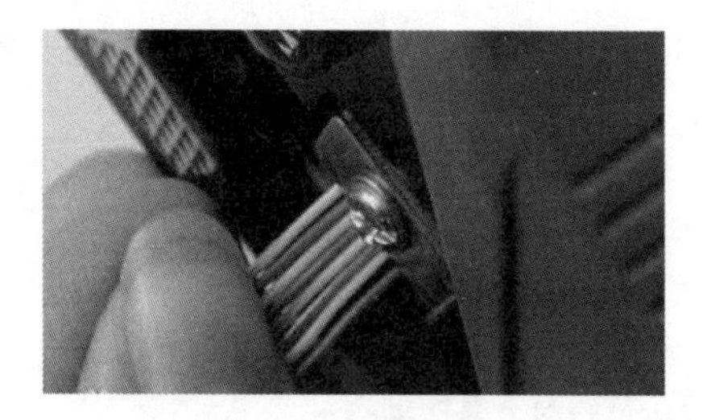

图 5–13　切线

图 5–14　插线

（7）压线

将 RJ–45 水晶头塞到压线钳的 RJ45 压头槽里用力按下手柄。压线如图 5–15 所示。

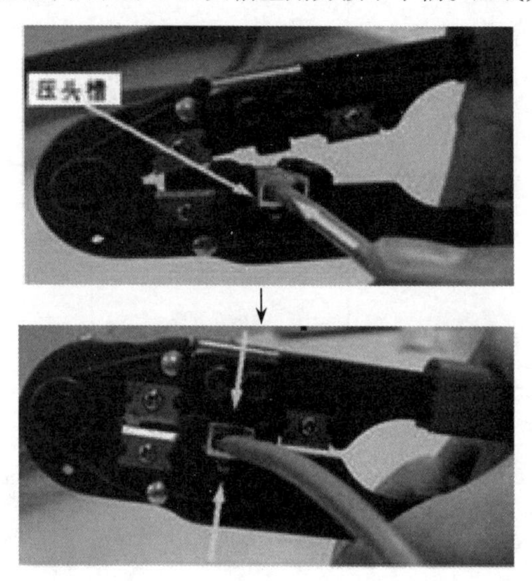

图 5–15　压线

重复（2）~（7）步将双绞线的另一端打上水晶头。这样一根双绞线跳线制作完成。制作完成后的双绞线跳线如图 5–16 所示。

（8）测线

用测通仪测试制作的双绞线跳线的连通性。测线如图 5–17 所示。

图 5–16　制作后的双绞线跳线

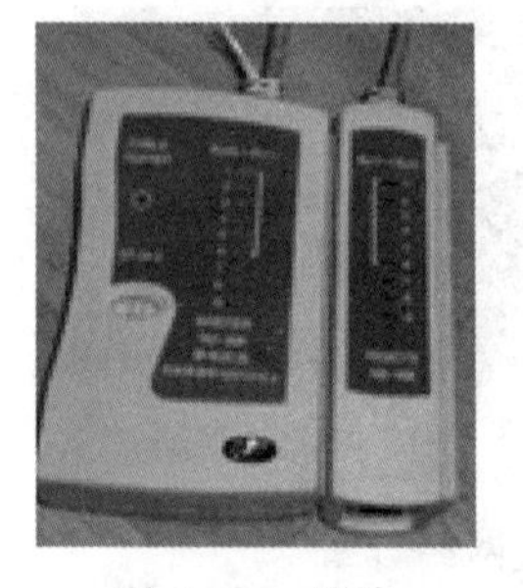

图 5–17　测线

重复（2）~（8）步将本网络中布放的双绞线线缆都制作成双绞线跳线并测试。

3.网络设备的安装与线缆端接

网络设备的安装与端接就是将交换机安装在机柜中，并按照交换机端口功能规划表将制作好的双绞线跳线插接到指定的交换机端口上。

具体的设备安装与连接过程如下：

（1）施工准备阶段

施工材料、工具明细如表 5-4 所示。

表 5-4　设备安装与连接施工材料及工具明细表

序　号	名　称	用　途	图　例
1	24 口交换机 （2 台）	接入设备	
2	螺丝刀	固定交换机螺丝	
3	端口规划表	指示端接线缆的端口	
4	尼龙绑带	捆绑双绞线	

（2）安装交换机

在机柜的合适位置安装两台交换机。安装交换机如图 5-18 所示。

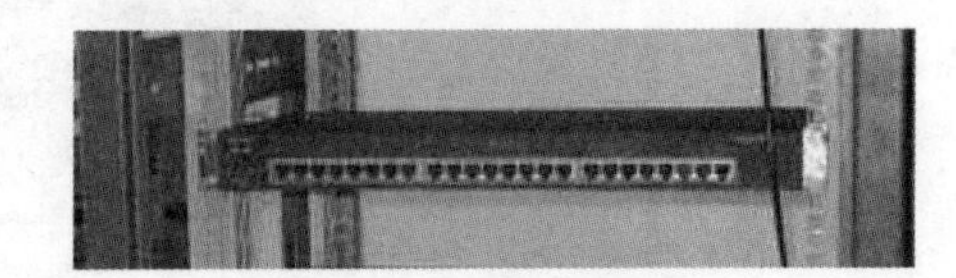

图 5-18　安装交换机

（3）线缆端接

将双绞线线缆按照端口规划表的规划端接到相应端口上。设备连接如图 5-19 所示。

（4）机柜理线

将端接后双绞线跳线进行适当分组，并用尼龙扎带捆扎，以保证机柜里的线缆整齐美观。机柜理线如图 5-20 所示。

图 5-19　设备连接

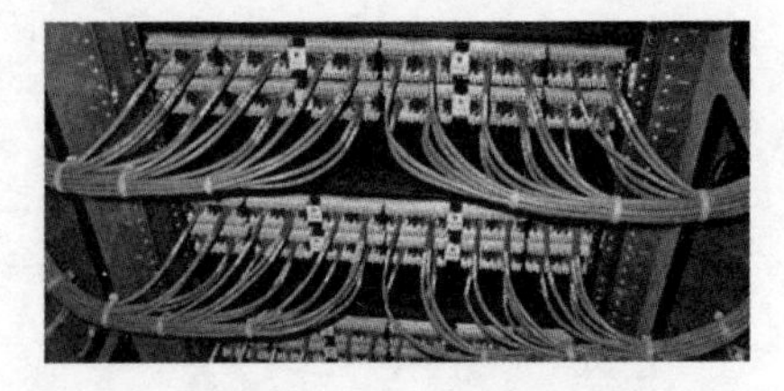

图 5-20　机柜理线

4. 配置网络设备

配置网络设备主要是针对网络中使用的设备进行相关技术配置和调试，使其发挥应有的网络功能。

本网络由于是简单的小型机房局域网，交换机设备不需要进行配置即可满足相应需求，我们只要配置 41 台计算机设备。

配置计算机主要完成工作组名、计算机名称、TCP/IP 协议三项配置。下面以教师机为例进行配置，学生机配置方法相同。

（1）配置工作组和计算机名称

本小型局域网中计算机的工作组名称为“207”，教师机名称为“207-teacher”、学生 1 机器名称为“207-01”，其他学生机的计算机名称依次类推。

在桌面上右击“计算机”图标，在弹出的快捷菜单中选择“属性”命令，在打开的窗口中选择“高级系统配置”，在弹出的“系统属性”对话框中选择“计算机名”选项卡，然后单击“更改”，在“计算机名/域更改”属性框中，输入计算机名和工作组名，确定后重新启动计算机即可。具体配置过程如图 5-21 所示。

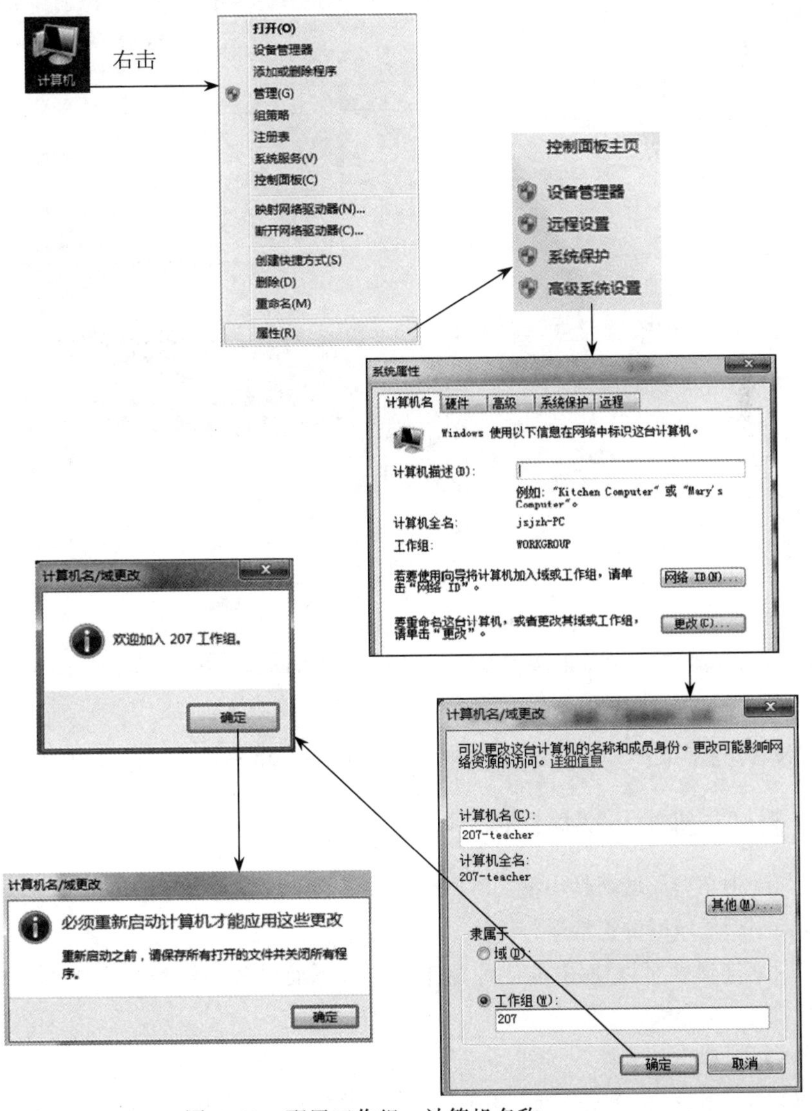

图 5-21 配置工作组、计算机名称

（2）TCP/IP 协议配置

TCP/IP 协议的配置就是配置 TCP/IP 协议的 IP 地址、子网掩码、网关、DNS 服务器四项内容。由于本网络是小型机房局域网，只有一个网段，也不需要访问互联网，所以网关和 DNS 配置为空。

具体配置过程如下：

在桌面上右击“网络”图标，在弹出的快捷菜单中选择“属性”命令，在打开的窗口中选择“更改适配器设置”，在弹出的属性窗口中右击“本地连接”选择“属性”，或双击“本地连接”，在“本地连接属性”窗口中双击 Internet 网络协议版本 4（TCP/IPv4），在弹出的“Internet 协议版本 4（TCP/IPv4）属性”窗口中，选择“使用下面的 IP 地址”，并在地址栏里输入相应 IP 地址和子网掩码，然后确定即可。具体操作过程如图 5-22 所示。

图 5-22　配置 TCP/IP 协议

重复执行（1）、（2）两步，将本小型局域网中其他 40 台学生机配置完成。

四、测试与维护小型局域网

测试与维护小型局域网是小型局域网组建的最后阶段，主要完成小型局域网的测试及调试工作，以保证小型局域网的正常运行。

测试网络连通性可以使用 ping 命令来完成。下面以教师机和学生 1 两台计算机为例，进行测试。

在教师机上单击“开始”按钮，在“运行”对话框中，输入 cmd 后按“Enter”键，在弹出的 DOS 窗口中，输入 ping 192.168.10.1（学生 1 计算机的 IP 地址）并按“Enter”键。测试过程如图 5-23 所示。

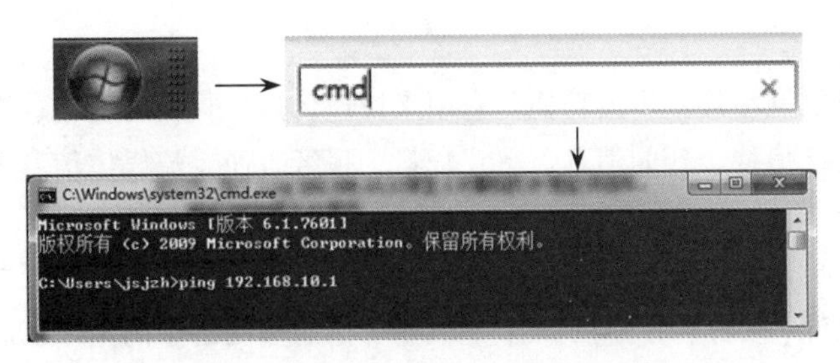

图 5-23　使用 ping 命令测试连通性

如果教师机和学生 1 两台计算机之间能够相互通信，则 ping 命令的结果如图 5-24 所示，如果无法通信，则 ping 命令结果如图 5-25 所示。

```
Microsoft Windows XP [版本 5.1.2600]
(C) 版权所有 1985-2001 Microsoft Corp.

C:\Documents and Settings\Administrator>ping 192.168.10.1

Pinging 192.168.10.1 with 32 bytes of data:

Reply from 192.168.10.1: bytes=32 time<1ms TTL=64
Reply from 192.168.10.1: bytes=32 time<1ms TTL=64
Reply from 192.168.10.1: bytes=32 time<1ms TTL=64
Reply from 192.168.10.1: bytes=32 time<1ms TTL=64

Ping statistics for 192.168.10.1:
    Packets: Sent = 4, Received = 4, Lost = 0 (0% loss),
Approximate round trip times in milli-seconds:
    Minimum = 0ms, Maximum = 0ms, Average = 0ms

C:\Documents and Settings\Administrator>
```

图 5-24　ping 命令成功

```
Microsoft Windows [版本 6.1.7601]
版权所有 (c) 2009 Microsoft Corporation。保留所有权利。

C:\Users\jsjzh>ping 192.168.10.1

正在 Ping 192.168.10.1 具有 32 字节的数据:
PING: 传输失败。General failure.
PING: 传输失败。General failure.
PING: 传输失败。General failure.
PING: 传输失败。General failure.

192.168.10.1 的 Ping 统计信息:
    数据包: 已发送 = 4, 已接收 = 0, 丢失 = 4 (100% 丢失),
```

图 5-25　ping 命令失败

通过测试和维护，保证 41 台计算机的连通性正常。至此，一个具有 41 台计算机的小型局域网就组建成功了。

任务拓展

1. 计算机网络的概念

所谓“计算机网络”，就是把分布在不同地理位置上的、具有独立功能的多台计算机、终端及其附属设备，用通信设备和通信线路连接起来，再配以功能完善的网络软件，以达到相互通信并最终实现计算机资源共享的系统。

2. 计算机网络的功能

（1）数据通信

数据通信是计算机网络最基本的功能。它用来快速传送计算机与终端、计算机与计算机之间的各种信息，包括文字信件、新闻消息、图片资料、报纸版面、流媒体信息等等。

（2）资源共享

资源共享是计算机网络的核心功能，也是组建计算机网络的核心目的所在。所谓“资源”指的是网络中所有的软件、硬件和信息的集合。“共享”指的是网络中的用户都能够部分或全部地享受这些资源。

（3）分布处理

当某台计算机负担过重时，或该计算机正在处理某项工作时，网络可将新任务转交给空闲的计算机来完成，这样处理能均衡各计算机的负载，提高处理问题的实时性。

3. 计算机网络的分类

计算机网络类型有很多，而且有不同的分类依据。

① 根据网络分布的规模可分为：广域网、城域网、局域网。

② 根据传输介质可分为：有线网络、无线网络。

③ 根据拓扑结构可分为：星状网络、树状网络、网状网络等。

4. 局域网的基本概念

局域网（LAN）是相对广域网（WAN）而言的，它是指将一个局部范围内的各种通信设备互连在一起所形成的网络。它的覆盖范围一般局限在一个房间、一栋大楼或一个园区内。

5. 局域网的特点

（1）高速率

局域网应用的地理范围较小，比广域网具有更高的传输速度。

（2）覆盖有限的地域范围

局域网的覆盖地域范围是有限的，常用于公司、机关、校园、工厂等有限范围内。

（3）高可靠性和易扩展

局域网目前普遍采用高可靠性的星状拓扑结构，网络中结点的加入、退出不会影响整个网络的运行。

6. IP 地址

（1）IP 地址的组成

IP 地址由网络号和主机号两部分组成，网络号表示网络规模的大小，主机号表示网络中主机的地址编号。

（2）IP 地址的分类

按照网络规模的大小，IPv4 地址可以分为 A、B、C、D、E 五类，其中 A、B、C 类是三种主要的地址类型，D 类是专供多目标传送用的组播地址，E 类是保留地址。IP 地址分类如图 5-26 所示。

	w	x	y	z
位	0 1 2 3 4 5 6 7	8 15	16 23	24 31
A类	0 网络地址(数目少)	主机地址(数目多)		
B类	1 0 网络地址(数目中等)		主机地址(数目中等)	
C类	1 1 0 网络地址(数目多)			主机地址(数目少)
D类	1 1 1 0 多目标广播地址 (Multicast Address)			
E类	1 1 1 1 0 保留为实验和将来使用			

图 5-26 IP 地址分类

（3）特殊 IP 地址

私有 IP 地址就是在本地局域网上的 IP，与之对应的是公有 IP（在互联网上的 IP），随着私有 IP 网络的发展，为节省可分配的 IP 地址，有一组 IP 地址被专门用于私有 IP 网络，称为私有 IP 地址。

私有 IP 地址范围如下：

A 类私有 IP 地址范围：10.0.0.0 ~ 10.255.255.255 /8

B 类私有 IP 地址范围：172.16.0.0 ~ 172.31.255.255 /12

C 类私有 IP 地址范围：192.168.0.0 ~ 192.168.255.255 /16

由于 IP 地址不易记忆，后来就出现了域名的概念，域名与 IP 地址唯一对应，实际就是网络世界的门牌号。例如 www.hngzy.com 就是黑龙江农业工程职业学院 Web 服务器的域名。

7. 局域网拓扑结构

计算机网络的拓扑结构是引用拓扑学中研究与大小、形状无关的点、线之间关系的方法。把网络中的计算机和通信设备抽象为一个点，把传输介质抽象为一条线，由点和线组成的几何图形就是计算机网络的拓扑结构。网络的拓扑结构反映出网中各实体的结构关系，是实现各种网络协议的基础，它对网络的性能，系统的可靠性与通信费用都有重大影响。

也就是说，网络拓扑抛开网络电缆的物理连接来讨论网络系统的连接形式，是指网络电缆构成的几何形状，它能从逻辑上表示出网络硬件之间互相的连接。它分为逻辑拓扑和物理拓扑结构。

计算机网络的最主要的拓扑结构有总线型拓扑、环状拓扑、树状拓扑、星状拓扑、混合型拓扑以及网状拓扑。其中环状拓扑、星状拓扑、总线型拓扑是三个最基本的拓扑结构。在局域网中，使用最多的是星状结构以及由星状结构演变的树状结构。常用网络拓扑结构如图 5-27 所示。

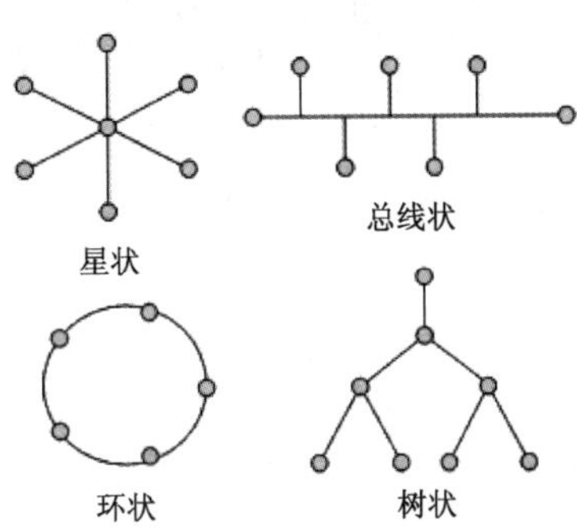

图 5-27 拓扑结构

8. 双绞线跳线

（1）双绞线跳线的制作标准

目前在 100 Mbit/s 快速以太网网络中，最常使用的布线标准有两个,即 EIA / TIA568A 标准和 EIA / TIA568B 标准。EIA / TIA568A 标准描述的线序从左到右依次为：白绿、绿、白橙、蓝、白蓝、橙、白棕、棕；EIA / TIA568B 标准描述的线序从左到右依次为：白橙、橙、白绿、蓝、白蓝、绿、白棕、棕，如表 5-5 所示。

表 5-5　T568A 和 T568B 标准线序表

标　准	1	2	3	4	5	6	7	8
T568A	白绿	绿	白橙	蓝	白蓝	橙	白棕	棕
T568B	白橙	橙	白绿	蓝	白蓝	绿	白棕	棕

（2）双绞线跳线种类

双绞线跳线的种类分为直连线和交叉线，两种跳线的线序如图 5-28 所示。

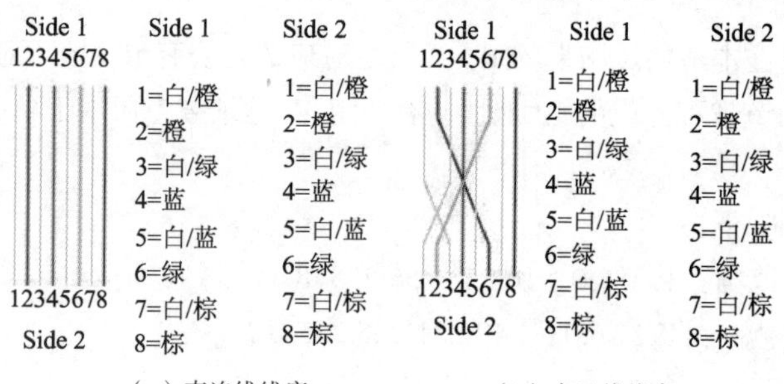

（a）直连线线序　　　　（b）交叉线线序

图 5-28　双绞线跳线的线序

（3）双绞线跳线的应用场合

双绞线跳线的应用场合如表 5-6 所示。

表 5-6　双绞线跳线应用场合

类　型	连 接 方 式	使 用 场 合
直连线	T568B—T568B T568A—T568A	连接异种设备 计算机—集线器 计算机—交换机 交换机—路由器
交叉线	T568A—T568B T568B—T568A	连接同种设备 计算机—计算机 交换机—交换机 路由器—路由器 计算机—路由器

（4）线序

水晶头的 8 个 P 点与双绞线 8 根线的对位关系（以 T568A 为例）如图 5-29 所示。

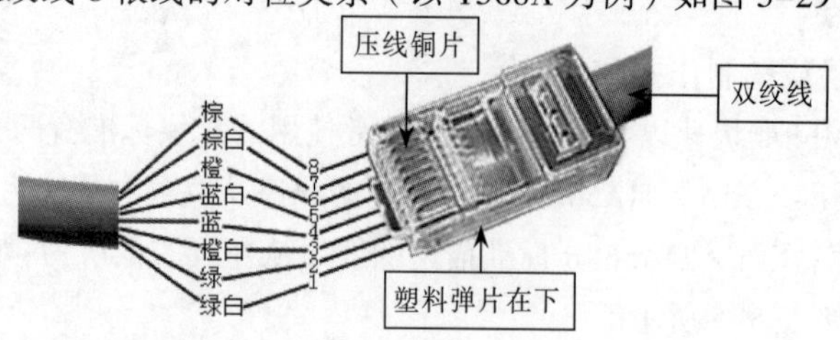

图 5-29　T568A 标准水晶头 8 个 P 点与双绞线 8 根线对位关系

技能训练

某寝室共有八名同学，每位同学都有自己的笔记本式计算机，由于学习的需要，他们之间要组建成小型寝室局域网。

关键步骤提示：

① 规划和设计小型局域网。

② 组建与实施小型局域网。

③ 测试与维护小型局域网。

任务二　局域网的资源共享与访问

任务描述

某教研室有五名教师，五名教师的计算机已经组建成小型局域网。由于教学、科研的需要，教师1的计算机安装一台打印机，其他几位教师要共享这台打印机完成打印任务；教师2的计算机中存放大量的教研室数据资料，其他几位教师要经常访问这台计算机中的数据。

教研室网络拓扑结构如图5-30所示。

教研室网络基本信息如表5-7所示。

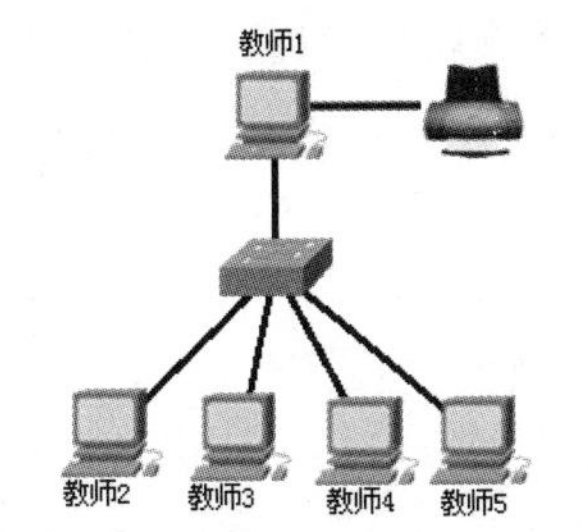

图5-30　教研室网络拓扑结构

表5-7　教研室网络基本信息表

设备名称	工作组	计算机名	IP地址	子网掩码	备注
教师1	WLBGS	Teacher1	192.168.0.1	255.255.255.0	打印服务器
教师2	WLBGS	Teacher2	192.168.0.2	255.255.255.0	文件服务器
教师3	WLBGS	Teacher3	192.168.0.3	255.255.255.0	客户端
教师4	WLBGS	Teacher4	192.168.0.4	255.255.255.0	客户端
教师5	WLBGS	Teacher5	192.168.0.5	255.255.255.0	客户端

任务分析

要满足教研室的基本需求，我们需要将教师1所连接的打印机设置成共享状态，将教师2计算机中存放教研室数据资料的盘符或文件夹设置共享状态；同时还要学会在其他三台教师机上访问教师2中共享数据、并添加网络打印机，以完成打印作业。

流程设计

- 在文件服务器（教师2）上设置盘符或文件夹共享；
- 在客户端上访问文件服务器上的共享数据；

- 在打印服务器上（教师 1）设置打印机的共享；
- 在客户端上添加网络打印机。

任务实现

一、在文件服务器上设置文件夹共享

所谓共享文件夹是指某台计算机用来和其他计算机间相互分享的文件夹，局域网内的所有计算机都有访问这个文件夹的权限。

文件服务器（教师 2）桌面上的“教研室数据”文件夹里存放着本教研室的重要数据资料，对此文件夹进行共享设置的过程如下：

① 首先开启“启用共享以便可以访问网络的用户可以读取和写入公用文件夹中的文件”功能。过程如图 5-31 所示。

② 右击“教研室数据”文件夹，在弹出的快捷菜单中选择“属性”命令，在弹出的“教研室数据属性”对话框中，选择“共享”选项卡，然后在“网络文件和文件夹共享”区域中选择“共享”，在对话框中输入共享名，并选择共享用户权限，然后单击“共享”即可。其具体操作过程如图 5-32 所示。

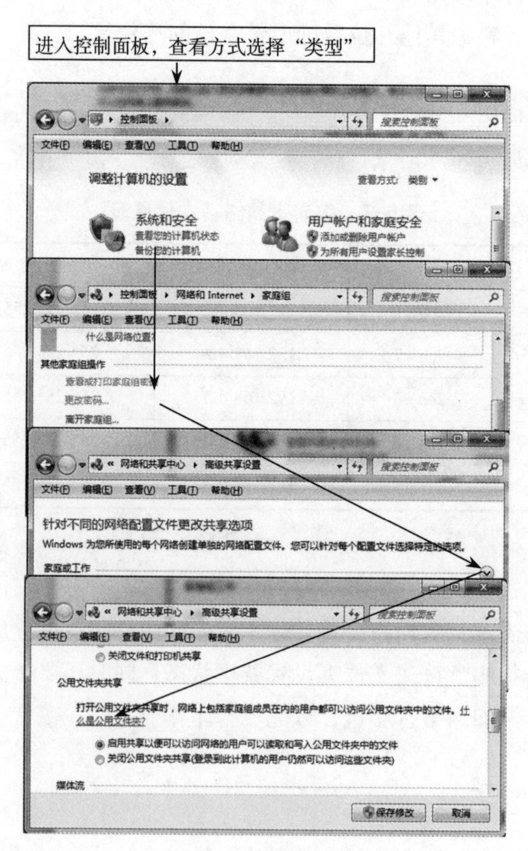

图 5-31　启用共享

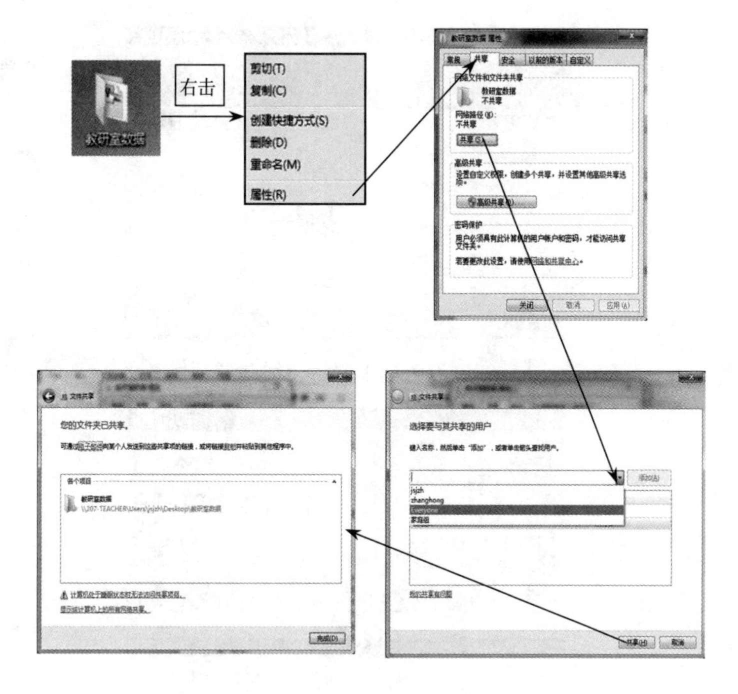

图 5-32　文件夹共享过程

二、在客户端上访问文件服务器上的共享文件夹

1. 访问前的准备

通过局域网访问网络中的共享数据，访问的机器称为客户端，被访问的计算机称为服务器，访问前要做好以下几项准备工作：

① 网络硬件设备之间通信正常。

② 客户端和服务器所在的工作组必须相同。

③ 客户端和服务器的 IP 地址必须同网段。

④ 客户端和服务器上要安装 NetBEUI 协议。

⑤ 客户端和服务器上要开启来宾账户。

⑥ 客户端和服务器上要设置用户权利指派，允许 Guest 账户访问和登录计算机。

⑦ 客户端和服务器上“文件和打印机共享”功能不被 Windows 防火墙或第三方防火墙阻止。

2. 客户端访问文件服务器上的共享文件夹

（1）通过网上邻居访问

双击桌面上的“网络”图标，在“网络”窗口中单击“查看工作组计算机”链接，右窗格就会显示出工作组中的所有计算机，双击文件服务器 Teacher2 图标，即可打开文件服务器中所有共享的文件夹数据，如图 5-33 所示。

（2）通过 IP 地址访问

选择“开始”→“运行”命令，在“运行”中输入“\\192.168.0.2”（此 IP 地址就是服务器 Teacher2 的 IP 地址），确定后即可显示服务器上的共享文件夹。访问过程如图 5-34 所示。

图 5-33　通过网上邻居访问共享文件夹

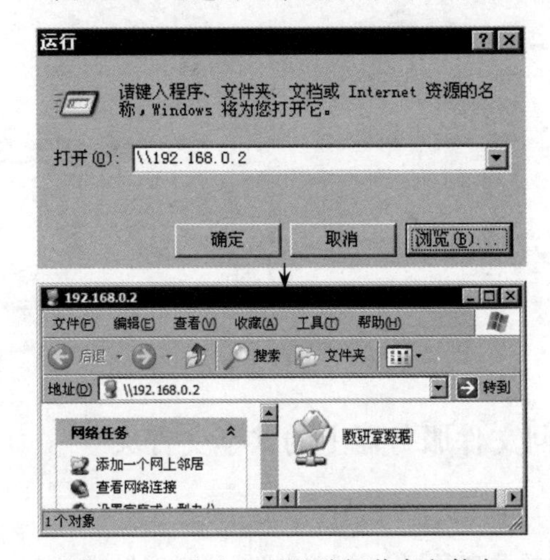

图 5-34　通过 IP 地址访问共享文件夹

（3）通过计算机名称访问

打开“计算机”窗口→在地址栏中输入“\\Teacher2”→按“Enter”键，即可显示服务器上的共享文件夹。访问过程如图 5-35 所示。

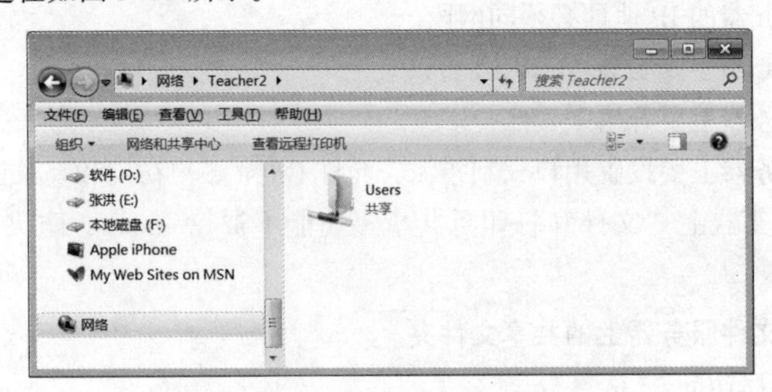

图 5-35　通过计算机名称访问共享文件夹

访问文件服务器上的共享文件夹的方法有多种，但原理都是通过网络通信协议查找并访问服务器计算机，进而读取共享文件夹中的数据。

三、在打印服务器（教师 1）上设置打印机的共享

共享打印，顾名思义，即打印机在局域网内共享，之后其他用户通过一个确切的地址找到这

台共享的打印机，并实现打印。因此，实现共享打印的操作大体分为两步，第一步是实现打印机共享；第二步是寻找共享的打印机，并实现打印作业。本教研室打印服务器（教师 1 计算机）已经安装了“EPSON LASER LP-2200”型打印机，及打印机驱动程序。

1．共享打印机的前期准备

① 打印服务器处于开机状态，并且已经安装打印机驱动程序。

③ 打印机工作状态正常，能够实现正常打印作业。

2．设置打印机共享过程

选择“开始”→“设备和打印机”命令，在弹出的“设备和打印机”窗口中，右击“EPSON　LASER LP-2200”打印机图标，在弹出的快捷菜单中选择“打印机属性”，然后在“EPSON　LASER LP-2200 属性”对话框中选择“共享”选项卡，选择“共享这台打印机”复选框并输入“共享名”后单击“确定”按钮即可。打印机共享过程如图 5-36 所示。

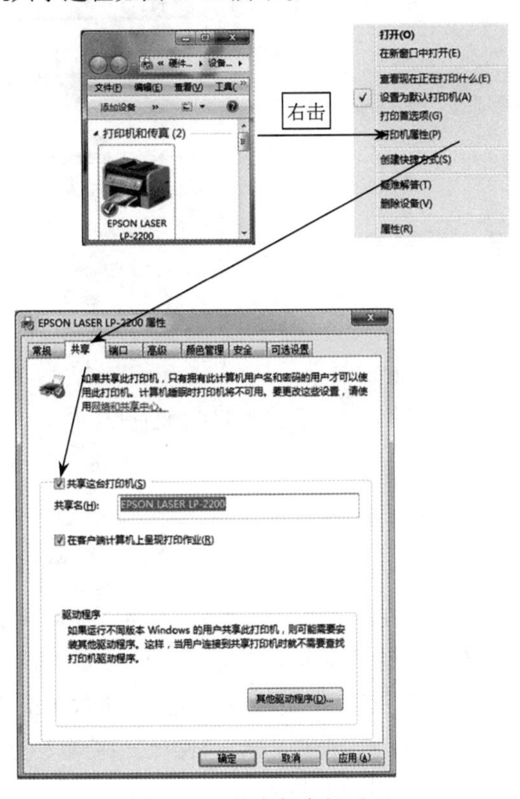

图 5-36　共享打印机过程

四、客户端上添加网络打印机

当打印服务器上打印机设置成共享后，需要在客户机上添加网络打印机，才可以使用此打印机进行打印作业。下面是教师 3 计算机添加打印机的过程。

1．教师 3 添加网络打印机过程

选择“开始”→“设备和打印机”→“添加打印机”→“添加网络、无线或 Bluetooth 打印

机”，弹出“添加打印机”向导对话框，选择网络打印机路径，再单击“下一步”按钮，设置打印机名称，单击完成按钮，此时安装共享打印机已经完成。添加网络打印机过程如图 5-37 所示。

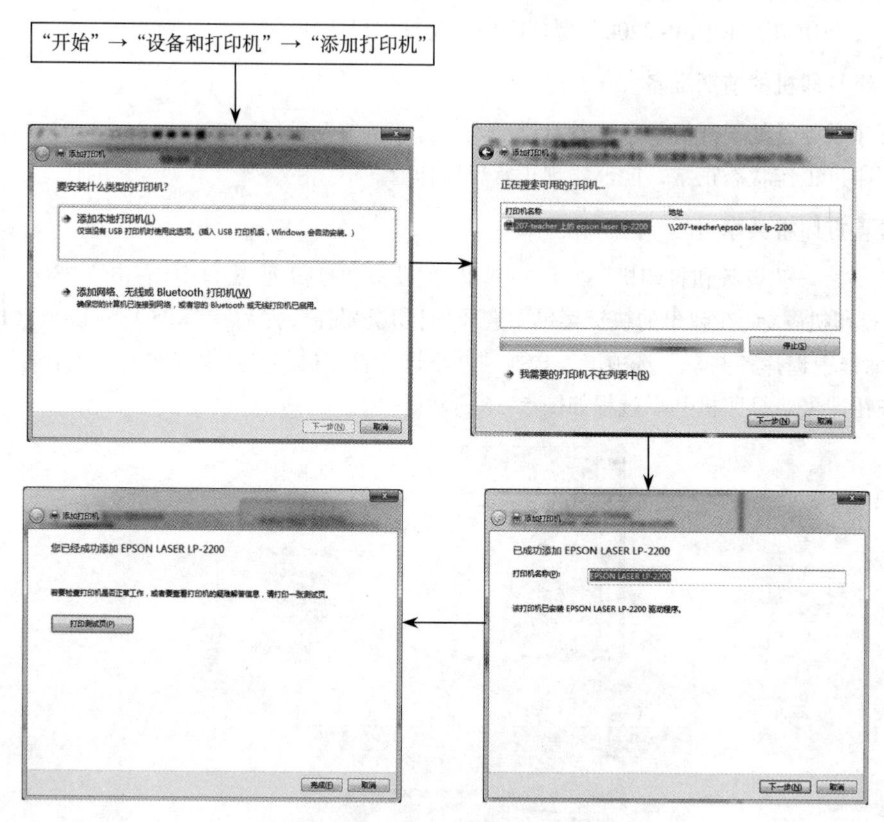

图 5-37　添加网络打印机过程

任务拓展

1. 设置文件夹共享的方法

第一种方法是：“工具”→“文件夹选项”→“查看”→“使用共享向导”。这样设置后，其他用户只能以 Guest 用户的身份访问你共享的文件或者文件夹。第二种方法是：“控制面板”→“管理工具”→“计算机管理”，在“计算机管理”这个对话框中，依次单击“文件夹共享”→“共享”，然后在右键快捷菜单中选择“新建共享”即可。第三种方法最简单，直接在你想要共享的文件夹上右击，通过“共享和安全”命令即可设置共享。

2. 解决局域网中无法访问共享文件或打印机的方法

（1）启用来宾账户

控制面板→用户账户→启用来宾账户。

（2）安装 NetBEUI 协议

查看“网上邻居”属性→查看“本地连接”属性→单击“安装”→查看“协议”→查看其中 NetBEUI 协议是否存在，如果存在则安装这个协议，如果不存在则表明已经安装了该协议，在 Windows XP 系统中默认安装了该协议。

（3）查看本地安全策略设置是否禁用了 Guest 账户

控制面板→管理工具→本地安全策略→用户权利指派→查看“拒绝从网络访问这台计算机”项的属性→看里面是否有 Guest 账户，如果有就把它删除掉。

（4）建立工作组

局域网用户之间相互访问，需要工作组必须相同。

（5）查看“计算机管理”是否启用来宾账户

控制面板→计算机管理→本地用户和组→用户→启用来宾账户。

（6）用户权利指派

控制面板→管理工具→本地安全策略，在“本地安全策略”窗口中，依次选择“本地策略”→“用户权利指派”，在右边的选项中依次对“从网络上访问这台计算机”和“拒绝从网络上访问这台计算机”两个选项进行设置。

“从网络上访问这台计算机”选项需要将 guest 用户和 everyone 添加进去；“拒绝从网络上访问这台计算机”需要将被拒绝的所有用户删除掉，默认情况下 guest 是被拒绝访问的。

（7）查看“文件和打印机共享”功能是否被 Windows 防火墙阻止

“开始”→“控制面板”→单击“Windows 防火墙”→在“常规”选项卡上，确保未选中“不允许例外”复选框（即不要打勾）→单击“例外”选项卡→在“例外”选项卡上，确保选中了“文件和打印机共享”复选框（即打勾），然后单击“确定”按钮。

上述方法的所有步骤并不是设置局域网都必须进行的，因为有些步骤在默认情况下已经设置。但是只要你的局域网出现了不能访问的现象，通过上述设置肯定能保证局域网的畅通。

技能训练

某办公室有 8 名教师，每位教师都有自己的笔记本式计算机并且组建了小型局域网，办公室购买了一台打印机，由于工作的需要，他们之间要共享打印服务和计算机中的数据。

关键步骤提示：

① 共享文件夹；

② 共享打印机；

③ 访问共享数据。

④ 访问共享打印机。

任务三　互联网的应用

任务描述

某私企欲组织员工旅游，想在五岳名山中选择一处景点。现要求办公文员网上查找各处旅游景点介绍，并将查找到的信息以含附件的方式发至全部门员工电子邮箱，供员工选择比较，以确定旅游地点。

任务分析

本任务在掌握基本互联网知识的基础上，能够使用 IE 浏览器查看各种信息，使用搜索引擎进行信息检索，实现文件的上传与下载，能够申请邮箱并发送电子邮件，达到能够熟练使用互联网的目的。

流程设计

- 使用搜索引擎查找信息；
- 保存互联网上的信息；
- 注册免费邮箱；
- 通过邮箱发送、接收电子邮件。

任务实现

一、搜索网上信息

在线搜索信息最简单的方法就是使用搜索引擎查找资料。常用的搜索引擎有 www.google.com、www.baidu.com、www.sogou.com、www.zhongsou.com 等等。以百度为例，搜索五岳各景点信息的操作方法如图 5-38 所示。

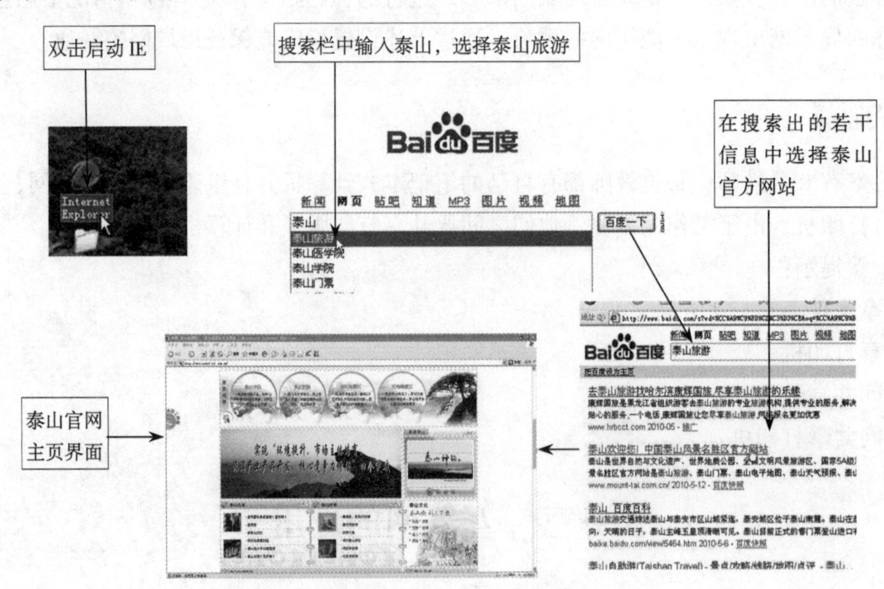

图 5-38　在线搜索信息

二、保存网上信息

1. 收藏网站

在上网过程中，除经常性地访问一些固定网站外，有时还需要将偶尔发现的新网站记录下来，以备下次登录。但这些网址并不容易记忆，并且经常输入网址也比较麻烦，因此可以通过 IE 浏览器的“收藏夹”按钮，直接用鼠标轻轻一点就可以进入指定网站。操作方法如图 5-39 所示。

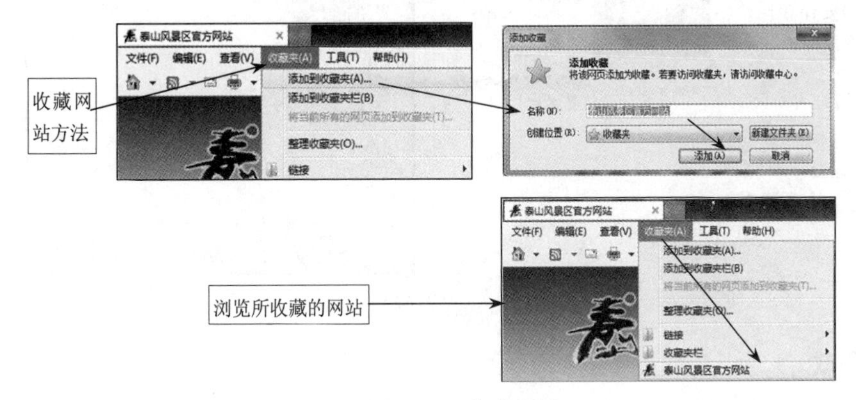

图 5-39 收藏网站

2. 保存网页

除收藏网站外，有些网页的内容需要打印出来，或者作为素材保留，这就需要将指定网页的信息保存下来。例如，将泰山官网中旅游线路的中路信息保留下来，其具体操作步骤如图 5-40 所示操作。

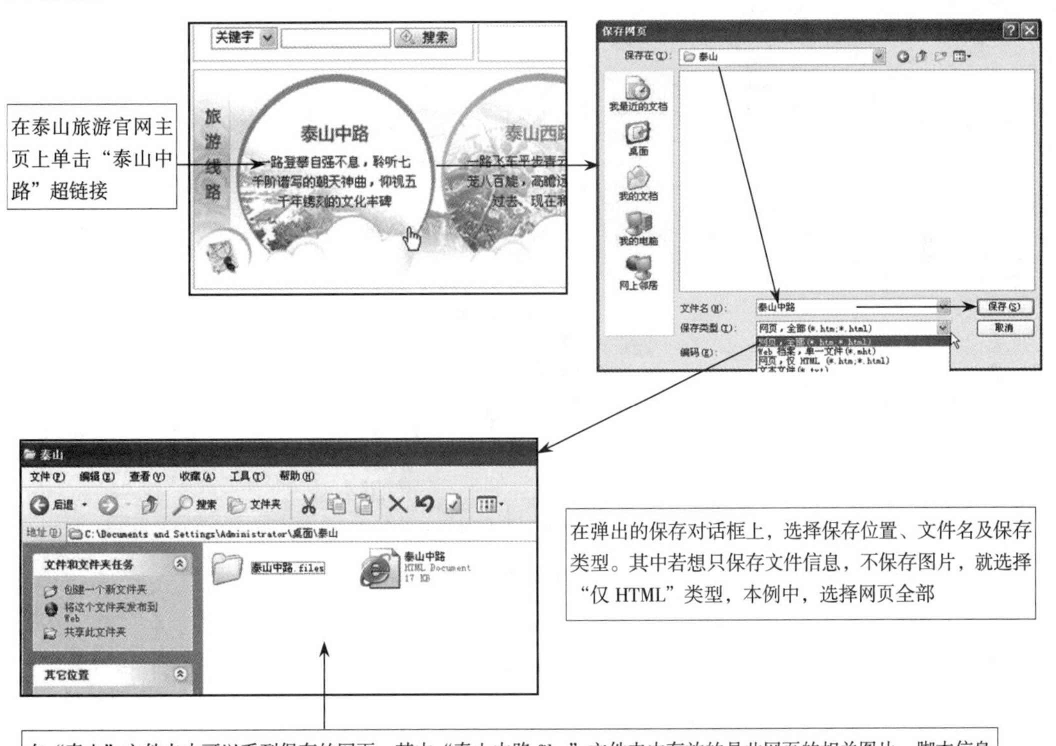

图 5-40 保存网页

3. 保存网页图片

若想将某网页上的图片保存在本地机器上，就需要用到保存图片功能。其具体操作步骤如图 5-41 所示。

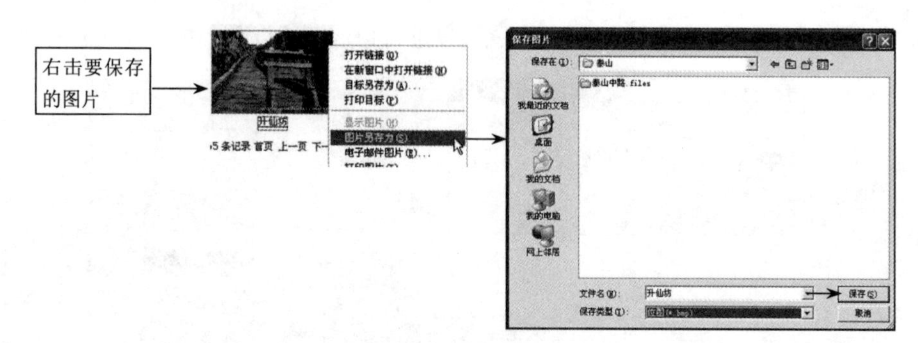

图 5-41　保存图片

4. 文件下载

文件下载一般可以右击下载链接，然后选择“目标另存为”命令，选择存放位置就可以了，不过这样下载速度慢；如果计算机安装了迅雷等下载软件，可以用这些专业下载软件下载，速度快。右击下载链接，会出现“使用迅雷下载”的字样。其具体操作步骤如图 5-42 所示。

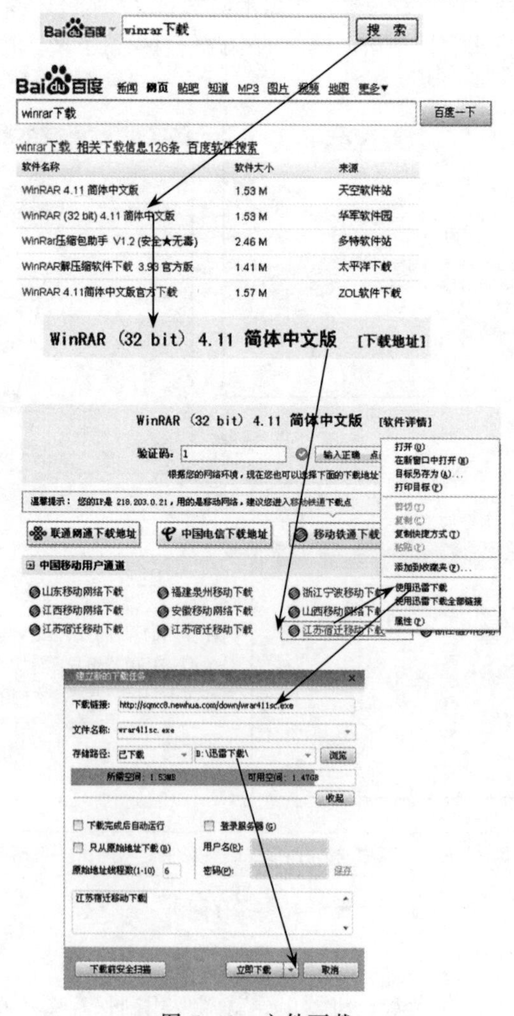

图 5-42　文件下载

三、注册并登录免费邮箱

电子邮件（E-mail）又称电子信箱、电子邮政，它是—种用电子手段提供信息交换的通信方式，是 Internet 应用最广的服务。电子邮件可以包含文字、图像、声音等信息。

1. 注册邮箱

若需要收发电子邮件，必须申请一个邮箱，现以申请网易邮箱为例，具体操作步骤如图 5-43 所示。

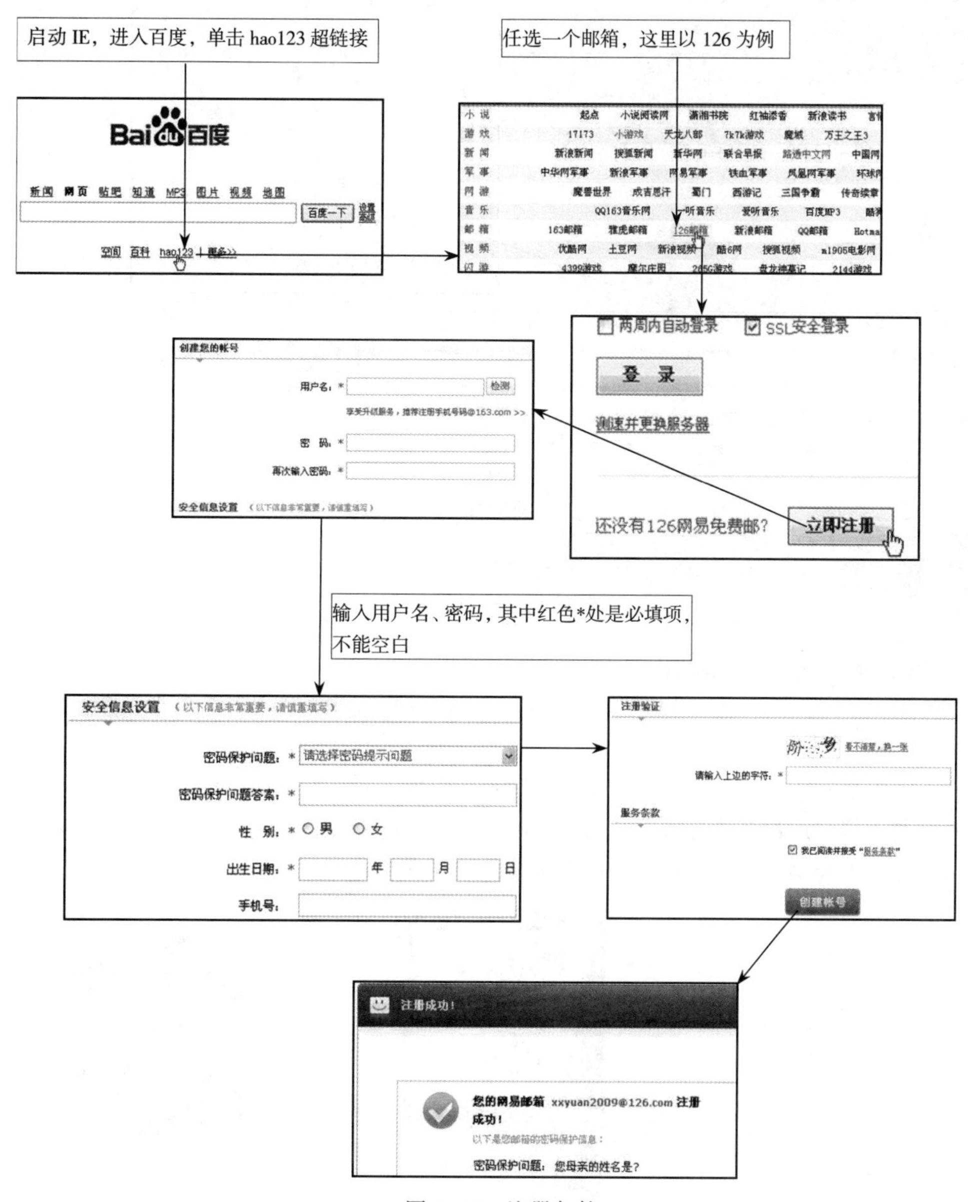

图 5-43　注册邮箱

2. 登录邮箱

使用电子邮箱前，必须得先登录邮箱，登录邮箱的操作步骤如图 5-44 所示。

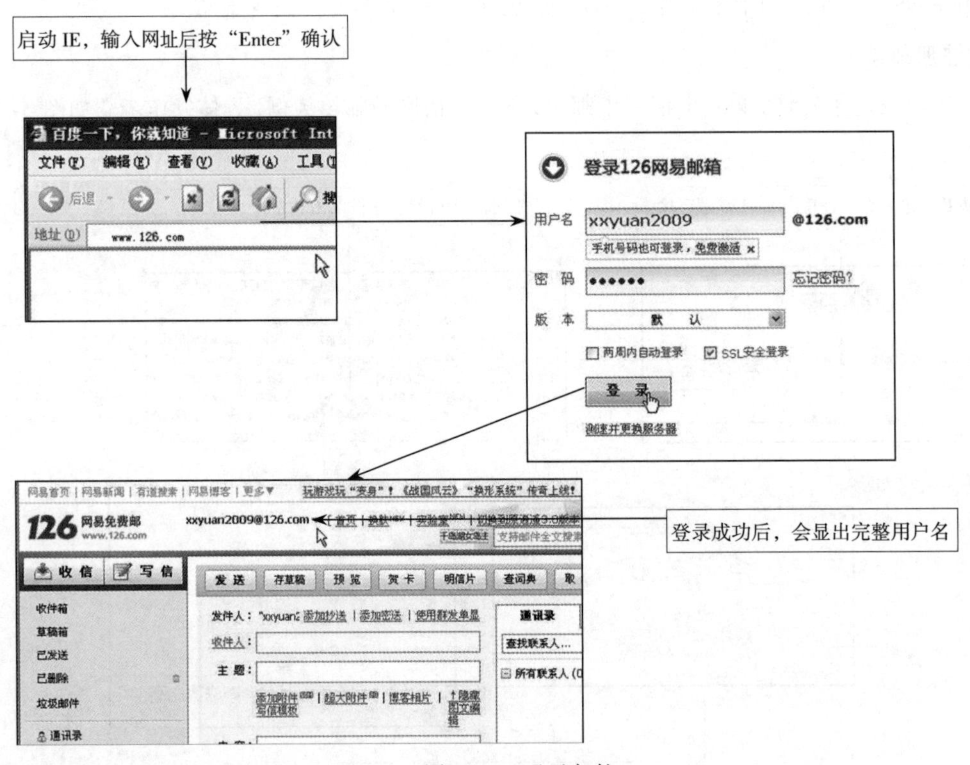

图 5-44　登录邮箱

四、发送和接收电子邮件

1. 发送电子邮件

除用电子邮箱发送普通信件外，邮箱还支持发送附件。附件只能是文件，而不能是文件夹。所有文件夹都不能够通过邮箱分发给其他人，因此在发送附件前，需要将相关文件夹进行压缩，以“泰山”文件夹为例，压缩文件夹的操作步骤如图 5-45 所示。

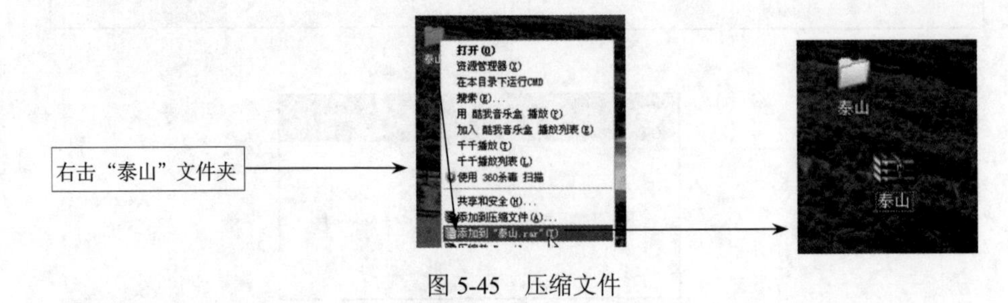

图 5-45　压缩文件

发送邮件过程如图 5-46 所示。

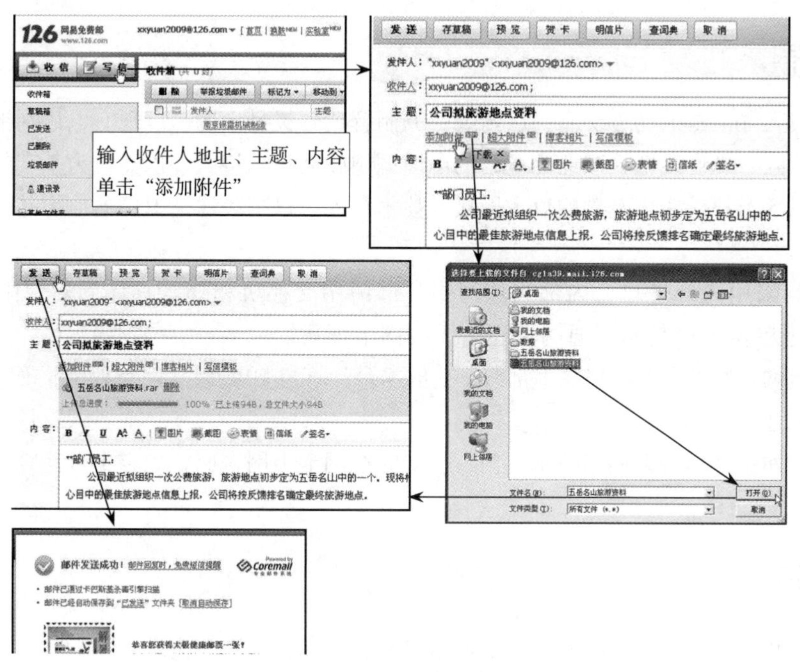

图 5-46　发送邮件

2. 接收电子邮件

进入邮箱接收邮件并下载附件，具体操作步骤如图 5-47 所示。

如果接收到的邮件是压缩文件，需要对其进行解压缩。

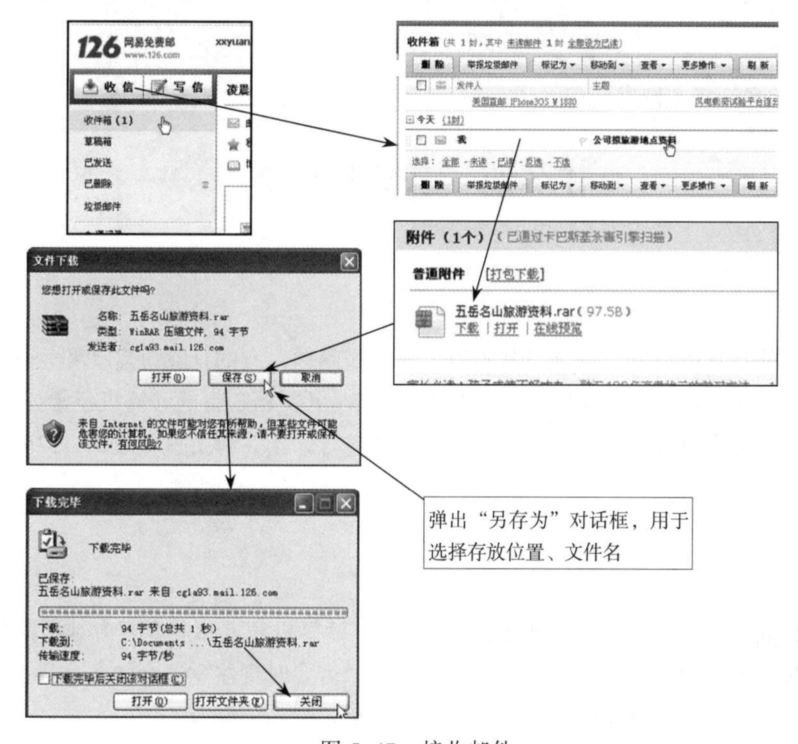

图 5-47　接收邮件

任务拓展

目前用户接入 Internet 的方法有：以传统的调制解调器拨号上网、以现有电话网铜线为基础的 xDSL 技术接入、以有线电视产业为基础的电缆调制解调技术接入、以光纤为基础的光纤接入网技术接入、以 5 类双绞线为基础的以太网接入技术接入、以扩频通信卫星通信为基础的无线接入技术接入等。

一般单位均采用光纤进户，内部局域网中各部门用交换机相连。具体到单位中的一台计算机，只需考虑单位上网是用普通网卡还是无线网卡即可。

普通网卡上网：通过咨询网络技术部门，获取本台计算机 IP 地址、网关地址，确定本台计算机网卡与网线相连。

无线网卡上网：通过咨询网络技术部门，获取无线网卡上网密码，确定本台计算机安装了无线网卡。

技能训练

某旅游公司想拓展旅游项目，开发新的旅游景点，想在云南和海南两省开发一些新的旅游景点。现要求办公文员网上查找各处旅游景点介绍，并将查找到的信息以含附件的方式发至经理电子邮箱，供公司比较，以确定旅游地点。

关键步骤提示：

1. 在线搜索资源；
2. 保存重要信息；
3. 压缩文件；
4. 通过电子邮件将文件发送到经理邮箱。

任务四　计算机安全

任务描述

某学校机房的计算机最近总是莫名其妙地出现一些问题，有的计算机启动和软件运行速度变慢、有的计算机无法浏览网页、有的计算机无法打开 Word 文档、有的计算机经常弹出错误提示、有的计算机看不到硬盘分区等。现在要求机房管理员进行诊断并解决这些故障，以保证教学的有效实施。

任务分析

引起计算机故障的因素很多，不要忽视系统漏洞、计算机病毒和黑客行为对计算机造成的软/硬件方面的破坏。为了保证计算机的安全及有效运行，需要时刻注意安全防范，目前大多数用户使用 360 安全卫士和 360 杀毒软件进行计算机安全防范。

流程设计

- 安装 360 安全卫士和 360 杀毒软件；
- 使用 360 安全卫士防御计算机安全；
- 使用 360 杀毒软件进行病毒查杀。

任务实现

一、安装 360 安全卫士和 360 杀毒软件

1. 安装 360 安全卫士

首先在互联网上下载 360 安全卫士，双击 360 安全卫士安装文件，弹出欢迎界面，选中“我已经阅读并同意软件许可协议”复选框后再单击“自定义安装”按钮，选择好安装路径，单击“下一步”按钮，开始安装软件直到完成即可。安装过程如图 5-48 所示。

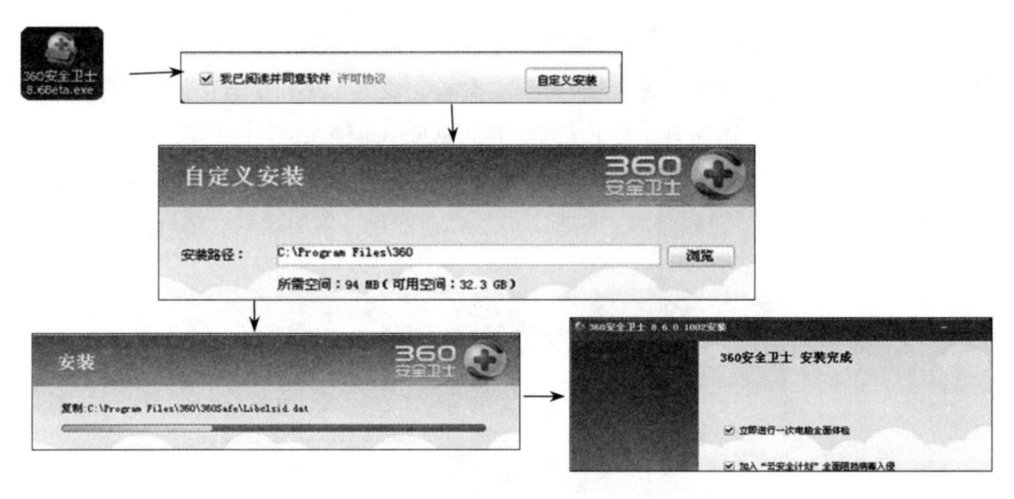

图 5-48　安装 360 安全卫士

2. 安装 360 杀毒软件

首先在互联网上下载 360 杀毒软件，双击 360 杀毒软件安装文件，弹出欢迎界面，选中“我已经阅读并同意软件安装协议”复选框，并选择好安装路径后单击“下一步”按钮，开始安装软件，安装过程中会询问是否安装 360 安全卫士，如果安装了则取消选择复选框，单击“下一步”按钮直到完成即可。安装过程如图 5-49 所示。

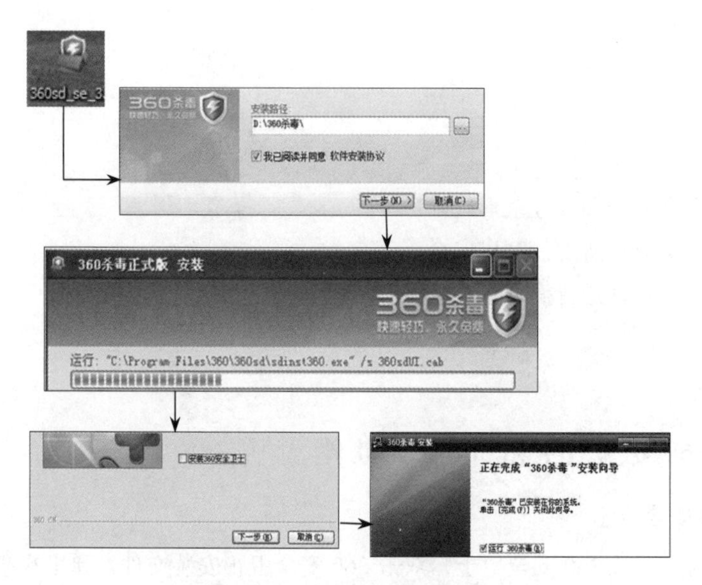

图 5-49　安装 360 杀毒软件

二、使用 360 安全卫士进行计算机安全防护

1. 使用 360 安全卫士对计算机进行体检

体检功能可以全面地检查计算机的各项状况。体检完成后，360 安全卫士会提交一份优化计算机的意见，用户可以根据需要对计算机进行优化，也可以选择便捷的一键优化。

体检操作过程：选择“开始”→“所有程序”→“360 安全中心”→“360 安全卫士”即可调出 360 安全卫士主界面，然后单击主界面上的“立即体检”按钮即可。使用 360 安全卫士对计算机体检的过程如图 5-50 所示。

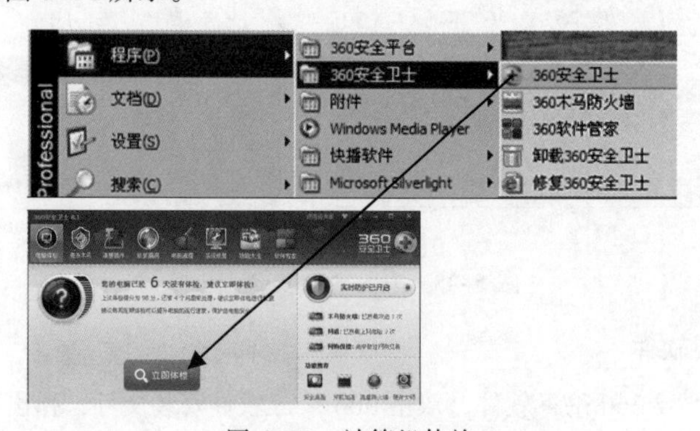

图 5-50　计算机体检

2. 使用 360 安全卫士查杀木马

利用计算机程序漏洞侵入后窃取文件的程序称为木马。木马对计算机危害相当大，可能导致账户密码等重要信息丢失，还可能导致隐私文件被窃取，所以查杀木马对计算机安全十分重要。

查杀过程如下：在 360 安全卫士主界面单击“查杀木马”按钮，进入查杀木马的界面，可以选择“快速扫描”、“全盘扫描”和“自定义扫描”来检查计算机里是否存在木马程序。

扫描结束后若出现疑似木马，可以选择删除文件、修复文件或加入信任区。查杀木马过程如图 5-51 所示。

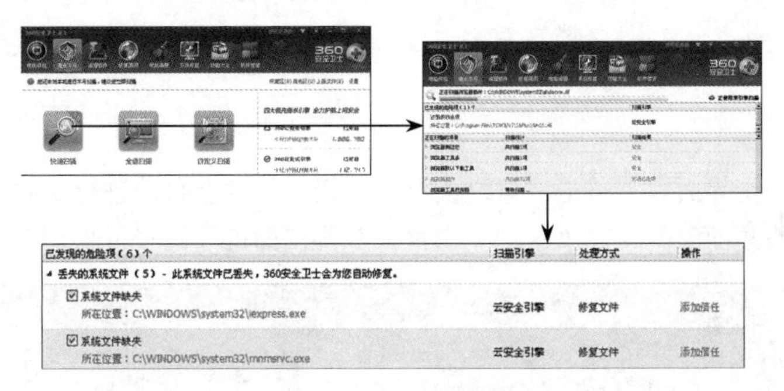

图 5-51　查杀木马

3. 使用 360 安全卫士清理插件

插件是一种遵循一定规范的应用程序接口。很多插件是在用户不知情的情况下安装的，过多的插件会拖慢计算机的速度。

进入 360 安全卫士界面后，单击“清理插件”按钮，进入清理插件界面后选择“开始扫描”即可。扫描完成后，根据清理建议选择操作即可。清理插件过程如图 5-52 所示。

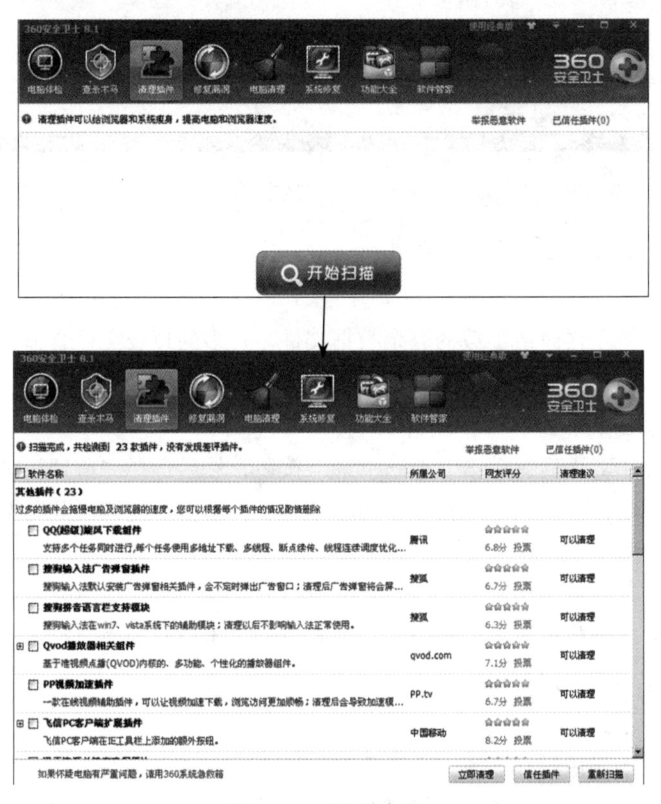

图 5-52　清理插件

4. 使用 360 安全卫士修复系统漏洞

系统漏洞是特指 Windows 操作系统在逻辑设计上的缺陷或在编写时产生的错误。系统漏洞可以被黑客利用，通过植入木马、病毒等方式来攻击或控制计算机，从而窃取重要数据和信息，甚至破坏系统。

修复漏洞的方法如下：

进入 360 安全卫士界面后，单击“修复漏洞”按钮，软件会自动进行漏洞扫描，并反馈扫描结果，然后选择要修复的漏洞项后单击“立即修复”按钮即可。修复过程如图 5-53 所示。

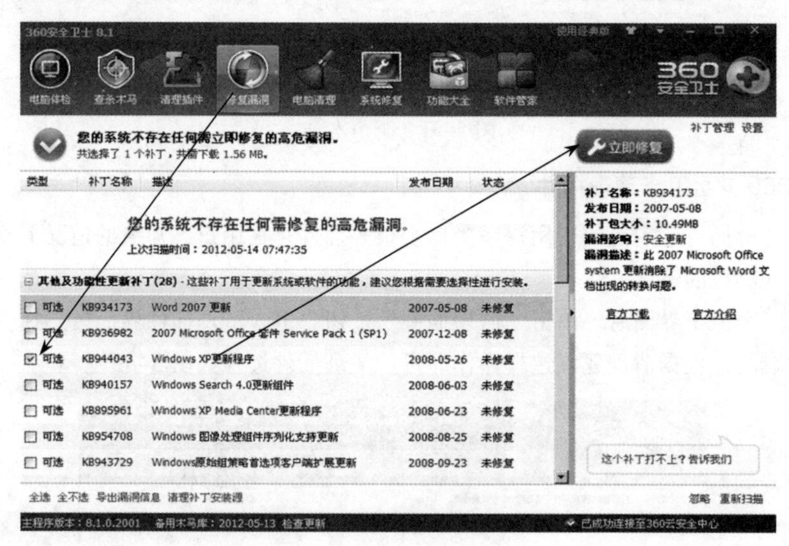

图 5-53 修复漏洞

5. 使用 360 安全卫士进行计算机清理

（1）清理垃圾文件

垃圾文件是指系统工作时所加载的剩余数据文件。过多的垃圾文件会拖慢系统的运行速度、浪费硬盘空间。

清理垃圾文件过程如下：

进入 360 安全卫士界面后，单击“电脑清理”按钮，然后选择“清理垃圾”选项卡，选择好要清理的范围后，单击“开始扫描”按钮，扫描结束后，单击“立即清除”按钮即可。清理垃圾文件过程如图 5-54 所示。

（2）清理痕迹

痕迹是指进行各种操作时留下的历史文档，它记录了用户的动作。很多软件在使用后会留下包含个人信息的使用痕迹，这有可能泄露用户的隐私。

清理痕迹过程如下：

进入 360 安全卫士界面后，选择“计算机清理”，然后选择“清理痕迹”选项卡，选择好要清理的范围后，单击“开始扫描”按钮，扫描结束后，单击“立即清除”按钮即可。清理痕迹过程如图 5-55 所示。

图 5-54 清理垃圾文件

图 5-55 清理痕迹

6．使用 360 安全卫士进行系统修复

系统修复可以检查计算机中多个关键位置是否处于正常的状态。当遇到浏览器主页、“开始”菜单、桌面图标、文件夹、系统设置等出现异常时，使用系统修复功能，可以找出问题出现的原因并修复问题。系统修复过程如下：

进入 360 安全卫士界面后，单击“系统修复”按钮，然后单击“常规修复”按钮，可以修复常见的上网设置和系统设置；单击“电脑门诊”按钮可以精准修复计算机的问题。选择其一即可进行扫描，当扫描结束后，软件将显示出本计算机需要修复的选项，然后根据需要选择修复项后单击“立即修复”按钮即可。系统修复过程如图 5-56 所示。

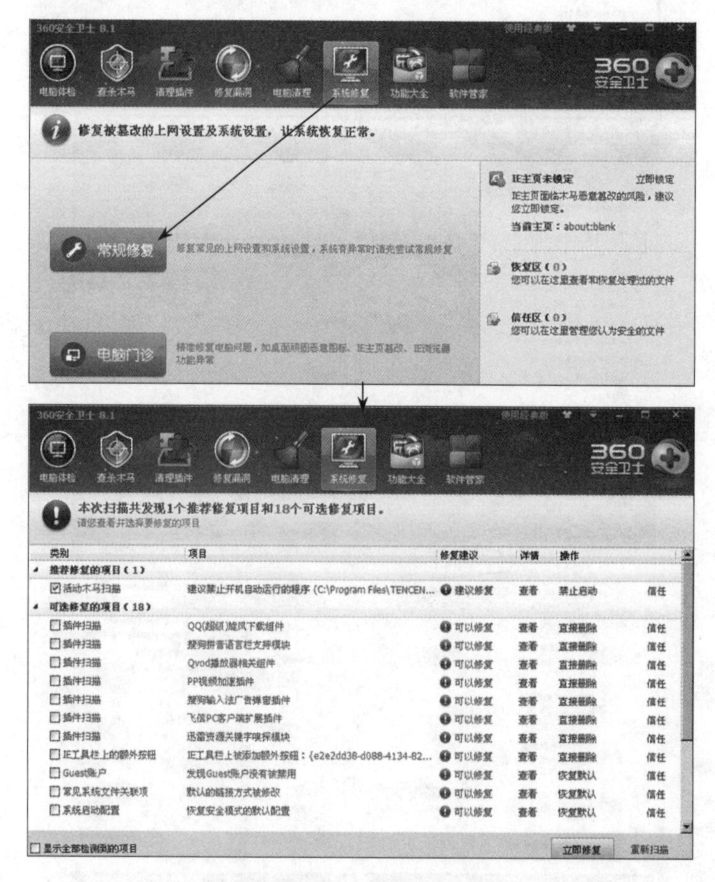

图 5-56　系统修复

7．使用 360 安全卫士进行软件管理

“软件管家”聚合了众多安全优质的软件，可以方便、安全地下载，并且可以防止下载带有插件的软件和带有病毒的软件，同时“软件管家”还提供了“开机加速”和“卸载软件”的便捷入口。

进入 360 安全卫士界面后，单击“软件管家”按钮，然后选择相应操作即可。软件管理过程如图 5-57 所示。

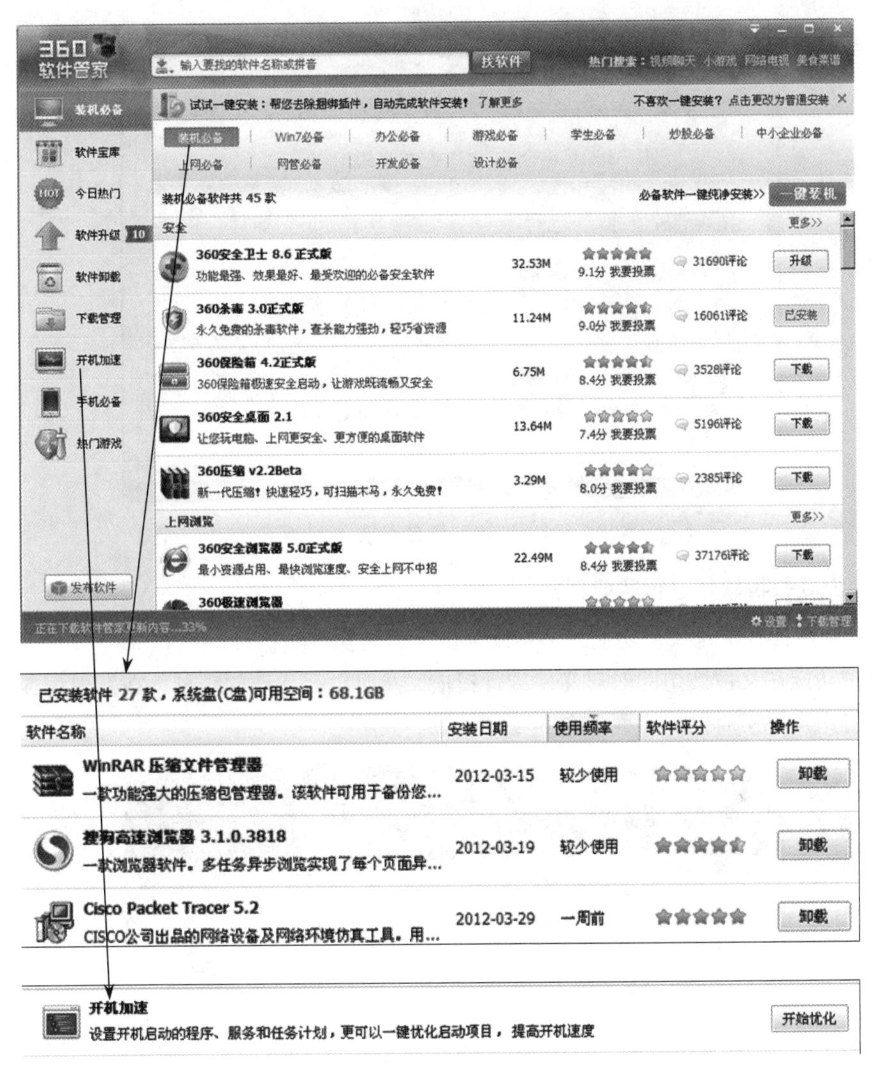

图 5-57 软件管理

三、使用 360 杀毒软件保护计算机

1. 使用 360 杀毒软件进行病毒查杀

360 杀毒提供了四种手动病毒扫描方式：快速扫描、全盘扫描、指定位置扫描、右键扫描。

① 快速扫描：扫描 Windows 系统目录及 Program Files 目录。

② 全盘扫描：扫描所有磁盘。

③ 指定位置扫描：扫描指定的目录。

④ 右键扫描：集成到右键菜单中，随时右击文件夹，即可选择“使用 360 杀毒扫描”对选中文件夹进行扫描。病毒查杀过程如图 5-58 所示。

360 杀毒扫描到病毒后，会首先尝试清除文件所感染的病毒，如果无法清除，则会提示删除感染病毒的文件。

图 5-58　病毒查杀

2．使用 360 杀毒软件进行实时保护

360 杀毒软件具有实时保护功能，为系统提供全面的安全防护。

实时保护功能在文件被访问时对文件进行扫描，及时拦截活动的病毒，在发现病毒时会通过提示窗口警告用户。实时保护界面如图 5-59 所示。

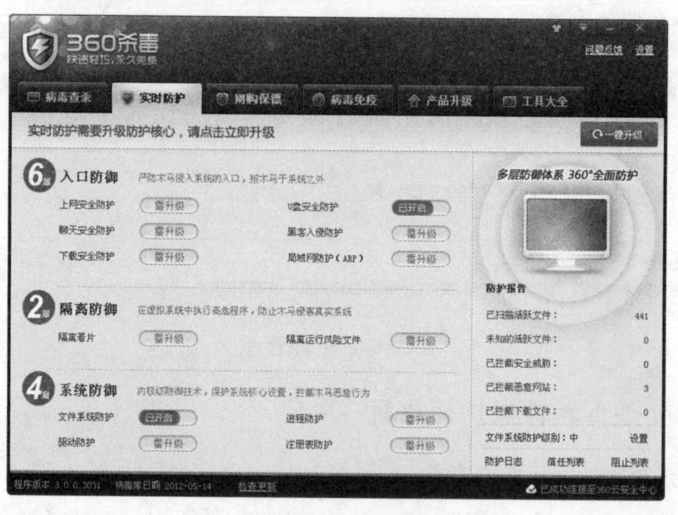

图 5-59　实时保护

3．360 杀毒软件升级

360 杀毒软件具有自动升级功能，如果开启了自动升级功能，360 杀毒软件会在有升级可用时自动下载并安装升级文件。自动升级完成后会通过气泡窗口提示用户如果用户想手动进行升级，可在 360 杀毒主界面单击“产品升级”标签，进入升级界面，并单击“检查更新”按钮。升级程序会连接服务器检查是否有可用更新，如果有就会下载并安装升级文件：升级完成后会提示用户：“恭喜您！现在，360 杀毒已经可以查杀最新病毒啦！”。软件升级界面如图 5-60 所示。

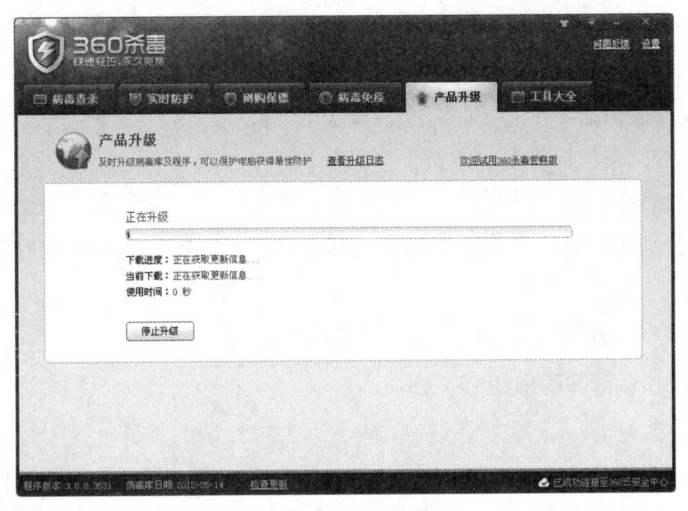

图 5-60 产品升级

任务拓展

1. 计算机病毒的认识和防治

（1）计算机病毒定义

计算机病毒（computer virus）在《中华人民共和国计算机信息系统安全保护条例》中被明确定义，病毒指“编制者在计算机程序中插入的破坏计算机功能或者破坏数据，影响计算机使用并且能够自我复制的一组计算机指令或者程序代码”。

与医学上的“病毒”不同，计算机病毒不是天然存在的，是某些人利用计算机软件和硬件所固有的脆弱性编制的一组指令集或程序代码。它能通过某种途径潜伏在计算机的存储介质（或程序）里，当达到某种条件时即被激活，通过修改其他程序的方法将自己的精确拷贝或者可能演化的形式放入其他程序中，从而感染其他程序，对计算机资源进行破坏。

（2）计算机病毒的特点

① 繁殖性。计算机病毒可以像生物病毒一样进行繁殖，当正常程序运行的时候，它也进行自身复制，是否具有繁殖、感染的特征是判断某段程序为计算机病毒的首要条件。

② 传染性。计算机病毒不但本身具有破坏性，更有害的是具有传染性，一旦病毒被复制或产生变种，其速度之快令人难以预防。传染性是病毒的基本特征。计算机病毒也会通过各种渠道从已被感染的计算机扩散到未被感染的计算机，在某些情况下造成被感染的计算机工作失常甚至瘫痪。是否具有传染性是判别一个程序是否为计算机病毒的最重要条件。

③ 隐蔽性。计算机病毒具有很强的隐蔽性，有的可以通过病毒软件检查出来，有的查不出来，有的时隐时现、变化无常，这类病毒处理起来通常很困难。

④ 破坏性。计算机中毒后，可能会导致正常的程序无法运行，把计算机内的文件删除或受到不同程度的损坏。通常表现为：增、删、改、移。

⑤ 潜伏性和可触发性。某个事件或数值的出现，诱使病毒实施感染或进行攻击的特性称为可触发性。为了隐蔽自己，病毒必须潜伏，少做动作。如果完全不动，一直潜伏，病毒既不能感

染也不能进行破坏，便失去了杀伤力。病毒既要隐蔽又要维持杀伤力，它必须具有可触发性。病毒的触发机制就是用来控制感染和破坏动作的频率的。

（3）计算机病毒的防治

防范计算机病毒，保护计算机的安全，要做到以下几点：

① 要有很好的防范意识。

② 病毒往往会利用计算机操作系统的弱点和漏洞进行传播，要经常进行系统补丁升级以提高系统的安全性。

③ 安装防火墙和反病毒软件，并及时更新病毒库。

2．了解黑客攻击步骤并有效防范

（1）黑客的含义

“黑客”一词是由英语 Hacker 音译出来的，是指专门研究、发现计算机和网络漏洞的计算机爱好者。“黑客”一词，原指热心于计算机技术，水平高超的计算机专家，尤其是程序设计人员。但到了今天，“黑客”一词已被用于泛指那些专门利用计算机网络搞破坏或恶作剧的人。对这些人的正确英文叫法是 Cracker，有人翻译成“骇客”。

（2）黑客的攻击步骤

黑客攻击步骤可以说变幻莫测，但纵观整个攻击过程，还是有一定规律可循的，一般可分为攻击前奏、实施攻击、巩固控制、继续深入几个过程。下面具体介绍这几个过程：

① 攻击前奏。此过程就是黑客确定攻击目标，了解目标的网络结构、收集各种目标系统的信息等。

② 实施攻击。当黑客探测到了足够的系统信息，对系统的安全弱点有了了解后就会发动攻击，他们会根据不同的网络结构、不同的系统情况而采用不同的攻击手段。

③ 巩固控制。黑客利用各种手段进入目标主机系统并获得控制权之后，并不会立即进行破坏活动，如删除数据、涂改网页等。为了能长时间地保留和巩固他对系统的控制权，不被管理员发现，他会做两件事情,一是清除记录，二是留下后门。

④ 继续深入。黑客利用清除日志、删除拷贝等方法隐藏自己后，开始窃取主机上的各种敏感信息：软件资源、客户名单、账务报表、信用卡号等。也有可能什么都不执行，只是把攻击的系统作为他下一步攻击的中转站。

（3）黑客的防范要点

① 屏蔽可疑 IP 地址。这种方式见效最快，一旦网络管理员发现了可疑的 IP 地址申请，可以通过防火墙屏蔽相应的 IP 地址，这样黑客就无法再连接到服务器上了。

② 过滤信息包。通过编写防火墙规则，可以让系统知道什么样的信息包可以进入、什么样的应该放弃，如此一来，当黑客发送有攻击性信息包的时候，在经过防火墙时，信息就会被丢弃掉，从而防止了黑客的进攻。

③ 修改系统协议。对于漏洞扫描，系统管理员可以修改服务器的相应协议，例如漏洞扫描是根据对文件的申请返回值对文件存在进行判断的，这个数值如果是 200，则表示文件存在于服务器上，如果是 404，则表明服务器没有找到相应的文件，但是管理员如果修改了返回数值或者屏蔽 404 数值，那么漏洞扫描器就毫无用处了。

④ 经常升级系统版本。任何一个版本的系统发布之后，在短时间内都不会受到攻击，一旦其中的问题暴露出来，黑客就会蜂拥而至。因此管理员在维护系统时，可以经常浏览著名的安全站点，找到系统的新版本或者补丁程序进行升级，这样就可以保证系统中的漏洞在没有被黑客发现之前，就已经修补上了，从而保证了服务器的安全。

⑤ 及时备份重要数据。如果数据备份及时，即便系统遭到黑客攻击，也可以在短时间内修复，挽回不必要的经济损失。

⑥ 使用加密机制传输数据。对于个人信用卡、密码等重要数据，在客户端与服务器之间的传送，应该先经过加密在进行发送，这样做的目的是防止黑客监听、截获。

3. 防火墙

（1）什么是防火墙

所谓防火墙指的是一个有软件和硬件设备组合而成、在内部网和外部网之间、专用网与公共网之间的界面上构造的保护屏障，是一种获取安全性方法的形象说法。它是一种计算机硬件和软件的结合，使 Internet 与 Intranet 之间建立起一个安全网关（security gateway），从而保护内部网免受非法用户的侵入，防火墙主要由服务访问政策、验证工具、包过滤和应用网关四部分组成。

防火墙可以分为软件防火墙和硬件防火墙两类。

（2）防火墙的功能

防火墙是在两个网络通信时执行的一种访问控制策略，它能允许用户“同意”的人和数据进入网络，同时将“不同意”的人和数据拒之门外，最大限度地阻止网络中的黑客来访问网络。换句话说，如果不通过防火墙，公司内部的人就无法访问 Internet，Internet 上的人也无法和公司内部的人进行通信。

技能训练

某学生的计算机已经通过无线接入技术接入互联网，为了保证计算机的安全及保密个人信息。现需要对计算机进行安全防范。

关键步骤提示：

① 安装 360 安全卫士及杀毒软件。

② 对计算机进行系统升级及安装漏洞补丁。

③ 利用 360 软件对计算机中的软件进行管理。

④ 及时清理计算机中的垃圾数据。

⑤ 经常进行病毒及木马查杀。

技能综合训练

训练一　家庭局域网的组建

某家庭有一台台式计算机和两台笔记本式计算机。由于家庭成员生活和工作的需要，现要求组建成家庭局域网。

操作要求：

1. 规划与设计家庭局域网：

（1）设备选型。

（2）拓扑结构设计。

（3）IP 地址规划。

2. 组建与实施家庭局域网：

（1）跳线制作。

（2）设备端接。

（3）设备配置。

3. 测试与维护家庭局域网：

（1）连通性测试。

（2）如果出现故障，进行诊断并排除，保证网络正常运行。

训练二　寝室局域网资源共享

某寝室有 8 名同学，共有 8 台计算机，并组建成了寝室局域网。由于学习的需要。要求局域网内随时进行数据资源共享与访问，同时对计算机进行保护，以保证计算机的安全有效运行。

操作要求：

1. 设置文件夹或盘符共享。
2. 访问共享的文件夹或盘符。
3. 安装并使用防火墙及杀毒软件，保护计算机安全。

训练三　办公局域网的打印机共享

某办公室有 6 名职员，每人有一台笔记本式计算机，公司为办公室配备一台台式计算机及一台打印机，并将打印机连接在台式计算机上。由于工作的需要，要求将打印机设置成共享，员工可以随时通过自己的笔记本式计算机进行打印作业。

操作要求：

1. 设置打印机共享。
2. 添加网络打印机。

训练四　互联网的应用

某班级同学举办一次毕业 10 周年同学会，并成立了筹备组，筹备组要求全体同学在互联网上查询一下同学会的相关事宜，并将信息通过电子邮件传送给筹备组。以便同学会的顺利举行。

操作要求：

1. 通过搜索引擎搜索同学聚会的相关信息。
2. 保存重要信息。
3. 将重要信息进行压缩。
4. 申请电子邮箱。
5. 发送带附件的电子邮件到筹备组邮箱。